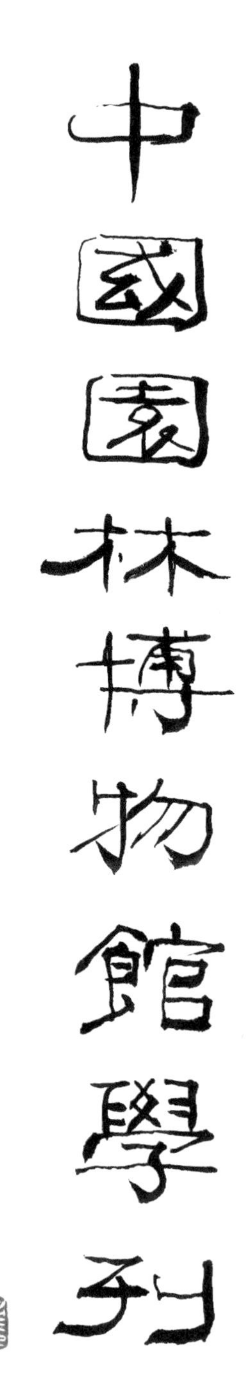

Journal of the Museum of
Chinese Gardens and
Landscape Architecture

中国园林博物馆 主编

08

中国建材工业出版社

目　录

理论研究

园林历史

园林技艺

藏品研究

展览陈列

科普教育

园林管理

从北京建设“博物馆之城”谈行业博物馆的责任

On the responsibility of industry museums from the perspective of building a “museum city” in Beijing

刘耀忠　杨洪杰

Liu Yaozhong　Yang Hongjie

摘　要：《北京市推进全国文化中心建设中长期规划（2019—2035 年）》中提出了北京要建设“博物馆之城”的时代目标，行业博物馆在新时代的文化责任更加艰巨和复杂。文章以中国园林博物馆为例，通过溯源，从因地制宜，一座“有生命的博物馆”应运而生谈起，为首都“博物馆之城”建设提供了可参考、可复制的“样本”。回顾了中国园林博物馆在运行与发展过程中的“六个创新”，着力通过自身实践为行业博物馆破题发展拓宽道路。未来，中国园林博物馆将围绕北京建设“博物馆之城”的目标思考，通过发挥行业博物馆优势，在提升博物馆策展能力、公共文化服务水平等方面下功夫，“擦亮”北京这座历史文化名城。

关键词：博物馆之城；建设；发展；责任

Abstract: *The medium and long-term plan (2019-2035) for Beijing to promote the construction of the national cultural center* puts forward the goal of building a “museum city” in Beijing, and the cultural responsibility of industrial museums in the new era is more arduous and complex. Taking the Museum of Chinese Gardens and Landscape Architecture (MCGLA) as an example, through tracing the source, this paper starts with the emergence of a “living museum” according to local conditions, which provides a reference and reproducible “sample” for the construction of the “museum city” in the capital. This paper reviews the “six innovations” in the operation and development of MCGLA, and tries to broaden the road for the development of industry museums through their own practice. In the future, MCGLA will focus on the goal of building “a museum city” in Beijing, make efforts to improve the museum’s exhibition planning ability and public cultural service level by giving full play to the advantages of industrial museums, and “polish” Beijing, a famous historical and cultural city.

Key words: museum city; construction; development; responsibility

2020 年 4 月 9 日，《北京市推进全国文化中心建设中长期规划（2019—2035 年）》正式发布，着力从全国文化中心建设的角度回答了“建设一个什么样的首都，怎样建设首都”的时代之问。其中特别提出了北京要建设“博物馆之城”的时代目标[1]。中国园林博物馆在这个大主题下谈助力北京“博物馆之城”建设，正是对中国园林博物馆工作理念和思路的一次考量。中国园林博物馆是北京的行业博物馆，是北京各行各业文化蓬勃发展的重要体现，中国园林博物馆既要遵循全国乃至世界的时代旋律，更要充分考虑北京首善之区工作的特殊性[2]。既要把博物馆建设融入北京全国文化中心的建设大局当中，更要把发挥行业博物馆优势、助力北京“博物馆之城”建设，作为中国园林博物馆共同的责任和重要时代课题[3]。

1　溯源，因地制宜，一座“有生命的博物馆”应运而生

中国园林博物馆是我国以园林为主题的国家级博物馆，随着园林绿化行业的蓬勃发展应运而生，精彩亮相，展示中国园林悠久的历史、灿烂的文化、多元的功能和辉煌的成就，彰显了中国传统园林文化的独特魅力。

中国园林博物馆始终秉承“中国园林——我们的理想

家园”这一建馆理念，坚持“经典园林、首都气派、中国特色、世界水平”的发展目标，其最大的特色就在于是一座“有生命的博物馆”。具体体现在以下三个方面。

1.1 蕴含和谐共生的生态文明思想

习近平生态文明思想包括三个基本理念：绿水青山就是金山银山；尊重自然、顺应自然、保护自然；绿色发展、循环发展、低碳发展。这三个基本理念主要强调的就是人与自然的和谐共生。中国园林博物馆的建馆理念“中国园林——我们的理想家园”，其含义就是要在绿水青山中建设一座人类的理想家园，这继承了“天人合一”的哲学思想，体现了人与自然和谐共生的本质内涵。同时，中国园林博物馆把“因地制宜、因地造园”的生态理念融入建馆的全过程，其总体设计综合考虑了与鹰山、永定河、永定塔等周边生态和景观的关系，主体建筑与室外环境融为一体，渐变式实现从城市到自然、从现代到传统的过渡。值得一提的是，中国园林博物馆是一座在首钢废弃钢渣填埋场上建起的博物馆。至今，在馆前区展示的“松竹梅”主题迎客盆景中，点缀的假山石就是建馆过程中挖出的首钢填埋废弃钢渣。这种环保的处理方式，让人们记住了这段历史，更印证了“因地建馆”的思想。这也正好符合北京“十四五”发展规划、全国文化中心建设规划，以及北京建设“博物馆之城”框架思路中提出的“要因地制宜建设博物馆”的思路[4]。

1.2 展示丰富独特的园林活态瑰宝

中国园林博物馆展览的与众不同在于“馆中有园，园中有馆”，让观众穿梭在博物馆之中步移景异，感受一个代表园林行业的展览空间。其中，三座室内展园，是建设于主体建筑内的园林，展示南方园林的特色景观，包括按 1 ∶ 1 的比例复建了苏州畅园、千吨叠石奇观的扬州片石山房、色彩明快的广东余荫山房，其中的植物均来自南方，新奇而令人赏心悦目；三座室外展园，是建于主体建筑外的三座园林，展示北方园林的特色美景，包括水景园林、山地园林、平地园林。踏入博物馆即可饱览大江南北的园林美景，每一座展园本身就是一处活态瑰宝，也是一件镇馆之宝。同时，园林要素中最直观的“生命”就体现于植物和动物。馆内有各类园林植物200余种（品种）、鸟禽10余种，呈现出一派盎然生机。300年历史的牡丹、80余年树龄的炮仗花、百年古桂、2万余株植物组成的生态展示墙，加之斑头雁、针尾鸭、赤麻鸭、白天鹅、黑天鹅、孔雀、鸳鸯等鸟禽，组成了一幅生机勃勃的立体山水生态画卷。

1.3 展现生生不息的民族生命力

中国园林具有极其高超的艺术水平和独特的民族风格，在世界园林史上占有重要的位置。除了上述室内和室外展园，中国园林博物馆还拥有10个展厅，着重展示中国园林3000多年发展历程的历史文化和艺术价值。中国古代园林厅讲述着园林起源到明清巅峰的发展历程；中国近现代园林厅记录着城市园林的发展印记；园林艺术、文化等展厅描述着园林的文化内涵、造园技法、艺术价值。馆中展示的植物展品——新疆古老的珍奇树种胡杨木，其生命力极强，相传“生而不死一千年，死而不倒一千年，倒而不朽一千年”，象征着顽强拼搏、生生不息的中华民族精神。总之，每个展厅的每一件展品都在讲述着中国园林的故事，都折射出中国园林悠久的历史和灿烂的文化，以此来弘扬传承永续的中华民族文化，让人们感受到中华民族厚德载物、生生不息的民族生命力。

2 回顾，谋求创新，在实践中探索，为行业博物馆发展注入活力与动力

行业博物馆发展中均不同程度地存在着一些短板和瓶颈，如行业主管部门宏观管理思路方法有待创新、现行体制政策与发展需求不相适应、发展活力不足等。中国园林博物馆在现有体制框架下坚持创新突破、谋求发展，着力通过自身实践为行业博物馆探索破题发展之路。

2.1 创新行业引领模式

作为中国园林行业第一家国家级博物馆，中国园林博物馆始终发挥中国传统文化和国际园林文化交流的行业引领作用。自建馆以来，先后与美国、法国、新西兰、韩国、日本等国家，在自然科学及文化历史等领域开展了文化合作、展览与研究实践，先后合作举办了“美国景观之路与中国城镇化发展”学术研讨会、中国—新西兰国家公园建设研讨会、 中法园林管理学术研讨会等具有行业影响力的会议及论坛，为行业的发展提供了重要的研究和学术交流平台。与中国风景园林学会、中国博物馆协会、中国自然科学博物馆学会等单位建立密切联系，与美国、法国、意大利、新西兰、韩国等国家在展览和学术交流等方面开展了富有成效的合作。

2.2 创新策展办展理念

沉浸式、实景式展示经典传统园林植物、水禽、山石等，构成“馆、园融合”的独特展览格局。先后与清华大学、北京林业大学、中国农业大学、中国传媒大学等高校合作，增强与省级博物馆间的互动，先后举办了涵盖明清家具、坛庙文化、精品瓷器、风景名胜、人物事迹、摄影作品、景观文化、书法绘画、规划设计等园林相关领域的100余项临时展览，围绕“说园、艺园、居园、非物质文化遗产”展示弘扬中国园林优秀的传统文化。近两年，有

两项特色展览列入国家文物局“弘扬中华优秀传统文化、培育社会主义核心价值观”主题展览。

2.3 创新研究与成果转化

围绕“中国古典皇家园林艺术特征可视化系统研发”和“基于多源数据融合的古典园林知识图谱构建和服务技术”进行创新研究。承担了4项省部级重点科研课题，获得8项国家专利和6项软件著作权，出版专著、各类馆藏文物图录、论文集等23部，在国内外学术期刊上发表论文百余篇，《中国园林博物馆学刊》成为国内园林文博行业的学术交流平台。先后荣获华夏建设科学技术奖、中国风景园林学会科技进步奖等奖项。研究成果高效转化在博物馆展陈系统中，并赴韩、法等国展示中国优秀园林文化艺术。

2.4 创新社会教育品牌

中国园林博物馆被授予教育部全国中小学生研学实践教育基地和首批劳动教育课题研究单位，构建特色社会教育体系，铸造系列社教品牌，建立了“春季园林营建劳动”“夏季园居文化生活”“秋季农耕收割文化”“冬季培育小讲师”四季研学教育品牌；形成了“中国园林博物馆的节日”传统文化教育品牌；打造了“园林科学嘉年华”科普教育等品牌。开辟了自然教育秘密花园、园林创艺工坊、创意科学实验室及园林文化大讲堂4处近2000平方米教学专区。线下为行业高校开设了“入学第一课”。新冠肺炎疫情之前以线下教育活动为主，2019年国家文物局数据显示，中国园林博物馆教育活动影响力位列第20名。2020年线上观众800万人次，同比增长近15倍。2021年中国园林博物馆在“中博热搜榜”中热搜关注度上升至第33名。

2.5 创新文化传播方式

充分发挥微博、微信、官网、小程序、快手和抖音短视频、数字博物馆等线上平台，打造立体化的“线上博物馆”教育模式。推出了“云园林”“云课堂”“云直播”三个云端教育品牌。推出的“云园林”以3D虚拟步入式漫游形式精选8个VR（虚拟现实）展、25个重点场景漫游，点位式实现四季变化展示，让博物馆的“生命特征”在“云端”绽放；“云课堂”把博物馆的全功能搬上云端，使观众全方位感受博大精深的中国园林文化；“云直播”单次观看量突破100万人次。全国“学习强国”平台和《北京日报》客户端，为中国园林博物馆线上课堂开辟了专栏。

2.6 创新开放服务模式

营造“园林夜赏”文化氛围，结合中国传统节日及相关文化传播，创造性地打造出“首届清明诗会”“端午戏曲展示”“中秋民乐交流”3个夜间活动品牌；结合园林环境资源，配合夜景照明效果，打造出“江南园林”“岭南园林”沉浸式晚间园区赏景体验；结合特色展览，推出晚间文化交流和观展服务，打破开馆时间限制，全面提升观众文化参与度和感知度。开辟全民阅读区，打造了一处实体书店，增添园林博物馆的书香气息，助力“书香京城”建设。

3 展望，扛起责任，发挥行业博物馆优势，“点亮”北京这座历史文化名城

《北京市推进全国文化中心建设中长期规划（2019—2035年）》中提到北京建设“博物馆之城”时强调北京要“提升国有博物馆策展能力和公共文化服务水平”，这就是中国园林博物馆作为行业博物馆在助力北京“博物馆之城”建设中的工作遵循和责任担当。

3.1 增强策展办展能力

通过举办高质量展览，记录北京相关行业发展历程，提高首都相关行业文化的吸引力和认知度是中国园林博物馆作为北京行业博物馆的责任。中国园林博物馆将重点从以下方面入手：一是构建园林特色展览体系。开展中国园林的历史研究，挖掘代表性园林及其艺术特征，构建园林知识图谱平台，并开展中国园林可视化、沉浸式展示研究。二是建设学术资源中心。完善中国园林数据库系统，加大与高等院校、科研院所等单位的合作，创新合作研究模式，共建科研联合体。三是建设临时展览项目库。组织策划“园影”“居园”“说园”“艺园”等系列展览，实现从选题、设计、研究，到教育、推广等一体化的策展人项目负责制。

3.2 提高社会教育传播水平

中国园林博物馆将用好古都文化资源。整合古都历史名园资源，策划北京古都文化展览和教育活动。构建古典园林知识图谱，实现虚拟导览、全景漫游。组织“中国园林博物馆的节日”主题文化系列活动。寻找消失的历史名园，开展北京地域特色园林研究，促进古都文化遗产的保护、传承和发展。用活红色文化资源[5]。围绕庆祝中国共产党成立100周年，推出线上《党史上的今天——每天一本红色连环画》栏目；未来，中国园林博物馆将进一步整合资源、搭建平台，弘扬传播红色文化的功能作用[6]。发展创新文化。在文旅融合视角下创新，探索出具有中国园林博物馆特色的研学体系，创新园林数字化保护与展示共享式传播方式，打造园林展示传播和文化传承的新模式。

3.3 完善公共文化服务体系

通过建立完善的公共文化服务体系，让公众感受到北京城市的热情、开放与包容，是中国园林博物馆北京行业博物馆的责任[7]。重点做好以下几个方面工作：

一是构建人、物、数据三者之间的信息交互通道[8]。实现高效精细的运营模式和发展环境，为公众提供更好的便捷服务。二是建立智能导览平台。建立实景互动导览系统，实现博物馆数据实时共享、人机讲解有机结合、客流量准确预测预警等功能，最大限度地实现透明化、人性化及智能化运营。三是建立文创产品研发体系。研发具有传统文化和园林文化元素的文化创意产品，形成多方位、多维度的中国园林博物馆文创体系[9-10]。

博物馆是时代前进的号角，最能代表一个时代的风貌，最能引领一个时代的风气。未来，中国园林博物馆将大力弘扬社会主义核心价值观，努力在“十四五”时期推动社会文明程度达到新高度，擦亮历史文化名城“金名片”，助力北京“博物馆之城”建设取得重大成效，在中国园林博物馆打造出优美的环境、优良的秩序、优秀的文化、优质的服务，让市民和观众满意。

参考文献

[1] 龙易易．关于新时期博物馆社会责任的思考[J]. 科学咨询（科技·管理），2018（04）：31-34.
[2] 杨蕾．我国旅行社的社会责任[J]. 中外企业家，2013（20）：23-28.
[3] 邓晓华．后疫情时代传统旅行社的挑战、机遇与对策研究[J]. 营销界，2020（34）：11-17.
[4] 翟峰．“后疫情时代”四川文旅产业何以新发展[J]. 决策咨询，2020（05）：23-28.
[5] 吴健．博物馆的社会责任与社会教育[J]. 中国文艺家，2020（05）：45-49.
[6] 陈朝隆，陈烈，徐晓红，等．城市博物馆旅游浅议[J]. 桂林旅游高等专科学校学报，2006（03）：12-19.
[7] 段梅香．博物馆社会责任履行情况及优化策略[J]. 文化创新比较研究，2017（06）：23-29.
[8] 陈蕴茜．纪念空间与社会记忆[J]. 学术月刊，2012（07）：33-39.
[9] 吴兴帜．博物馆：社会记忆与历史延续的载体研究：以个碧石铁路博物馆为例[J]. 红河学院学报，2013（01）：29-33.
[10] 房小可，王巧玲．档案著录、知识关联与社会记忆重构[J]. 档案学通讯，2021（03）：39-44.

作者简介

刘耀忠/1964年生/男/河北人/教授级高级工程师/硕士/研究方向为园林和博物馆展陈/中国园林博物馆北京筹备办公室（北京 100072）
杨洪杰/1985年生/男/北京人/馆员/研究方向为党务/中国园林博物馆北京筹备办公室（北京 100072）

颐和园大式建筑木柱偏移与尺度因素关联研究

Association of offset of wooden pillars and factors of dimension from Chinese large-type buildings in the Summer Palace

秦 雷 左勇志

Qin Lei Zuo Yongzhi

摘 要：颐和园是清代皇家园林的重要代表。木柱偏移是文物建筑中的一种常见缺陷。探究多因素对木柱偏移的交互作用，有助于病害的提早预防。采用现场实地测量，对 25 座大式建筑的 418 根木柱的木柱偏移量、类型、下径、柱距、柱高数据进行采集；采用皮尔森卡方检验进行组间比较，探究类型、柱高、下径、柱距均值、长细比、高距比与木柱偏移比间的相关性；采用多因素 Logistic 回归探究偏移超限相关影响因素并进行风险度分析。在返回的数据中，东西向偏移比超限的检出率为 37.9%，南北向偏移比超限的检出率为 36.7%，总体检出率接近 40%。结果显示，东西向偏移比超限与南北向偏移比超限的影响因素均有差异，推测为日照因素干扰所致；长细比偏大（长细比 >11.1）的木柱发生南北向偏移比超限的风险为长细比偏小（长细比≤ 11.1）木柱的 2.273 倍。

关键词：木柱；木柱偏移；影响因素分析

Abstract: The Summer Palace is an important representative of royal gardens in Qing Dynasty. The offset of wooden pillar is a kind of common defects for cultural relic architecture. Exploring the interaction of multiple factors on the offset of wooden pillars is helpful to prevent the defect in advance. By field measurement, 418 wooden pillars from 25 Chinese large-type buildings were tested for the factors of the offset of pillar, the type of pillar, the bottom diameter of pillar, the pillar distance and the height of pillar. Pearson chi-square test was performed to investigate the relevance of the type of pillar, the height of pillar, the bottom diameter of pillar, the mean of pillar distance, slenderness ratio and height-to-distance ratio to the offset of pillar. Multivariate Logistic regression analysis was adopted to research the association of the offset of pillar with the relative factors and analyze the risk. According to the result of field testing, the detection rate of pillars for over-limit offset ratio in east-west direction is 37.9%, while 36.7% in north-south direction, and the overall detection rate is nearly 40%. The results show that there are differences in the influencing factors of the over-limit offset ratio in east-west direction and north-south direction, which is speculated to be caused by the sunshine. The risk of over-limit offset ratio in north-south direction for wooden pillars with a higher slenderness ratio (>11.1) is 2.273 times as that for the pillar with a lower one (slenderness ratio ≤ 11.1).

Key words: wooden pillar; offset of pillar; analysis of influence factors

颐和园前身为清漪园，是清代营造的“三山五园”中现存最完整的皇家园林，是中国四大名园之一，是清代杰出造园技艺的代表作。清漪园总体规划始于清乾隆十五年（1750 年），坐落于北京西郊，因山就水，经 15 年兴建而成。1860 年 10 月，英法联军焚毁清漪园；1888 年，光绪帝改园名为颐和园，并对园区进行修复，一直持续到 1895 年，整个工程历时 9 年。后在八国联军、军阀混战、抗日战争时期因维护不力，遭到多次破坏。中华人民共和国成立后，政府持续不断对颐和园进行修缮。1998年颐和园被联合国教科文组织列入《世界遗产名录》[1]，是重要的文物建筑保护对象。

木柱偏移是文物建筑一大顽疾，作为木柱垂度、建筑倾斜度的重要评价指标，偏移量直接关乎文物建筑的安全性。王明谦、宋晓滨等通过柱端木销半榫节点试件的单调加载试验和有限元分析，研究了此类节点平面内的转动性能[2]；杨庆山通过柱脚节点拟静力试验，研究了柱脚抬升过程中结构的能量转化关系[3]；胡卫兵、杨佳等利用形状函数建立了交通荷载作用下古建筑木结构柱顶水平振动速度幅值和各层水平振动速度幅值转换关系，并进行了现场验证[4]。

然而，既往研究主要基于榫卯节点、结构受力体系等结合试验数据分析木柱受力状态，缺少对既有文物建筑木柱现状的病害调查与相关因素统计分析数据。

我国古代建筑尽管形式繁复，但各朝代能工巧匠根据劳动经验，总结出一定的建筑通则。北宋时期李诫编写的《营造法式》收集了工匠讲述的各工种操作规程、技术要领及各种建筑物构件的形制、加工方法；清代工部所颁布的《工程做法则例》为清代官式建筑通行的标准设计规范。这些古代建筑典籍对面宽与进深、柱高与柱径、面宽与柱高等比例关系进行了总结与记载。固定的尺寸比例关系确保了历代建筑风格的统一性，但相关设计的合理性一直亟待挖掘。

颐和园内现存大量大式建筑，建造年代相对集中，工艺技术与建筑材料较为统一，是理想的研究对象。本文以颐和园内大式建筑为研究对象，通过对木柱偏移量、柱下径、柱距、柱高进行实地测量，利用统计理论研究分析木柱偏移与建筑尺度间的关联，为今后古建筑的保护提供一定的借鉴思路。

1 研究对象与方法

1.1 研究对象

古建筑有大式与小式之分。大式建筑也称“大木大式建筑”，主要指宫殿、府邸、衙署、皇家园林这些为皇族、官僚阶层以及他们的封建统治服务的建筑[5]。本次研究对象为颐和园内包含殿、亭、楼、阁、门、牌坊等多种建筑形式在内的25座大式建筑的418根木柱，部分建筑照片见图1~图4。本次研究于2020年4月至11月，对建筑相关构件尺寸进行实地测量，部分木柱因墙体、门窗等遮挡，偏移量统计不完整。

图1 文昌阁现场实况

图2 德和园大戏楼现场实况

图3 东宫门现场实况

图4 荇桥现场实况

1.2 研究方法

本次研究对木柱偏移量、类型、下径、柱距、柱高进行现场测量，并对木柱类别进行统计，建立木柱统计数据库。

中式古建筑中，最外侧柱柱根通常向外侧偏移一定尺寸，即“掰升”，令柱上端向内倾斜，以增强建筑的稳定性。大式建筑一般掰升比例为7‰。因此，根据木柱所属位置掰升方向的不同，将木柱分为东北角柱、东南角柱、西北角柱、西南角柱、东檐柱、南檐柱、西檐柱、北檐柱、金柱9个类型。

木柱偏移量采用线锤法，分为东西、南北两个测向进行测量，柱头偏向北、西为正，偏向南、东为负。偏移量为经过木柱收分以及大式建筑7‰掰升做法修正后的修正数据。

大式带斗拱建筑的柱高，是包括平板枋、斗拱在内的整个高度[5]，因此柱高实测时取柱根至挑檐桁底皮的高度。

我国木作传统做法中，木柱实际有收分，一般除瓜柱外，柱径皆随高度变化，上径小下径大。本次取下径为分析因素，即木柱根部与柱顶石交界处柱子的直径，实测时因避免对文物建筑造成损伤，测量数据包含地仗与油饰层做法厚度。

柱距为所测柱与所有相邻柱柱轴线间的距离。对于常规建筑，角柱涉及2组数据、檐柱涉及3组、金柱涉及4组。另设置柱距均值计算单柱所涉及所有柱距的均值。

为了准确衡量偏移量与柱高的比例关系，将偏移量与柱高的比值乘1000作为偏移比，参与统计分析。

为了更好地研究大式建筑柱构件的尺度关系，定义柱高与下径的比值为长细比，表示木柱柔度；柱高与柱距均值的比值为高距比，研究开间、进深与层高的尺度关系。

1.3 统计学方法

研究采用SPSS 22.0统计学软件进行数据分析。对各因素进行均值、极值、峰度、偏度等常规描述分析；皮尔森卡方检验是一种常用的类别变数检验，本次采用皮尔森卡方检验进行组间比较，探究类型、柱高、下径、柱距均值、长细比、高距比与偏移比间的相关性；Logistic回归常被用于数据挖掘与预测，本次研究通过Logistic回归分析探究偏移超限相关影响因素并进行风险度分析。双侧检验水准取χ=0.05。

2 结果分析

2.1 描述性分析

本次研究共检测418根大式建筑木柱，其中342根具有东西向偏移量，占样本总量的81.8%；316根具有南北向偏移量，占样本总量的75.6%；233根具有正交双向偏移量，占样本总量的55.7%；其余因素有效数据量均为全数。其中，东北角柱45根、东南角柱16根、西北角柱12根、西南角柱17根、东檐柱41根、南檐柱42根、西檐柱42根、北檐柱43根、金柱160根，角柱合计占比21.5%，檐柱合计占比40.2%，金柱合计占比38.3%。柱高极大值为10865mm，极小值为2913mm，均值为4942.7mm，峰度为1.62，偏度为1.25；下径极大值为548mm，极小值为315mm，均值为371.5mm，峰度为0.043，偏度为−0.155；跨度数据共418组1314个，极大值为7695mm，极小值为1084mm，均值为3120.0mm，峰度为−0.325，偏度为0.602。

对各组直接数据按照1.2节定义进行加工处理，得到柱距均值、长细比、高距比、东西向偏移比与南北向偏移比。其中，柱距均值极大值为5167mm，极小值为1100mm，均值为3120.0mm，峰度为−0.354，偏度为0.158；长细比数据418个，极大值为25.3，极小值为6.9，均值为13.6，峰度为1.42，偏度为1.45，三分位数分别为11.1、14.0；高距比数据418个，极大值为5.0，极小值为0.8，均值为1.7，峰度为3.05，偏度为1.55，三分位数分别为1.3、1.8；东西向偏移比数据342个，西向极大值为19.11，东向极大值为−22.47；南北向偏移比数据316个，北向极大值为27.99，南向极大值为−22.07。

2.2 相关性分析

为了更好地研究各因素间的交互关系，将类型、柱高、柱下径、柱距均值、长细比、高距比进行分组赋值，各因素的分组情况见表1。长细比与高距比按照第一、三分位数进行分组。对于偏移比，参考相关标准[6]，将数据绝对值大于6.67作为偏移比超限的界限值。

不同柱高、下径、柱距均值、长细比组间与东西向偏移比超限比较，差异具有统计学意义（$P<0.05$）；类型、高距比与东西向偏移比超限比较，差异无统计学意义（$P>0.05$）；类型、柱高、下径、柱距均值、长细比、高距比与南北向偏移比超限比较，差异皆具有统计学意义（$P<0.05$），见表1。

2.3 影响因素及风险度分析

分别以东西向偏移比超限、南北向偏移比超限为因变量，以长细比、高距比为因子，类型为协变量，进行多因素Logistic回归分析。结果显示，长细比、高距比与东西向偏移比超限不适合进行风险度预测分析（$P>0.05$），见表2；长细比是南北向偏移比超限的影响因素（$P<0.05$），见表3。

根据Logistic回归分析结果，长细比偏大（长细比>11.1）的木柱发生南北向偏移比超限的风险为长细比偏小（长细比≤11.1）木柱的2.273倍。

表 1 因素分组及偏移比超限率比较

	东西向偏移比超限				南北向偏移比超限			
因素	总数	例数（百分比）	χ^2	P	总数	例数（百分比）	χ^2	P
类型			2.97	0.936			16.402	0.037
东北角柱	44	20(5.9)			43	23(7.3)		
东南角柱	12	5(1.5)			14	5(1.6)		
西北角柱	12	4(1.2)			10	4(1.3)		
西南角柱	13	5(1.5)			15	9(2.9)		
东檐柱	40	16(4.7)			29	9(2.9)		
南檐柱	28	10(2.9)			42	14(4.5)		
西檐柱	41	14(4.1)			28	5(1.6)		
北檐柱	26	7(2.1)			43	11(3.5)		
金柱	125	48(14.1)			89	36(11.5)		
柱高 (mm)			50.924	0.007			69.115	<0.001
<3000	51	17(5.0)			49	9(2.9)		
3000~5000	133	49(14.4)			140	57(18.2)		
5000~7000	117	47(13.8)			117	48(15.3)		
7000~9000	32	13(3.8)			7	2(0.6)		
⩾ 9000	8	3(0.9)						
下径 (mm)			50.542	0.043			73.993	<0.001
<350	180	76(22.3)			151	60(19.2)		
350~450	114	38(11.1)			113	34(10.9)		
⩾ 450	47	15(4.4)			49	22(7.0)		
柱距均值 (mm)			117.978	0.026			131.381	0.002
<1500	31	13(3.8)			31	6(1.9)		
1500~3000	130	58(17.0)			115	44(14.1)		
3000~4500	136	42(12.3)			131	51(16.3)		
⩾ 4500	44	16(4.7)			36	15(4.8)		
长细比			68.958	0.032			81.139	0.001
⩽ 11.1	94	24(7.0)			112	51(16.3)		
＞ 11.1	247	105(30.8)			201	65(20.8)		
高距比			83.746	0.125			99.574	0.009
⩽ 1.3	108	28(8.2)			113	41(13.1)		
＞ 1.3	233	101(29.6)			200	75(24.0)		

表 2　影响东西向偏移比超限的多因素的 Logistic 回归分析

参数	B	标准误差	Wald $\chi 2$	P 值	OR
长细比 >11.1	−0.470	0.3124	2.267	0.132	0.625
高距比 >1.3	−0.535	0.2978	3.228	0.072	0.585

表 3　影响南北向偏移比超限的多因素的 Logistics 回归分析

参数	B	标准误差	Wald $\chi 2$	P 值	OR
长细比 >11.1	0.821	0.2785	8.694	0.003	2.273
高距比 >1.3	−0.217	0.2846	0.579	0.447	0.805

3　总结与展望

在我国传统木结构体系中，木柱发生偏移一直是困扰结构安全性的重要隐患之一。本研究中，东西向偏移比超限的检出率为 37.9%，南北向偏移比超限的检出率为 36.7%，总体检出率接近 40%。目前，相关领域针对传统木结构病害影响因素的研究成果相对较少，今后随着文物建筑保护意识的增强，可进行更大规模的系统性调研。

本次统计分析显示，长细比、高距比峰度值均大于零，说明分布较为陡峭，符合古建筑各部位尺寸遵循一定比例关系的规律。

根据单因素分析及多因素 Logistic 回归分析结果，东西向偏移比超限与南北向偏移比超限的影响因素均有差异，推测为日照因素干扰所致。值得注意的是，在单因素分析中，金柱偏移比超限检出率虽高于其他 8 类，但与角柱、檐柱进行大类组间比较，偏移比超限的发生没有显著差异；柱高、下径、柱距均值因素中，偏移比超限发生在中间组的概率大于边界组，与常识不符，可能由于样本数据偏少所致，需进一步提取数据。

根据现代结构经验，构件长细比与构件稳定性直接相关。而在传统木结构中，尚缺乏竖向构件长细比界限值的研究。本研究依据第一、三分位，确定木柱长细比界限值，从而进行多因素分析。结果显示，根据界限值的划分，南北向偏移比超限的发生概率显著提升，提示长细比界限值设定为 11.1 具有一定的合理性。

本研究针对柱类型、柱高、下径、柱距 4 项基本尺度及长细比、高距比 2 项加工数据对木柱偏移比超限的形成原因进行关联性分析，可为文物建筑巡查与修缮、仿古建筑的设计提供有效的数据支持。木柱偏移比超限其他原因的关联性分析，如现有病害因素、上架形式、环境作用等，尚需进一步研究与探析。

参考文献

[1] UNESCO World Heritage Centre. Properties inscribed on the World Heritage List（China） [EB/OL]. [2019-12-17]. http://whc.unesco.org/en/statesparties/cn.

[2] 王明谦，宋晓滨，罗烈 . 木销半榫节点转动性能试验研究与有限元分析 [J]. 建筑结构学报，2021，42（03）：193-201.

[3] 杨庆山 . 古建筑木结构的承载及抗震机理 [J/OL]. 土木与环境工程学报（中英文），1-11[2021-06-04].http://kns.cnki.net/kcms/detail/50.1218.TU.20210516.1841.002.html.

[4] 胡卫兵，杨佳，吴严辉，等 . 交通荷载作用下古建筑木结构柱顶水平速度计算研究 [J]. 西安建筑科技大学学报（自然科学版），2019，51（03）：315-320.

[5] 马炳坚 . 中国古建筑木作营造技术 [M].2 版 . 北京：科学出版社，2003：4.

[6] 中华人民共和国住房和城乡建设部，国家市场监督管理总局 . 建筑木结构维护与加固技术标准：GB/T 50165—2020[S]. 北京：中国建筑工业出版社，2020.

作者简介

秦雷 /1968 年生 / 男 / 山东聊城人 / 副研究馆员 / 硕士 / 研究方向为文物保护和研究 / 北京市颐和园管理处 (北京 100191)

左勇志 /1974 年生 / 男 / 教授级高级工程师 / 博士 / 研究方向为古建筑病害巡查与检测鉴定 / 中国建筑标准设计研究院有限公司工程检验检测中心 (北京 100037)

基于空间句法分析的北京东城区红色资源可达性研究

Research on accessibility of red resources in Dongcheng District of Beijing based on spatial syntax

刘思杨　杨　鑫

Liu Siyang　Yang Xin

摘　要：针对《北京市东城区红色文化教育地图》和《北京市第一批不可移动革命文物名录》整合东城区 37 处红色旅游资源，运用空间句法的分析方法，分别从全局可达性、局部可达性及感知可达性三个维度对东城区红色资源进行可达性的综合评价。结果表明：（1）东城区红色旅游资源的全局可达性、局部可达性、感知可达性都呈现较好趋势。（2）位于东城区胡同内部且知名度较低的景区可达性较弱。（3）一些在全局可达性分析中较好的景点，由于多位于面积较大景区的内部，而内部道路通常不完全开放，导致局部可达性较差。基于以上分析，对东城区红色旅游资源可达性进行优化建议，以期进一步发扬红色资源，赓续红色血脉。

关键词：北京东城区；红色资源；可达性分析；空间句法

Abstract: Aiming at the integration of 37 red tourism resources in Dongcheng District in the *Red culture and education map of Dongcheng District of Beijing* and *The list of the first batch of immovable revolutionary cultural relics in Beijing*, this paper makes a comprehensive evaluation of the accessibility of red resources in Dongcheng District from the three aspects of global accessibility, local accessibility and perceived accessibility by using the analysis method of spatial syntax. The results show that the global accessibility, local accessibility and perceived accessibility of red tourism resources in Dongcheng District show a good trend. The accessibility of scenic spots located inside hutongs in Dongcheng District and with low popularity is weak. Some scenic spots that are better in the global accessibility analysis are mostly located in the interior of large scenic spots, and the internal roads are usually not fully open, resulting in poor local accessibility. Based on the above analysis, the accessibility of red tourism resources in Dongcheng District is optimized, in order to further carry forward the red resources and continue the red blood.

Key words: Dongcheng District of Beijing; red resources; accessibility analysis; space syntax

习近平总书记曾多次强调："发展红色旅游要把准方向，核心是进行红色教育、传承红色基因，让干部群众来到这里能接受红色精神洗礼。"红色旅游这类新型主题性的旅游形式，近年来在全国各地兴起。中共中央办公厅、国务院办公厅印发的《2004—2010 年全国红色旅游发展规划纲要》阐述了"红色旅游"的定义：红色旅游是指以中国共产党领导人民在革命和战争时期建立丰功伟绩所形成的纪念地、标志物为载体，以其所传承的革命历史、革命事迹和革命精神为内涵，组织接待旅游者开展缅怀学习、参观游览的旅游活动。在全国 12 个重点红色旅游区中，北京是中国共产主义运动的发源地之一，是最早建立共产党早期组织的城市之一，也是许多重大党史事件发生的地方[1]。回望近代历史中的北京，无数伟人在这里冲锋陷阵、奋勇当先，也因此留下了大量的红色资源。红色资源作为一个城市重要的名片，其可达性影响了游客对于红色资源认知的便捷度和体验感，因此，对红色旅游资源可达性的研究具有重要意义。

1 研究背景

在风景园林与城市规划领域中，对于可达性的研究，国内主要集中在城市公园与绿地[2-3]。通过在中国知网进行文献高级检索，主题设定为景区可达性，共检索到193篇文献，且大多研究领域为自然地理和测绘学。在景区可达性方面，张琪等运用空间句法、核密度分析法、缓冲区分析法，分别从全局可达性、局部可达性和感知可达性三个视角对武汉市主城区内旅游景点的客观层面可达性和主观层面可达性进行了定量评价，并对武汉东湖风景区提出交通优化建议[4]。李登飞等运用空间句法对阆中古城游览空间的可达性进行解析，同时对总体游览空间的量化数据进行比对分析，解析了阆中古城的游览空间与人类活动之间的关系，为阆中古城旅游活动的进一步开展提供理论依据[5]。龙祖坤等以湖南省为研究区域，基于ArcGIS技术，运用最邻近距离、多距离空间聚类分析（Ripley's K 函数）法、核密度估计法、基尼系数、可达性等方法分析湖南省81处红色旅游景点的空间分布特征[6]。可见，国内研究学者多基于景区可达性探寻交通优化、旅游规划与空间分布。

本文借助空间句法中的线段模型，同时考虑了实际距离、街道偏转角度及空间拓扑关系对人运动的影响。在相关研究中，线段模型被证明在交通流量预测中更贴近实际情况，与交通流的拟合程度更高[7]。以北京市东城区为例，从红色资源分布入手，探究各景点可达性程度，最终提出进一步的优化建议。

2 研究方法

2.1 研究区域概况

《2016—2020全国红色旅游发展规划纲要》中突出强调了红色旅游的理想信念教育功能与红色旅游的内涵式发展。为了贯彻落实纲要要求，东城区确定了17家爱国主义教育基地和16家红色文化教育基地，并制定了《北京市东城区红色文化教育地图》。东城区东西向最大距离约5.2千米，南北向最大距离约13千米，总面积41.84平方千米。作为北京市的中心城区，东城区拥有悠久的历史和深厚的革命文化底蕴，区内分布的红色资源数量占据北京市总资源数量的9.2%，包含故居、活动旧址、纪念地和展馆，重点反映了新文化运动和“五四”运动的历史[8]。因此依据《北京市东城区红色文化教育地图》和《北京市第一批不可移动革命文物名录》统计，共37处主要红色景区。文章将针对这37个红色景点进行可达性分析。

2.2 研究思路

空间句法是19世纪70年代由英国学者比尔·希列尔提出的概念，现如今已经形成了一套完整的学说体系和专门应用于空间句法理论分析空间的软件技术[9]。空间句法的基本原理是对空间进行划分和空间分割，轴线法是空间句法分割方法之一，是用最长且最少的一系列直线来分割整个空间系统，通常应用于线性自由空间的分割，是城市和旅游研究领域常用的空间分割方法[10]。本文将基于图论和拓扑学原理，从全局可达性、局部可达性、感知可达性三个方面对东城区红色资源布局及可达性进行综合评价研究。

2.3 数据来源

本文北京市东城区道路网络数据来源于Open Street Map开源数据，根据空间句法轴线图的绘制原则，依据东城区现状绘制空间句法轴线图，导入Depthmap软件平台，再转变生成为线段模型，进行空间句法计算。

3 东城区红色资源可达性结果分析

3.1 全局可达性分析

景点的全局可达性反映的是游客在整个空间范围内的随意位置到达目的景点的难易程度，是基于大范围的

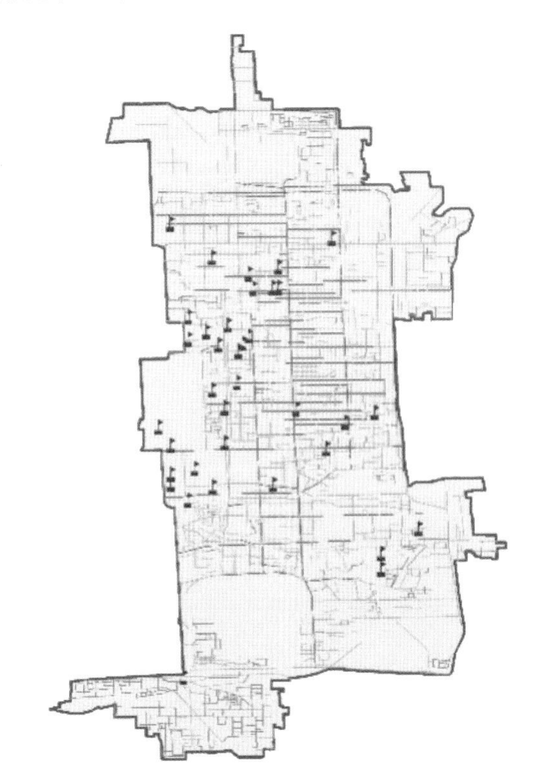

图1 东城区道路全局整合度与景区分布叠加图

空间可达性的水平评价。全局整合度值越大，说明游客从较远距离到达该景区越便捷，需要经过的距离越短[11]。经 Depthmap 计算，东城区红色资源的全局可达性整体较好。如图 1 所示，颜色偏暖红的区域空间整合度数值较大，相反，偏蓝色的区域可达性较差。对研究区域里的道路网络进行分析，可以看出东城区整体范围内道路全局整合度平均值为 922.81，最小值为 350.22，最大值为 1524.85。通过统计计算，排序得出东城区内 37 个红色资源点的全局整合度（表 1），其均值为 1057.95，大于道路轴线的全局整合度均值。可以得出，东城区 37 个红色旅游资源的全局整合度较好。

将各景区全局整合度分为四个级别，其中一级代表全局可达性最优，分别是北京中山堂、天安门、中国美术馆、北大红楼等位于中心区域且知名度高的景区。而

表 1　东城区红色旅游资源全局整合度排名情况

景点名称	资源分类	级别	全局整合度	等级
北京中山堂	纪念地	北京市爱国主义教育基地	1295	一级
天安门	纪念地	国家级爱国主义教育基地	1295	一级
中国美术馆	展馆	北京市爱国主义教育基地	1280.07	一级
北大红楼	展馆	国家级爱国主义教育基地	1279.51	一级
于谦祠	纪念地	北京市爱国主义教育基地	1278.87	一级
孑民堂	故居	北京市爱国主义教育基地	1276.23	一级
中国华侨历史博物馆	展馆	东城区爱国主义教育基地	1263.98	一级
人民英雄纪念碑	展馆	国家级爱国主义教育基地	1255.63	一级
毛主席纪念堂	展馆	国家级爱国主义教育基地	1255.63	一级
三·一八惨案发生地	纪念地	东城区爱国主义教育基地	1196.77	二级
清陆军部和海军部旧址	活动旧址	国家级爱国主义教育基地	1196.77	二级
田汉故居	故居	东城区爱国主义教育基地	1195.28	二级
孙中山行馆	故居		1186.84	二级
文天祥祠	故居	国家级爱国主义教育基地	1186.66	二级
杨昌济旧居	故居	东城区爱国主义教育基地	1184.88	二级
老舍故居	故居	东城区爱国主义教育基地	1184.60	二级
李济深旧居	故居	东城区爱国主义教育基地	1176.52	二级
蔡元培故居	故居	北京市爱国主义教育基地	1173.72	二级
东交民巷	纪念地	东城区爱国主义教育基地	1173.36	二级
原中法大学	纪念地		1058.55	二级
军调部 1946 年中共代表团驻地	活动旧址	北京市爱国主义教育基地	1017.57	二级
欧美同学会	活动旧址	北京市爱国主义教育基地	1017.52	二级
中国国家博物馆	展馆	国家级爱国主义教育基地	1010.45	二级
京奉铁路正阳门东车站旧址	活动旧址	北京市级文物保护单位	964.10	三级
陈独秀旧居	故居	北京市爱国主义教育基地	926.16	三级
茅盾故居	故居	东城区爱国主义教育基地	886.97	三级
东城区档案馆	展馆	东城区爱国主义教育基地	881.30	三级
北京大学地质学馆旧址	活动旧址	东城区爱国主义教育基地	865.81	三级
北京汇文中学	活动旧址	东城区爱国主义教育基地	864.42	三级
北京饭店初期建筑	纪念地	北京市第一批不可移动革命文物	848.07	三级
国民党北方领导机关旧址	活动旧址	北京市第一批不可移动革命文物	848.07	三级
北京警察博物馆	展馆	北京市爱国主义教育基地	837.21	三级
火烧赵家楼遗址	纪念地	东城区爱国主义教育基地	812.87	三级
袁崇焕墓和祠	故居	国家级爱国主义教育基地	809.13	三级
永定门城楼	纪念地	东城区爱国主义教育基地	798.63	四级
京师大学堂建筑遗存	活动旧址	北京市爱国主义教育基地	731.78	四级
毛主席旧居	故居	北京市爱国主义教育基地	630.43	四级
平均值			1057.95	

四级包含了永定门城楼、京师大学堂建筑遗存和毛主席旧居，表明这些景区全局可达性较差。由于东城区内胡同较多，一些位于胡同内部且宣传度较低的景点全局可达性较低。

3.2 局部可达性分析

局部可达性表示的是一个空间与某一个空间范围内所有空间之间的关系[12]。局部整合度高则说明小范围内各空间的联系紧密，相互到达较为容易，可达性高。若局部整合度低，则表示节点之间的连接不够紧密，可达性低。本文将局部整合度的半径设置为步行 15min 的距离进行计算分析，DepthMap 中 n 值设置为 1200m。通过计算分析，东城区局部整合度平均值为 97.48，最小值为 9.76，最大值为 254.18（图 2）。东城区内各景区局部整合度排名见表 2，局部整合度最高的景点为中国华侨历史博物馆、田汉故居、于谦祠和李济深旧居；整合度较差的分别是北京大学地质学馆旧址、袁崇焕墓和祠、毛主席旧居、京师大学堂建筑遗存，表明游客采用步行方式到达该景区的便捷性较低。研究区域内景区的局部可达性均值为 115.39，高于全局整体水平，说明东城区 37 个红色景点的局部可达性整体较好。通过与全局整合度排名表对比可以看出，一些在全局可达性中较好的景点如北京中山堂、天安门、毛主席纪念堂和人民英雄纪念碑，在局部可达性中表现却较差。主要是由于这些景点分别位于故宫、天安门广场与公园内部，空间较为封闭且主干道路网较为单一，多为景区内部道路，且不完全对外开放。

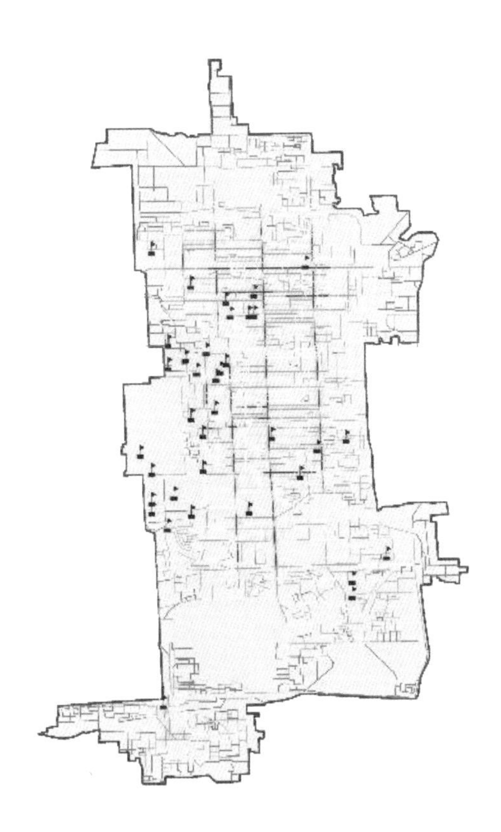

图 2　东城区道路局部整合度与景区分布叠加图

3.3 感知可达性分析

空间句法中的可理解度能用来反映一个景点附近的路网是否有利于游客通过局部空间的路网结构感知全局路网结构。通过研究区域内局部集成度与全局集成度的相关系数大小，来反映该区域内路网的可理解度好坏。若旅游景区的可理解度较高，则表明其感知可达性较强[13]。根据 Depthmap 计算得出，东城区整体道路可理解度为 0.58，空间句法认为 R^2 值大于 0.5 时局部空间结构与城市整体空间结构具有较强的关联性，R^2 值小于 0.5 时，其关联性较弱，因此东城区空间可理解度较好，能够轻松从局部范围感知整体的空间，从而获取地理信息。

4 东城区红色资源可达性优化提升建议

4.1 挖掘与传播红色资源的价值

红色文化离不开地区文化背景，如果不了解历史文化，就无法真正理解这片热土上所诞生的红色文化历史和故事，红色资源的发展与传承要与区域人文环境有机结合在一起[14]。通过地区的整体宣传与经营策划，加大收集、整理、保护红色文化资源的力度，强化红色文化资源挖掘和开发的效度，设计红色文创产品、制作红色旅游地图和构建红色旅游精品路线来对景点进行统筹规划，一方面提升红色资源点的知名度，另一方面串联各个资源点形成集聚效应，进一步发挥红色资源的教育作用。

4.2 优化步行环境

基于东城区所处的北京老城特殊地理位置，在提高红色资源点可达性方面，可以通过优化步行环境来代替更改景点布局和调整路网。步行环境是指城市中的步行者在不受机动车等外界交通干扰情况下，自由而愉快地活动在城市的人文和物理环境中享受充满自然性、景观性和具有其他服务功用设施的空间，是现代城市开敞空间环境的重要组成部分[15]。东城区分布着大量的红色资源，但城区内老胡同较多，道路曲折，使得周围交通拥堵、空间局促，环境品质较差，总体步行环境品质一般。可通过对街道周围标识、绿化、座椅、公共卫生间、铺装材质、路灯、建筑外立面等的改善来提升步行环境。在此基础上优化提升红色资源可达性，改善体验感。

表 2 东城区红色旅游资源局部整合度排名情况

景点名称	资源分类	级别	局部整合度	等级
中国华侨历史博物馆	展馆	东城区爱国主义教育基地	209.39	一级
田汉故居	故居	东城区爱国主义教育基地	191.98	一级
于谦祠	纪念地	北京市爱国主义教育基地	189.84	一级
李济深旧居	故居	东城区爱国主义教育基地	181.88	一级
文天祥祠	故居	国家级爱国主义教育基地	165.2	一级
中国美术馆	展馆	北京市爱国主义教育基地	163.63	一级
孙中山行馆	故居		163.44	一级
“三·一八”惨案发生地	纪念地	东城区爱国主义教育基地	163.35	一级
清陆军部和海军部旧址	活动旧址	国家级爱国主义教育基地	163.35	一级
孑民堂	故居	北京市爱国主义教育基地	162.56	二级
老舍故居	故居	东城区爱国主义教育基地	148.59	二级
蔡元培故居	故居	北京市爱国主义教育基地	143.98	二级
陈独秀旧居	故居	北京市爱国主义教育基地	135.29	二级
茅盾故居	故居	东城区爱国主义教育基地	134.48	二级
北大红楼	展馆	国家级爱国主义教育基地	131.96	二级
原中法大学	纪念地		128.90	二级
军调部 1946 年中共代表团驻地	活动旧址	北京市爱国主义教育基地	119.87	二级
东交民巷	纪念地	东城区爱国主义教育基地	116.50	二级
欧美同学会	活动旧址	北京市爱国主义教育基地	114.81	二级
永定门城楼	纪念地	东城区爱国主义教育基地	114.47	二级
东城区档案馆	展馆	东城区爱国主义教育基地	105.36	二级
北京饭店初期建筑	纪念地	北京市第一批不可移动革命文物	98.53	二级
国民党北方领导机关旧址	活动旧址	北京市第一批不可移动革命文物	98.53	二级
北京警察博物馆	展馆	北京市爱国主义教育基地	86.46	三级
京奉铁路正阳门东车站旧址	活动旧址	北京市级文物保护单位	80.77	三级
火烧赵家楼遗址	纪念地	东城区爱国主义教育基地	79.89	三级
杨昌济旧居	故居	东城区爱国主义教育基地	74.36	三级
北京中山堂	纪念地	北京市爱国主义教育基地	71.65	三级
天安门	纪念地	国家级爱国主义教育基地	71.65	三级
中国国家博物馆	展馆	国家级爱国主义教育基地	71.65	三级
北京汇文中学	活动旧址	东城区爱国主义教育基地	70.70	三级
人民英雄纪念碑	展馆	国家级爱国主义教育基地	65.49	三级
毛主席纪念堂	展馆	国家级爱国主义教育基地	65.49	三级
北京大学地质学馆旧址	活动旧址	东城区爱国主义教育基地	62.38	三级
袁崇焕墓和祠	故居	国家级爱国主义教育基地	60.33	四级
毛主席旧居	故居	北京市爱国主义教育基地	34.81	四级
京师大学堂建筑遗存	活动旧址	北京市爱国主义教育基地	27.91	四级
平均值			115.39	

4.3 周边资源协同发展

红色文化资源的保护和传承是富有时代意义的政治工程、文化工程、经济工程，需要各方面通力合作，择其善者而用之。由政府支持和推进，会同相关部门通力协作，积极动员社会力量参与，合理利用市场机制，实施持续、有序的开发和建设[16]。针对东城区红色文化资源的挖掘与统筹规划，应结合各类餐饮、文创、历史遗存、网红打卡地以及著名景点等，整合发展，互相带动，将红色文化融于旅游、融于生活。

5　结论与展望

本文运用空间句法分析方法，分别从全局可达性、局部可达性及感知可达性三个维度对东城区红色资源进行可达性的综合评价，其分析结果有助于优化未来红色资源的开发与建设。红色旅游景区具有开放性、包容性的特点，单条线上的旅游资源是“独木难成林”的，因此区域内旅游资源和区域间旅游资源的整合是促进红色旅游资源发展的必经之路。本文研究区域为东城区，道路交通网络仅包含东城区路网，但其与周边路网联系紧密，红色资源的建设应从空间层面做到地区资源整合，未来研究可进一步拓展空间范围，进行不同层面的综合评估。

参考文献

[1]　梁峰 . 我国红色旅游资源分布特点及其开发策略研究 [J]. 桂林旅游高等专科学校学报，2005（05）：49-51，85.
[2]　张玉洋，孙雅婷，姚崇怀 . 空间句法在城市公园可达性研究中的应用：以武汉三环线内城市公园为例 [J]. 中国园林，2019，35（11）：92-96.
[3]　胡志斌，何兴元，陆庆轩，等 . 基于 GIS 的绿地景观可达性研究：以沈阳市为例 [J]. 沈阳建筑大学学报（自然科学版），2005（06）：671-675.
[4]　张琪，谢双玉，王晓芳，等 . 基于空间句法的武汉市旅游景点可达性评价 [J]. 经济地理，2015，35（08）：200-208.
[5]　李登飞，严贤春，余燕，等 . 基于空间句法的阆中古城游览空间可达性分析 [J]. 西华师范大学学报（自然科学版），2016，37（04）：456-460.
[6]　龙祖坤，李绪茂，贺玲利 . 湖南省红色旅游景点空间分异与可达性分析 [J]. 湖南商学院学报，2017，24（02）：70-76.
[7]　文宁 . 空间句法中轴线模型与线段模型在城市设计应用中的区别 [J]. 城市建筑，2019，16（04）：9-12.
[8]　王立东，黄振宇 . 北京近代红色旅游资源分析与开发研究 [J]. 北京第二外国语学院学报，2011，33（07）：64-71.
[9]　HILLIER B，HANSON J.The social logic of space[M].London: Cambridge University Press，1984：58-126.
[10]　比尔·希利尔，克里斯·斯塔茨，黄芳 . 空间句法的新方法 [J]. 世界建筑，2005（11）：46-47.
[11]　郝诗雨，赵媛，王晓歌 . 基于空间句法的泉州海上丝绸之路文化遗迹可达性研究 [J]. 北京联合大学学报，2018，32（03）：22-30.
[12]　张晓瑞，程志刚，白艳 . 空间句法研究进展与展望 [J]. 地理与地理信息科学，2014，30（03）：82-87.
[13]　张琪 . 武汉市 A 级旅游景点可达性综合评价研究 [D]. 武汉：华中师范大学，2016.
[14]　孙学文，王晓飞 . 新时代红色文化的传承与发展 [J]. 吉首大学学报（社会科学版），2019，40（S1）：12-15.
[15]　张咏梅，谢明 . 对城市设计中步行环境的思考 [J]. 中外建筑，2004（04）：40-41.
[16]　吴超 . 红色文化资源开发面临的问题和对策 [J]. 红色文化学刊，2019（03）：81-86，112.

作者简介

刘思杨 /1998 年生 / 女 / 北京人 / 建筑学硕士 / 研究方向为城市绿地格局和微气候环境 / 北方工业大学
杨鑫 /1983 年生 / 女 / 黑龙江人 / 教授 / 研究方向为风景园林规划与设计、城市气候环境和健康社区 / 北方工业大学

基于历史事件的武汉三镇红色资源游览路径规划研究

Study on red resources tour path planning in three towns in Wuhan based on historical events

沈 阳 马 欣

Shen Yang Ma Xin

摘 要：武汉是一座英雄城市，是一座具有光荣革命斗争传统的城市。武汉三镇中的红色资源体现了中国共产党争取民族独立、人民解放和实现国家富强、人民幸福的艰苦努力，充分展示了以爱国主义为核心的伟大民族精神。本文以武汉三镇为研究对象，基于不同时期历史事件对红色资源分布情况进行统计分析，通过 ArcGIS 平台空间可视化工具，将历史事件、红色资源进行分类，规划出不同的游览路径方案。通过对人群密度热力图以及路径距离的分析，总结游览路径及游览内容，以期对武汉三镇未来红色旅游建设提供借鉴参考。

关键词：武汉三镇；历史事件；红色资源；ArcGIS 空间分析

Abstract: Wuhan is a heroic city, and has a glorious revolutionary struggle tradition. It reflects the Chinese Communist Party's struggle for national independence, people's liberation, and the realization of national prosperity and people's happiness. Full display of patriotism as the core of the great national spirit. Taking three towns in Wuhan as the research object, this paper makes a statistical analysis of the distribution of red resources based on historical events in different periods, classifies historical events and red resources through the spatial visualization tool of ArcGIS platform, and plans different tour path schemes. Through the analysis of the heat map of crowd density and the distance of the route, the tour path and content are summarized, in order to provide reference for the construction of the future red tourism in Wuhan three towns.

Key words: Three towns in Wuhan; Historical events; Red resources; ArcGIS-Spatial Analyst

2004 年 12 月，中共中央办公厅、国务院办公厅颁布了旨在推动与促进红色旅游业发展的《2004—2010 年全国红色旅游发展规划纲要》，给红色旅游发展提供了强有力的政策支持。爱国主义红色地图是展示武汉市红色文化精神的重要载体，在对时代新青年的红色教育过程中，发挥着不可代替的作用，同时也带动武汉地区的红色旅游业发展。[1]

武汉承载了 1911 年国人初步觉醒的武昌起义，1911—1926 年对抗北洋军阀的一系列革命运动，1926—1937 年中国共产党第五次全国代表大会和土地革命时期，以及 1937—1945 年的全面抗日战争。武汉这座城市充分展示了以爱国主义为核心的伟大民族精神。[2] 为游客合理规划并推荐游览路径不仅能让游客对红色革命遗产体验更充分，还能有效引导客流，实现该地区环境、经济和社会文化的良性发展。

1 武汉三镇红色资源概况

1.1 武汉三镇概况

武汉在区域划分上具有独特性，即“武汉三镇”。

武汉三镇分为武昌（今武昌区、青山区、洪山区）、汉口（今江汉区、江岸区、硚口区）、汉阳（今汉阳区）。范围是今武汉市的七个中心城区[3]。

1911年辛亥革命在武昌爆发，一举推翻中国2000多年的封建帝制，从此民主观念深入人心。大革命时期，武汉是中国共产党展开斗争活动的重要地区，为中国共产党的发展壮大打下了良好的基础。土地革命时期，全党工作转入地下，身在武汉的共产党人宁死不屈。抗日战争时期，保卫武汉再度成为全国的中心话题。武汉的红色资源，深刻地反映了中国共产党探索中国革命道路的艰难历程。武汉现有各类革命遗存近60处[4]，文章重点分析其中40处（图1）。

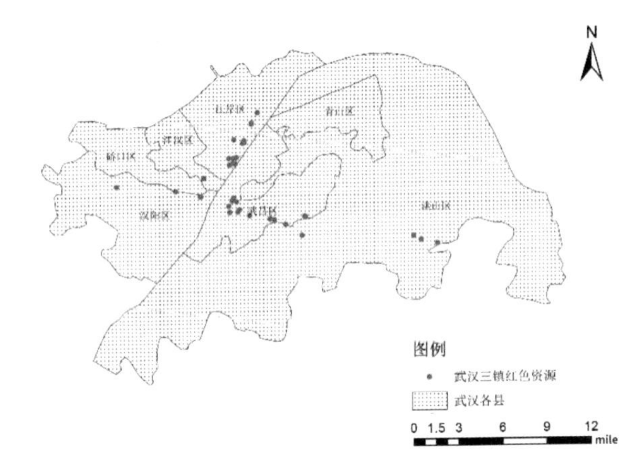

图1　武汉三镇红色资源分布情况

1.2　武汉三镇全国重点文物保护单位概况

在这40处红色资源中，全国重点文物保护单位9处，在武汉三镇的分布情况如下：汉口5处，武昌4处，汉阳0处；湖北省文物保护单位13处，在武汉三镇的分布情况如下：汉口6处，武昌5处，汉阳2处；武汉市文物保护单位若干（表1）。其中汉口与武昌的红色资源分布较为密集，汉阳的红色资源分布最少，但是整体在长江两岸最为密集（图2）。

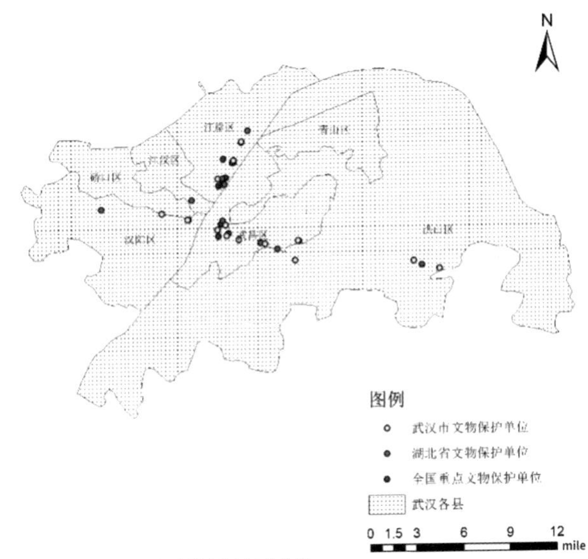

图2　武汉三镇重点文物保护单位分析
注：1mile=1.609km。

1.3　武汉三镇爱国主义教育基地概况

全国爱国主义教育基地8处，在武汉三镇的分布情况如下：汉口4处，武昌3处，汉阳1处；湖北省爱国主义教育基地5处，在武汉三镇的分布情况如下：汉口1处，武昌3处，汉阳1处；武汉市爱国主义教育基地若干（表2）。其中位于武昌的爱国主义教育基地最多，位于汉阳的爱国主义教育基地最少，整体位于长江东侧的爱国主义教育基地较多（图3）。

表1　重点文物保护级别

国家级	省级	市级
辛亥革命纪念馆	辛亥首义烈士陵园	张之洞与武汉博物馆
贺胜桥北伐阵亡将士陵园	辛亥铁血将士公墓	彭刘杨三烈士塑像
武汉国民政府旧址纪念馆	陈潭秋故居	恽代英故居
德林公寓	施洋烈士陵园	陈定一烈士就义纪念碑
武汉中央军事政治学校	京汉铁路总工会旧址	耿丹烈士墓
“八七”会议纪念馆	武汉“二七”纪念馆	向警予烈士陵园
中共“五大”会址纪念馆	北伐军独立团烈士陵园	冯玉祥故居
苏联空军志愿队烈士墓	陈定一烈士墓	武汉抗战纪念园
新四军军部旧址纪念馆	宋庆龄故居	中山舰博物馆
郭沫若故居	毛泽东旧居	九峰山革命烈士陵园
	中央农民运动讲习所旧址纪念馆	林祥谦就义处
	红色战士公墓	刘少奇旧居
	向警予故居	李汉俊烈士墓
	八路军武汉办事处旧址纪念馆	周恩来珞珈山旧居
		夏斗寅公馆旧址

表 2 爱国主义教育基地级别

国家级	省级	市级
武汉“二七”纪念馆	施洋烈士陵园	辛亥首义烈士陵园
八路军武汉办事处旧址纪念馆	京汉铁路总工会旧址	陈定一烈士墓
武汉国民政府旧址纪念馆	中央农民运动讲习所旧址纪念馆	贺胜桥北伐阵亡将士陵园
“八七”会议纪念馆	红色战士公墓	新四军军部旧址纪念馆
中共“五大”会址纪念馆	武汉中央军事政治学校	张之洞与武汉博物馆
郭沫若故居	中山舰博物馆	武汉抗战纪念园
向警予烈士陵园	向警予故居	九峰山革命烈士陵园
周恩来珞珈山旧居	八路军武汉办事处旧址纪念馆	

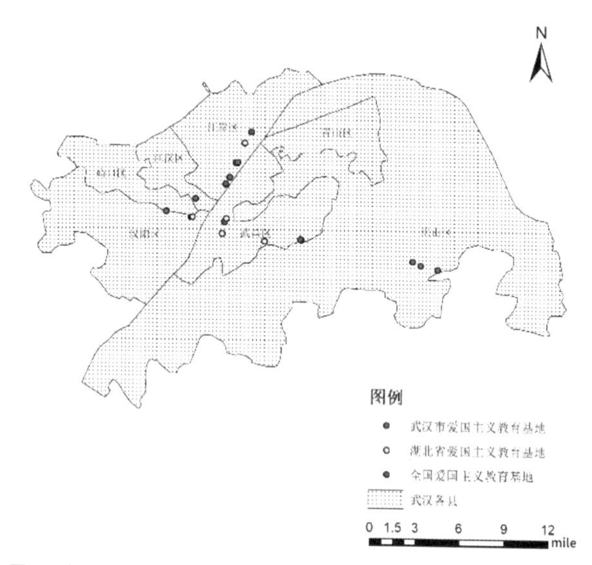

图 3 武汉三镇红色资源爱国主义教育基地分析

图 4 武汉三镇红色旅游资源分类图

2 武汉三镇红色旅游资源分类分析

武汉三镇红色旅游资源按照资源分类情况分为七大类（图 4），其中名人故居 12 个，墓碑（群）/ 烈士陵园 13 个，展览馆 10 个，学校遗址 1 个，纪念碑 1 个，雕像 1 个，公园 1 个（图 5）。

3 武汉三镇红色资源空间分布情况

由图 6、图 7 可知，武汉三镇热力值主要位于长江沿岸两侧，以汉口和武昌最为密集，汉阳热力值较弱，武昌热力值横向延伸至区域中心，而且武汉三镇的红色资源分布核密度与武汉三镇城市热力值相似，均以靠近长江两岸为最密集分布地点，因此武汉市的红色旅游资源与城市热力值相匹配，具有很好的人群密集度，如果将武汉三镇城市内部的红色资源发挥得当，那么将具有很好的宣扬红色教育的效果。

4 武汉三镇红色旅游线路

4.1 武汉三镇红色旅游线路分类

文章总结 40 多处红色革命遗产，选取其中具有代表性的红色资源，根据遗产性质、遗产在历史事件中发挥

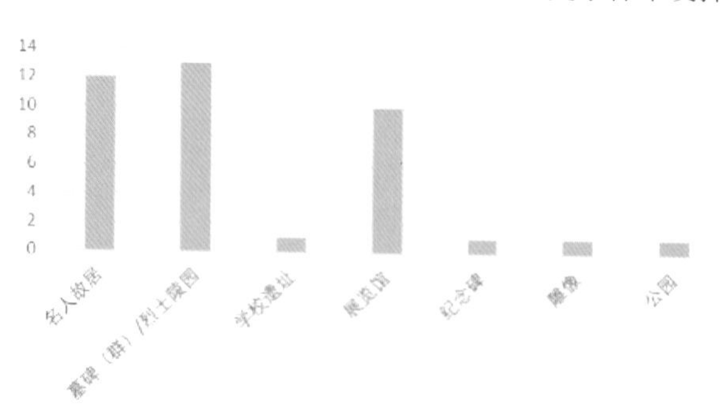

图 5 武汉三镇红色资源按功能分类

作用的时间节点（表3），将以上的红色资源按照级别归类，分别总结出辛亥革命时期、中国共产党创立初期、1926年的武汉、土地革命时期、抗日战争时期五种游览路线。

4.2 旅游路线规划原则

旅游路线的规划整体本着便捷、省时、低碳的原则进行设计。单日游览时长不超过10h；为避免游览时长过长和遗产性质重复的问题，遗产性质相似的红色资源在同一路线中只选择其中一个进行游览，选择具备更多优势的红色资源作为最优游览路线，另外则为其他游览路线；城市热力值较高的地区交通通达性较强，且公共设施完善，因此位于此处的红色资源一般作为一日游路线的首站或尾站，便于人群前往；若红色资源坐标点较为分散，则在旅行途中穿行城市热力值较高地区，便于游客吃午饭和午休；相邻红色资源距离小于2km的属于游客步行舒适可达范围内，推荐游客步行前往；相邻红色资源之间乘坐公共交通工具（公交车、地铁）前往时间少于驾车前往时间，或乘坐公共交通工具时间比驾车时间长15min以内，则基于低碳出行的原则，提倡游客乘坐公共交通工具前往，如公共交通工具换乘方式过于烦

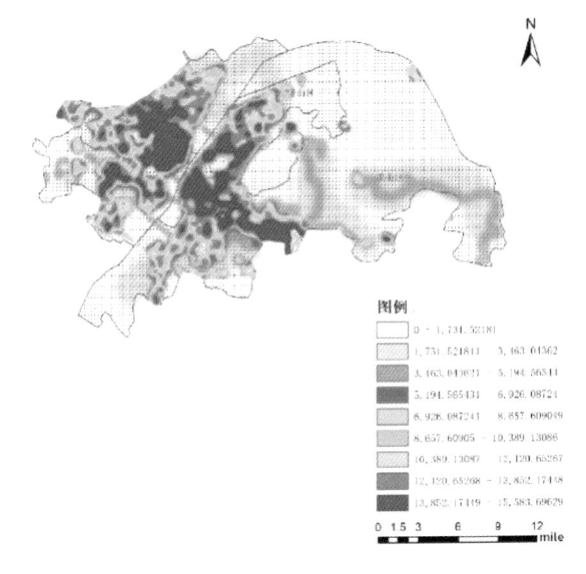

图6 武汉三镇热力值分析

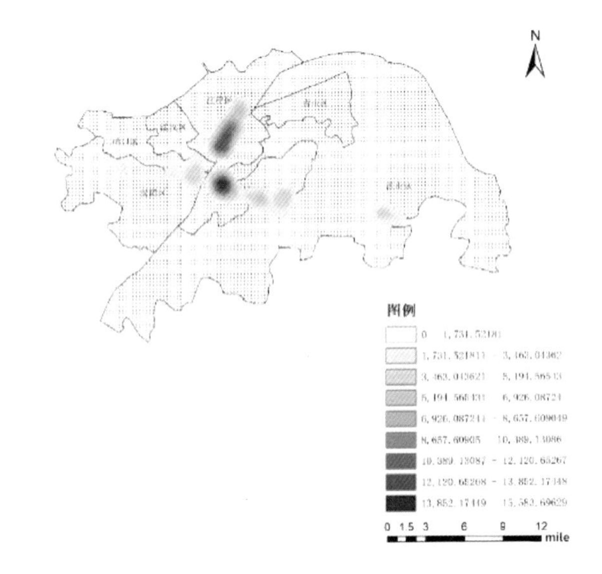

图7 武汉三镇红色资源核密度分析

表3 红色资源分布及其历史事件时间

名称	行政区	时间	名称	行政区	时间
张之洞与武汉博物馆	汉阳	各个时期	耿丹烈士墓	武昌	1927年
彭刘杨三烈士塑像	武昌	1911年	李汉俊烈士墓	洪山	1927年
辛亥首义烈士陵园	江岸	1911年	武汉中央军事政治学校	武昌	1927年
辛亥铁血将士公墓	汉阳	1911年	“八七”会议纪念馆	江岸	1927年
辛亥革命纪念馆	武昌	1911年	中央农民运动讲习所旧址纪念馆	武昌	1927年
恽代英故居	武昌	1918年	中共“五大”会址纪念馆	武昌	1927年
陈潭秋故居	黄州	1922年	红色战士公墓	汉阳	1927年
林祥谦就义处	江岸	1923年	向警予故居	江岸	1928年
施洋烈士陵园	武昌	1923年	向警予烈士陵园	汉阳	1928年
京汉铁路总工会旧址	江岸	1923年	夏斗寅公馆旧址	江岸	1932年
武汉“二七”纪念馆	江岸	1923年	八路军武汉办事处旧址纪念馆	江岸	1937年
刘少奇旧居	江岸	1926年	冯玉祥故居	武昌	1937年
陈定一烈士就义纪念碑	武昌	1926年	苏联空军志愿队烈士墓	江岸	1937年
北伐军独立团烈士陵园	洪山	1926年	新四军军部旧址纪念馆	江岸	1937年
陈定一烈士墓	洪山	1926年	武汉抗战纪念园	洪山	1938年
贺胜桥北伐阵亡将士陵园	江夏	1926年	周恩来珞珈山旧居	武昌	1938年
武汉国民政府旧址纪念馆	江岸	1926年	郭沫若故居	武昌	1938年
宋庆龄故居	江岸	1927年	中山舰博物馆	江夏	1938年
德林公寓	江岸	1927年	九峰山革命烈士陵园	洪山	各个时期
毛泽东旧居	武昌	1927年			

表 4 辛亥革命时期红色资源概况

名称	行政区	时间	推荐游览时间
张之洞与武汉博物馆	汉阳区	各个时期	3h
彭刘杨三烈士塑像	武昌区	1911 年	0.5h
辛亥首义烈士陵园	江岸区	1911 年	1~2h
辛亥铁血将士公墓	汉阳区	1911 年	1~2h
辛亥革命纪念馆	武昌区	1911 年	0.5h

表 5 中国共产党创立初期红色资源概况

名称	行政区	时间	推荐游览时间
恽代英故居	武昌区	1918 年	0.3h
林祥谦就义处	江岸区	1923 年	0.2h
施洋烈士陵园	武昌区	1923 年	1h
京汉铁路总工会旧址	江岸区	1923 年	1.5h
武汉“二七”纪念馆	江岸区	1923 年	2h

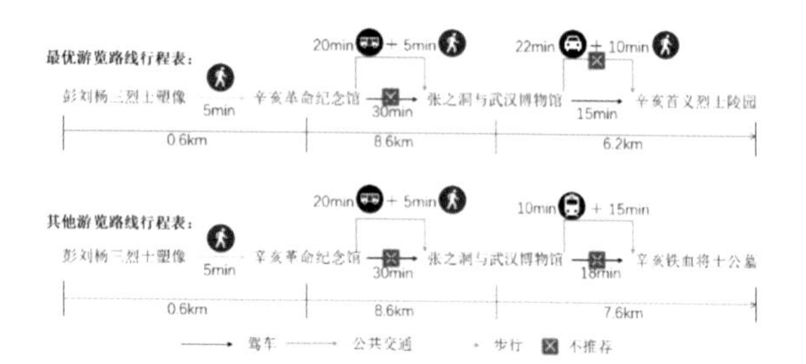

图 8 辛亥革命游览路线交通方式及所需时间

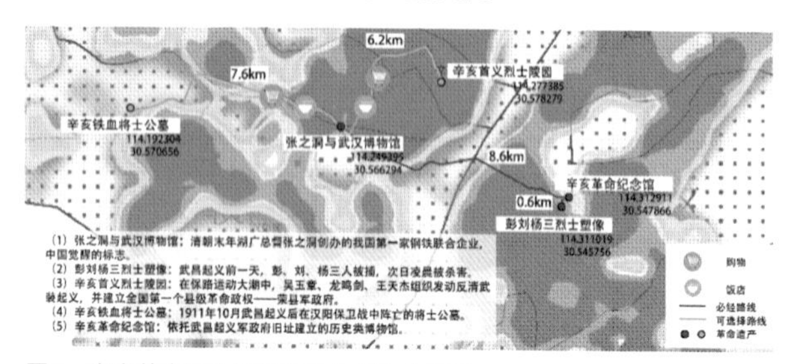

图 9 辛亥革命红色旅游路线 ArcGIS 分析图

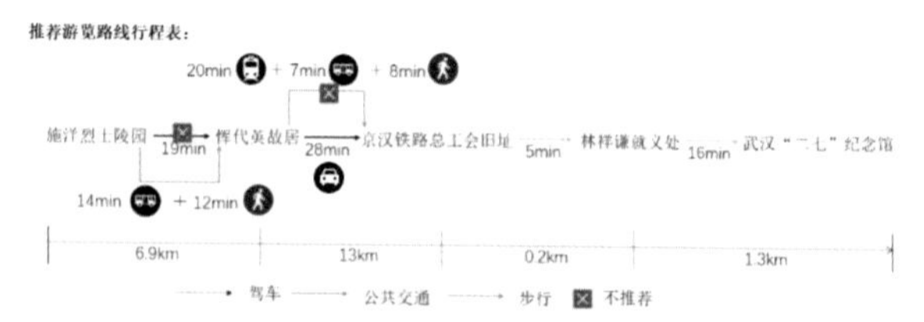

图 10 中国共产党创立初期游览路线交通方式及所需时间

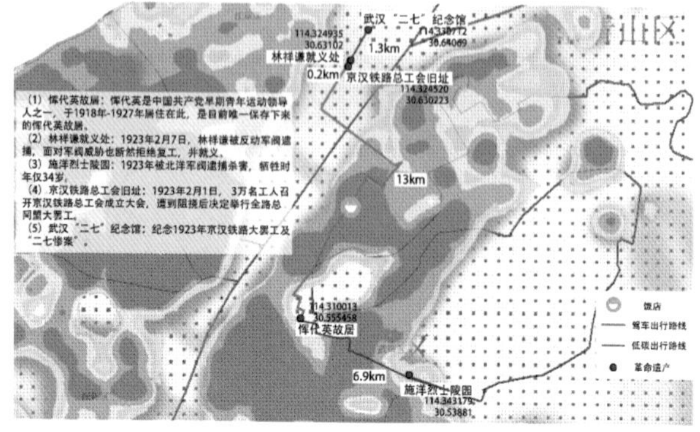

图 11 中国共产党创立初期红色旅游线路 ArcGIS 分析图

琐，则本着方便游客的原则，提倡选择驾车方式前往；市中心区域推荐乘坐公共交通工具前往，游客可以在此路程中进行购物或者吃饭等休闲活动。

笔者依据以上旅游路线规划原则，利用 ArcGIS 在地图中标注红色资源的坐标点，根据遗产性质、营业时间和游览时间，计算最优路线。

4.3 旅游路线规划

4.3.1 辛亥革命红色旅游路线

对上述 40 处红色资源进行总结，可发现张之洞与武汉博物馆、彭刘杨三烈士塑像、辛亥首义烈士陵园、辛亥铁血将士公墓、辛亥革命纪念馆均是主要阐述辛亥革命时期的红色资源（表 4）。因此，对这 5 处遗产进行统一流线规划，打造出辛亥革命游览路线。

最优游览路线行程表：彭刘杨三烈士塑像—辛亥革命纪念馆—张之洞与武汉博物馆—辛亥首义烈士陵园。

其他游览路线行程表：彭刘杨三烈士塑像—辛亥革命纪念馆—张之洞与武汉博物馆—辛亥铁血将士公墓（图 8）。

根据辛亥革命游览路线的交通方式和所需时间，以及旅游路线规划原则进行计算，辛亥革命红色旅游路线建议由张之洞与武汉博物馆去往辛亥首义烈士陵园采取驾车交通方式，其他红色资源之间采取步行或公共交通出行（图 9），最优游览路线交通总时长大约 62min，其他游览路线交通总时长大约 55min。游客可以根据不同需求选择合适的路径。

4.3.2 中国共产党创立初期红色旅游路线

对上述 40 处红色资源进行总结，可发现恽代英故居、林祥谦就义处、施洋烈士陵园、京汉铁路总工会旧址、武汉“二七”纪念馆均是主要阐述中国共产党创立初期的红色资源（表 5）。因此，对这 5 处遗产进行统一流线规划，打造出中国共产党创立初期红色旅游路线。

推荐游览路线行程表：施洋烈士陵园—恽代英故居—京汉铁路总工会旧址—林祥谦就义处—武汉“二七”纪念馆（图 10）。

根据中国共产党创立初期游览路线的交通方式和所需时间，以及旅游路线规划原则进行计算，中国共产党创立初期红色旅游路线建议由恽代英故居去往京汉铁路总工会旧址采取驾车方式，其他红色资源点之间采取步行或公共交通出行（图 11），推荐游览路线交通总时长大约 75min。

4.3.3 1926 年的武汉红色旅游路线

对上述 40 处红色资源进行总结，可发现陈定一烈士就义纪念碑、北伐军独立团烈士陵园、陈定一烈士墓、武汉国民政府旧址纪念馆均是与1926年重大事件相关的红色资源（表6）。因此，对这4处遗产进行统一流线规划，打造出1926年的武汉红色旅游路线。

推荐游览路线行程表：武汉国民政府旧址纪念馆—陈定一烈士就义纪念碑—北伐军独立团烈士陵园—陈定一烈士墓（图12）。

根据1926年的武汉游览路线的交通方式和所需时间，以及旅游路线规划原则进行计算，各个红色资源之间的直线距离均超越步行较舒适可达范围，因此1926年的武汉红色旅游路线建议由武汉国民政府旧址纪念馆去往陈定一烈士就义纪念碑采取公共交通出行方式，其他红色资源点之间采取驾车出行方式（图13），推荐游览路线交通总时长大约78min。

表6　1926年的武汉红色资源概况

名称	行政区	时间	推荐游览时间
陈定一烈士就义纪念碑	武昌区	1926年	0.2h
北伐军独立团烈士陵园	洪山区	1926年	2h
陈定一烈士墓	洪山区	1926年	2h
武汉国民政府旧址纪念馆	江岸区	1926年	2h

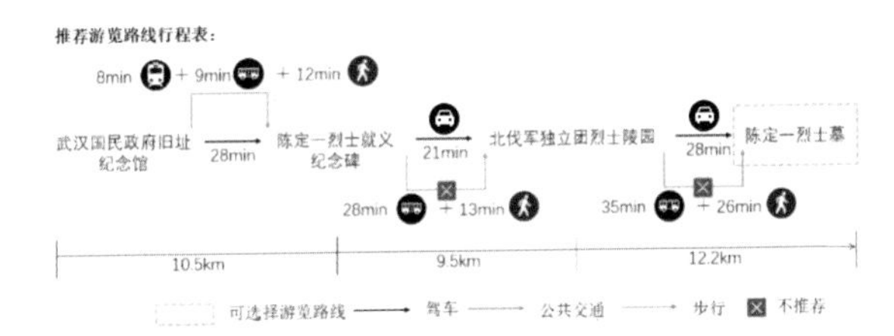

图12　1926年的武汉游览路线交通方式及所需时间

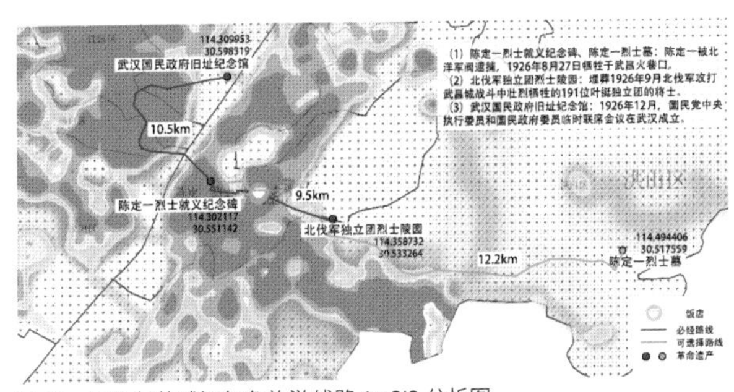

图13　1926年的武汉红色旅游线路ArcGIS分析图

4.3.4　土地革命时期红色旅游路线

对上述40处红色资源进行总结，可发现宋庆龄故居、德林公寓、毛泽东旧居、耿丹烈士墓、武汉中央军事政治学校、“八七”会议纪念馆、中央农民运动讲习所旧址纪念馆、中共“五大”会址纪念馆、向警予故居、夏斗寅公馆旧址均是土地革命时期内的红色资源（表7）。因此，对这10处遗产进行统一流线规划，打造出土地革命时期红色旅游路线。

根据这10处革命遗产地理位置和事件发生时间，将革命遗产以长江为界线分为两天进行游览。

推荐游览路线行程表：

第一天：中央农民运动讲习所旧址纪念馆—毛泽东旧居—中共“五大”会址纪念馆—武汉中央军事政治学校—耿丹烈士墓（图14）。

第二天：夏斗寅公馆旧址—向警予故居—宋庆龄故居—“八七”会议纪念馆—德林公寓（图15）。

根据土地革命时期游览路线的交通方式和所需时间，以及旅游路线规划原则进行计算，土地革命时期红色旅游路线本着低碳环保的原则选择出行方式（图16），推荐游览两天路线交通总时长大约99min。

表7　土地革命时期红色资源概况

名称	行政区	时间	推荐游览时间
宋庆龄故居	江岸区	1927年	1.5h
德林公寓	江岸区	1927年	0.2h
毛泽东旧居	武昌区	1927年	1h
耿丹烈士墓	武昌区	1927年	1h
武汉中央军事政治学校	武昌区	1927年	1h
“八七”会议纪念馆	江岸区	1927年	2.5h
中央农民运动讲习所旧址纪念馆	武昌区	1927年	2.5h
中共“五大”会址纪念馆	武昌区	1927年	2h
向警予故居	江岸区	1928年	1.5h
夏斗寅公馆旧址	江岸区	1932年	1h

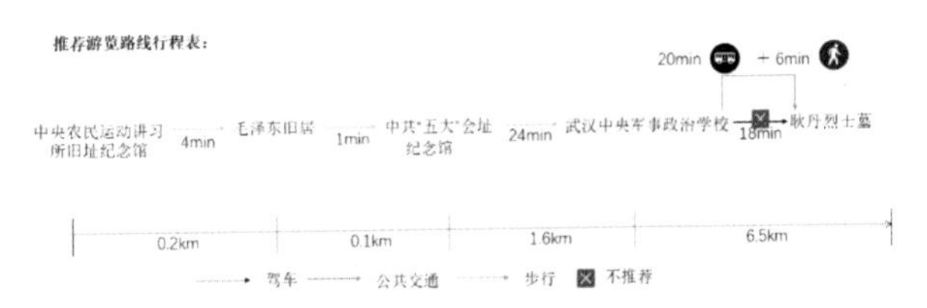

图14　土地革命时期游览路线1交通方式及所需时间

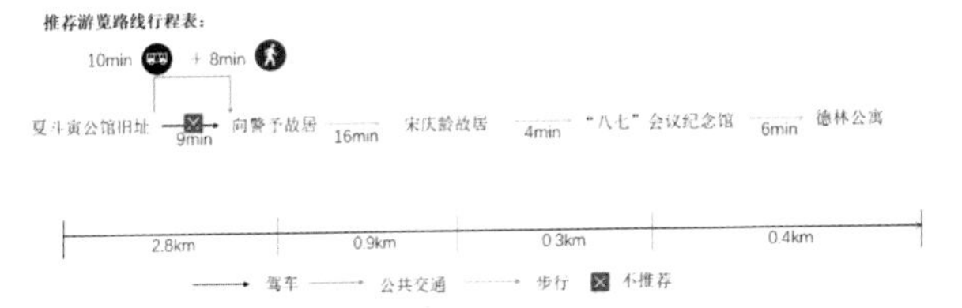

图15　土地革命时期游览路线2交通方式及所需时间

4.3.5　抗日战争时期红色旅游路线

对上述40处红色资源进行总结，可发现八路军武汉办事处旧址纪念馆、冯玉祥故居、苏联空军志愿队烈士墓、武汉抗战纪念园、周恩来珞珈山旧居、郭沫若故居均是抗日战争时期内的红色资源（表8）。因此，对这六处遗产进行统一流线规划，打造出抗日战争时期红色旅游路线。

根据6处革命遗产地理位置和游览时间，将红色资源以长江为界线分为两天进行游览。

推荐游览路线行程表：

第一天：八路军武汉办事处旧址纪念馆—苏联空军

志愿队烈士墓（图 17）。

第二天：冯玉祥故居—郭沫若故居—周恩来珞珈山旧居—武汉抗战纪念园（图 18）。

根据抗日战争时期游览路线的交通方式和所需时间，以及旅游路线规划原则进行计算，抗日战争时期红色旅游路线建议由冯玉祥故居去往郭沫若故居、由周恩来珞珈山旧居去往武汉抗战纪念园采取驾车出行方式，其他红色资源点采取步行出行方式（图 19），推荐游览两天路线交通总时长大约 83min。

5 总结

武汉是一片革命的热土，遗址遍布全市，其中体现民族独立、民族解放，中国人民浴血奋战的历史，为后人留下了宝贵的精神财富。其中武汉三镇的红色资源分布最为密集，且均以靠近长江两岸为最密集分布地点，分布特点与城市热力值相似，如果发挥得当，将具有很好的宣扬红色教育的效果。

文章总结 60 多处革命遗产，并选取其中 40 处具有代表性的革命遗产利用 ArcGIS 等一系列软件，根据遗产性质、营业时间和游览时间，计算出最优路线，分别组织了辛亥革命时期红色旅游路线、中国共产党创立初期红色旅游路线、1926 年的武汉红色旅游路线、土地革命时期红色旅游路线、抗日战争时期红色旅游路线。

综上所述，武汉市在全国爱国主义旅游线路建设中发挥着重要作用，未来应当多考虑红色资源的保护与发展，并且要与城市文化建设相结合，使红色资源旅游建设能够融入生活，成为红色打卡旅游胜地。

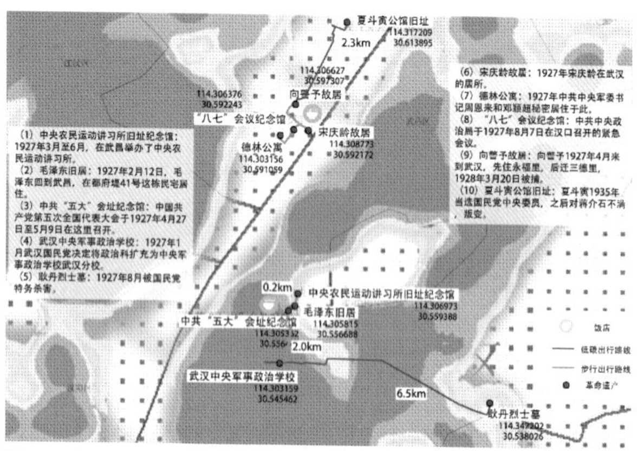

图 16 土地革命时期红色旅游线路 ArcGIS 分析图

表 8 抗日战争时期红色资源概况

名称	行政区	时间	推荐游览时间
八路军武汉办事处旧址纪念馆	江岸区	1937 年	3h
冯玉祥故居	武昌区	1937 年	1h
苏联空军志愿队烈士墓	江岸区	1937 年	2.5h
武汉抗战纪念园	洪山区	1938 年	2h
周恩来珞珈山旧居	武昌区	1938 年	1h
郭沫若故居	武昌区	1938 年	2h

图 17 抗日战争时期游览路线 1 交通方式及所需时间

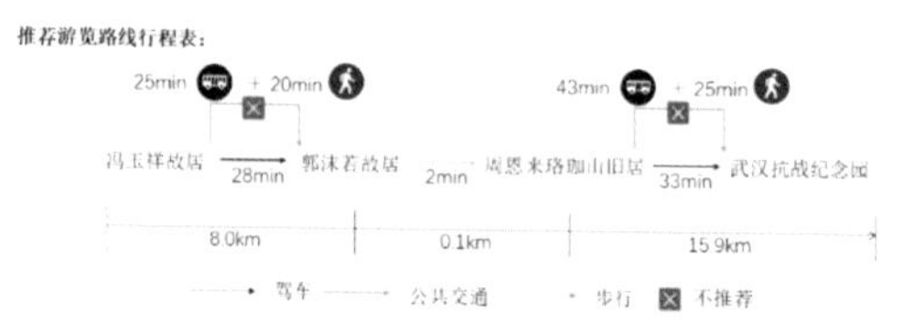

图 18 抗日战争时期游览路线 2 交通方式及所需时间

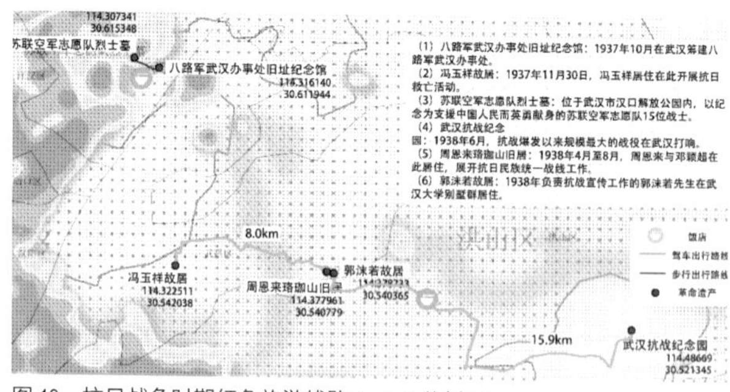

图 19 抗日战争时期红色旅游线路 ArcGIS 分析图

参考文献

[1] 黄传馨 . 武汉红色旅游发展探析 [J]. 学习月刊，2010（05）：139-141.
[2] 吴心玫，李颖 . 武汉革命文化遗产的保护与利用 [J]. 文化创新比较研究，2018，2（19）：42-43，45.
[3] 佚名 . 红色历史名城武汉："枪杆子里面出政权"光辉论断的诞生地 [J]. 中国地名，2011（04）：6.
[4] 谭菲 . 武汉地区红色资源对大学生思想政治教育的作用 [J]. 黄冈职业技术学院学报，2019，021（006）：94-97.

作者简介

沈阳 /1996 年生 / 女 / 北京人 / 在读研究生 / 研究方向为绿色与可持续发展城市设计 / 北方工业大学（北京 100144）
马欣 /1977 年生 / 男 / 山西人 / 副教授 / 研究方向为绿色与可持续发展城市设计 / 北方工业大学（北京 100144）

定窑考古遗址公园内的定窑遗址价值体系研究

The value system research of Ding kiln in archaeological site park

孟昳然　张　楠　魏　强

Meng Yiran　Zhang Nan　Wei Qiang

摘　要：近年来，考古遗址公园建设已然成为对于遗址保护与利用的良好手段。其核心在于对遗址本体的价值体系的展示、阐释与传承。本文基于“定窑考古遗址公园总体规划”，在对定窑遗址本体进行深入研究的基础上，通过梳理定窑窑址的考古历程、遗存分布及定窑瓷器的艺术特征，提炼出定窑遗址的核心价值，初步形成定窑遗址的价值特征 - 价值说明 - 价值载体相对应的价值体系，多维度全方面地阐述定窑遗址的价值，达到指导考古遗址公园建设的目的与意义。

关键词：考古遗址公园；定窑遗址；价值体系

Abstract: In recent years, archaeological site park construction has become a good means for site protection and utilization. Its core lies in the value system of site, interpretation, and inheritance. This article is based on “Ding kiln archaeological site park master plan”, to conduct the thorough research to the ontology of the kiln sites, on the basis of combing kiln site of archaeological history, heritage distribution and the artistic features of the kiln porcelain, refining the core value of the kiln site, initially formed the value of the kiln site features-value-value vector corresponding to the value system, multidimensional all aspects of the value of kiln site, to guide purpose and significance of the construction of the ding kiln archaeological site park in the future.

Key words: archaeological site park ; Ding kiln sites; value system

1　定窑遗址概况

定窑遗址位于河北省曲阳县灵山镇，距离曲阳县城北约 25 千米的太行山麓，集中分布在灵山镇涧磁村、北镇村和野北村、东燕川村、西燕川村两个区域。此外，杏子沟、涧磁西等地也有部分窑业遗存。

遗存构成由遗址本体所在的 5 个遗存分布区、13 个瓷片堆、考古发掘区以及相关附属文物、历史环境、出土文物组成。

根据 1988 年国务院公布的第三批全国重点文物保护单位名单，定窑遗址时代为唐—元，遗址属“古遗址”类型。2017—2018 年考古调查、勘测工作成果提出，定窑遗址创烧于隋代，衰落于元代。该遗址曾列入我国“十二五”期间重要大遗址，遗址类型为“手工业遗址”。

2　定窑遗址的历次考古历程简述

定窑遗址的考古经历了漫长的时间，可以概括为三个历史阶段。

2.1 第一阶段

20世纪30年代，叶麟趾先生最先在河北省曲阳县发现定窑遗址。[1]后撰写了《古今中外陶瓷汇编》，详细记述了这次发现过程。1941年，日本学者小山富士夫依据此书前往定窑遗址进行了调查。

2.2 第二阶段

1951年，故宫博物院的陈万里、杨忠礼先生调查了曲阳县的东西燕川村和涧磁村窑址，通过残存瓷片上的刻花、印花、划花、装饰、泪痕以及细腻洁白的瓷胎，证实这里是定窑窑址。

1957年，故宫博物院的冯先铭、李辉柄、王莉英、葛季芳等诸位先生再次前往定窑遗址调查，采集瓷片标本近两千片。

1960—1962年，河北省文化局文物工作队对曲阳县涧磁村定窑遗址进行了专业的调查和试掘。

1977年、1982年和1991年，故宫博物院先后派人前往定窑调查、采集瓷器标本。

1985—1987年，河北省文物研究所（后更名为河北省文物考古研究院）在北镇村、涧磁岭、野北村、燕川村等地进行了考古发掘。

2.3 第三阶段

2009年河北省文物考古研究院、北京大学考古文博学院、曲阳县定窑遗址文物保管所组成了联合考古队，在涧磁岭、北镇、涧磁西以及燕川四个地点进行发掘。这次发掘出土了数以吨计的各时期的瓷片和窑具，并发现了带有“官”“尚药局”“尚食局”等款识和其他文字款的器物残片。[2]

3 定窑遗址的价值体系研究

据文献记载与考古发现综合分析，定窑创烧于唐末，至今已逾千年历史。初步梳理出定窑遗址的核心价值如下：

(1) 定窑继承了邢窑传统，并取代邢窑地位，成为我国北方最为著名的白瓷窑系的代表。

(2) 定窑是文献记载与窑址遗存完全相符的名窑，遗址的发现极大地弥补了文献记载的不足和缺失，极具历史价值。

(3) 定窑遗址保存了唐代至宋元的大量窑址及生产工具，是研究我国几千年陶瓷史不可多得的实例，同时也为研究定窑营造工艺的特色与革新提供了实物证明。

(4) 定窑作为公认的宋代“五大名窑”之一，瓷器典雅质朴，反映着宋代的美学风范和社会风尚，其烧造工艺和造型装饰被各地窑口纷纷效法，对中国制瓷业产生过重大而深远的影响。

在对定窑遗址的核心价值进行总结的基础上，通过对遗址已发现的各类遗存所包含的历史信息梳理研究后，构建了定窑遗址价值体系，即价值特征 - 价值说明 - 价值载体相对应。下文将通过区域历史价值、营造工艺价值、文化审美价值和技艺传承价值来简述定窑遗址的价值体系。

3.1 区域历史价值

定窑是文献记载与窑址遗存完全相符的名窑，定窑遗址作为定窑的起源地和中心产区，遗址的发现极大弥补了文献记载的不足和缺失。定窑遗址体现了隋末、唐至宋元近700年间我国古代制瓷手工业生产发达地区的生产方式和社会风尚，是研究隋末至元代当地历史发展、物质生产、生活方式和社会情况的重要史料。

宋代时期，国家强调对于文人的优待，全国上下形成重文抑武的社会风气。国家的苛捐杂税与晚唐以及五代十国相比，要轻许多。此时社会上盛行的租佃关系出现了转变——佃户对于地主的依附关系明显减弱。这样的政策既能减轻农民的负担，也相对提高了农民在社会上的地位。因而他们对各类生产产生了更高的兴趣，也为制瓷业的蓬勃发展提供了物力、财力、技术支持。同时也为宋代瓷器的制造与生产，提供了良好的政治氛围。

同时，祭祀是重要的政治行为，在宋代礼制发展得更为健全，每年祭岳之祀，均要设立坛场，举行隆重的祭奠仪式。北岳恒山为中华五岳之一，而在汉至清初的这1500年间，国家祭祀北岳恒山的活动一直在曲阳县的北岳庙举行。

定窑所在的曲阳历史上隶属于定州，定窑更是因定州而得名，定州地处河北传统的南北交通干线之上，与塞外相通，有利于形成大的都会城市。战略地位险要促进了社会经济文化的繁荣，最终孕育了宋代“五大名窑”之一的定窑。

在经济贸易方面，唐末五代以来，定州是义武节度使驻地，为该地区政治、经济、文化的中心，也是定瓷贸易往来的集散地。宋朝时，与周边政权的物资交流和经济联系频繁，榷场贸易、走私贸易、茶马贸易和朝贡贸易等形式互相补充，定瓷广泛流布其中。五代到北宋初期定窑在全国制瓷业中的地位不断提高，遂取代邢窑位置，其生产的精细白瓷行销南北，甚至成为海上陶瓷贸易时期的重要产品之一，出口诸多国家和地区。

北宋位于疆域边陲，河朔之咽喉的定州，是北方地区当时税收仅次于正定的重要商业城镇，定州具有极为重要的战略地位，史载：“天下根本在河北，河北根本在镇、定，以其扼贼冲，为国门户也”，又有“九州咽喉地，神京扼要区”之称。因此无论经济还是军事，定州在北方的地位都当数显赫。[3]

3.2 营造工艺价值

定窑遗址见证了中国制瓷技术的革新、发展以及传统定窑系烧制技艺的高超水平。定窑遗址提供了由定窑瓷片标本构建的历史年代坐标（公元 6—12 世纪）。定窑遗址展现了定窑窑场在窑场选址、磁窑修建、窑室空间利用、场地布局利用、水利资源利用等各方面独具特色的规划设计水平和高超建造技艺。

在磁窑布局方面，宋时以泉水沟为主要分布区，近水处聚起大批主要窑场（生产贡瓷），以两岸主要窑场为中轴线，向外辐射为大小不等的次瓷场，形成宋代定窑官民同步发展的生产格局。

定窑所在地的河流水系为窑址与城镇的发展提供了丰富的水利资源与交通条件。窑址密集处南北贯穿有两条天然溪壑，一名“泉水沟”，一名“马驿沟”，两条天然溪壑汇入通天河，定窑遗址正处于通天河与三会河交汇的三角地带，两条河流将定窑中心窑场与整个华北的水路交通网络贯通。定窑窑场依次而建，此处溪壑是定窑烧制过程中不可或缺的环境条件。据文献记载，涧磁岭是定窑制瓷体系中瓷土和燃料的重要来源地，从现状上来看，今涧磁岭地区有人为挖掘的深坑，从中可以清晰看见丰富的瓷土资源，涧磁岭地区整体地形地势均保存较好。

在烧装工艺方面，瓷器装烧包括匣钵工艺方法和匣钵装窑方法，瓷器装匣钵的方式有很多种，在最早烧制的时候不用匣钵，直接装入窑内，烧成瓷器表面容易被沾污，质量较差。出现匣钵以后，瓷器质量显著提高。装烧方式也在不断变化，三叶支钉、三叉支钉、涩圈叠烧、盘碗类支圈覆烧、环形支圈覆烧等装烧工艺一直在随着时代变化而变化。[4] 其中的覆烧工艺使得定瓷的产量倍增，烧制成本降低，标志着定窑逐步走向完善与繁荣。[5]

在瓷器特征方面，定窑瓷器的胎质釉色特点以白釉瓷为主，胎质较薄而且精细，颜色洁净，瓷化程度很高。釉色多为白色，釉质坚密光润。定窑瓷器的白釉多闪黄，故有“粉定”之称，釉面有垂釉现象。另外也烧制紫釉、绿釉、红釉、黑釉等其他品种。宋代苏轼就曾在《试院煎茶》中写道：“又不见今时潞公煎茶学西蜀，定州花瓷琢红玉。”

定瓷的装饰手法主要有刻花、划花、刻印结合、印花、剔花等方式；装饰题材除了莲瓣纹、缠枝花卉等传统纹样，还涉及大量反映现实生活的题材，包括植物、动物甚至龙等神禽异兽。除此之外，定瓷的另一个特点表现在字款铭文的多样化上，如出土的定瓷带有“官”“新官”“尚食局”“尚药局”“奉华”“东宫”等常见字样。

留存至今的定窑遗址窑业堆积以及出土的相关窑具，均承载了营造工艺方面的价值。同时，陈文增的《定窑研究》一书中，详细记载了定窑覆烧工艺的研究内容，也在文献方面承载了工艺价值。

3.3 文化审美价值

定窑遗址保存了器形丰富、釉色与质地精美、装饰精美，极具审美价值和艺术价值的瓷器残片和器具堆积。作为宋代五大名窑之一的定窑，物化了中华民族的文化精神和审美意识，集中体现了宋代的美学风范。

宋代，较为集中展现了古代工艺美术的完美范式和境界，并集中地表现在陶瓷上。以陶瓷为典型代表的工艺美术品，充分地物化了中华民族的文化精神和审美意识，从而形成一代沉静典雅、平淡含蓄、心物化一的美学风范。[6] 故有陈寅恪所书：“六朝及天水一朝思想最为自由”和“华夏民族之文化，历数千载之演进，造极于赵宋之世”。

定窑烧制的瓷器，在艺术审美上，对金银器、青铜器皿、铜镜、缂丝、漆器、曲阳石雕等相关工艺技法与装饰题材进行了借鉴。同时，定窑遗址所生产的大量日常用瓷也在一定程度上反映着当时的社会风尚，突出体现在饮茶文化、饮酒文化、香料文化、书房文化、瓷枕文化方面的瓷器。值得一提的是定瓷烧制的孩儿枕，孩儿枕是瓷枕的一种样式，以定窑、景德镇窑烧制的最为精美。现于故宫博物院收藏展示的北宋定窑孩儿枕，便是定瓷的代表之一。

定窑部分产品在北宋早期作为宋皇室的贡瓷。定窑在金统治期间又成为金代宫沿用瓷，在宫廷审美文化影响下，定窑印花白瓷具有雅正、端庄的审美风格。[7]

定瓷在文化审美方面的价值载体，多体现在出土留存的大量物质实体上，表现在各地传世或者出土的金装定器上。晚唐五代与北宋早期的官字款器，北宋晚期的尚药局、尚食局、乔位款器，金代晚期的尚食局、东宫款器，以及相关宗教用瓷，如宗教神像、净瓶、法螺、瓷炉等。

3.4 技艺传承价值

定窑是公认的宋代“五大名窑”之一，继承了邢窑传统，并取代邢窑地位，成为我国北方最为著名的白瓷窑系的代表。其烧造工艺和造型装饰被各地窑口纷纷效法，对中国制瓷业产生过重大而深远的影响。代表了公元 6—12 世纪中国白瓷烧造技术和艺术的高度成就，见证了公元 6—12 世纪中西文化经“丝绸之路”而实现的交流与融合，在中国陶瓷史甚至世界陶瓷史上都具有重要地位。

中国陶瓷历史的高峰期在宋代，纵观宋代名窑的主要成就，多是在以往邢、越两窑长期的影响下结合自身的条件推陈出新的结果。在官窑和民窑的相互竞争与促进中，各地制瓷业快速发展，形成了以定窑、耀州窑、钧窑、磁州窑、龙泉青瓷和景德镇青白瓷系为代表的“六大瓷窑体系”，在中国的南北地区交错分布，在风格、装饰和造型等方面各具特色，共同推进了中国制瓷业的发展与繁荣。[6]

宋代相关历史遗存遗迹以及相关文献记载，五大名窑及六大窑系相关的遗存遗迹均可以展示技艺传承方面的重要价值。

4 定窑遗址的保护、利用与传承

4.1 定窑的社会影响与文脉传承

在遗产保护方面，1985 年，在定窑遗址区内成立了定窑遗址文物保管所。到了 2002 年，在位于定窑遗址涧磁岭区内，建成了作坊遗址保护棚及其内部的 3 个展示室。

1996 年，定瓷复烧工艺的研究在社会上获得肯定，河北省曲阳定瓷有限公司研发的河北省科委计划内项目“日用美术定窑陶瓷”通过科技成果鉴定，专家认为“瓷质接近古瓷，工艺技术达到宋代定瓷水平，造型装饰有所创新”。复烧的定窑在工艺上将定瓷与传统书法、诗词艺术结合，并生产以仿古、日用和艺术瓷为主的瓷器。

鉴于定窑在我国陶瓷史上的重要地位，造型、做工精美的定瓷始终是中外收藏家追求的对象，定窑研究也成为学术界探索的重要课题，随着科学和技术进步，学者们越来越重视对定窑遗址的考察与研究，定窑遗址所凸显的社会价值与日俱增。

定窑遗址的科学保护与展示利用，将为当地带来良好的经济效益，同时打造文化品牌，塑造城市形象，为曲阳经济建设、文化发展提供重要机遇。

4.2 定窑考古遗址公园的规划建设

目前已经有“定窑考古遗址公园保护规划”在编制中，是对于定窑遗址的保护以及定窑遗址价值体系展示、阐释与传承的最佳手段。定窑考古遗址公园以展示、传播和体验定瓷文化为核心，采用多种展示手法，充分展示遗址的历史文化内涵、阐释遗址的重要价值。考古遗址公园的建成将为民众提供普及定窑历史文化的平台，以及构建文物保护、考古研究等专业学科科普教学的基地。

近年来，定瓷的覆烧合理发挥了遗址的社会价值，带动了区域经济的发展，从而实现有效保护、合理利用、宣传教育与区域环境改善的有机结合。

定窑遗址所在的曲阳县，旅游资源涉及地文景观、水域景观、生物景观、天象与气候景观、建筑与设施、历史遗存等类别，自然旅游资源数量较少，人文旅游资源较丰富，为构成多样化的旅游产业体系提供了良好的基础。《曲阳县全域旅游发展规划》中，规划打造三大国家 IP 品牌——中华北岳根脉、世界雕塑之都、北方瓷器之都，并将灵山镇南镇、北镇、涧磁村列为文化体验型旅游村。这一系列的政策支持，更助推了考古遗址公园的建设。

定窑考古遗址公园有望建设成为一处集科研、教育、游憩等功能于一体的可持续的动态发展的国内一流考古遗址公园。

5 小结

对于文化遗产的保护与利用，无论是大遗址类还是城市或者建筑单体，其根本都在于要充分挖掘其历史文化内涵，提炼核心价值，如此才能够通过价值特征来指导其展示或利用的定位、路径和阐释体系，尤其是对于遗址这类的遗产，其价值研究显得尤为重要。

只有深入研究了定窑遗址的价值，才能够通过定窑考古遗址公园的展示与阐释体系去全方位地阐述遗址的价值，向公众传播与展示遗址，激发并促进公众与考古专业、文保专业的技术人才共同参与遗址的保护与利用工作中。

参考文献

[1] 黄信．河北曲阳县定窑窑址调查报告 [J]. 华夏考古，2018.（04）：3-13.

[2] 李鑫，秦大树，高美京，等．河北曲阳北镇定窑遗址发掘简报 [J]. 文物，2021（01）：27-56，2，1.

[3] 刘祎绯．北宋城市园林的公共性转向：以定州郡圃为例 [J]. 河北大学学报（哲学社会科学版），2013，38（03）：23-28.

[4] 陈文增．定窑匣钵、架支设计艺术及其功能 [J]. 河北陶瓷，1993（3）：44-47.

[5] 陈文增．定窑研究 [M]. 北京：华文出版社，2003.

[6] 宋建华，宋代瓷器的美学风格与特征 [D]. 长春：吉林大学，2007.

[7] 陈健捷．从定窑到景德镇窑：宋代陶瓷印花装饰的差异与成因 [J]. 北方工业大学学报，2013，25（04）：84-90.

作者简介

孟昳然 /1992 年生 / 女 / 北京人 / 助理馆员 / 研究方向为园林遗产价值 / 中国园林博物馆北京筹备办公室（北京 100072）

张楠 /1984 年生 / 女 / 北京人 / 助理馆员 / 研究方向为园林历史与文化 / 中国园林博物馆北京筹备办公室（北京 100072）

魏强 /1976 年生 / 男 / 北京人 / 助理馆员 / 研究方向为科学传播 / 中国园林博物馆北京筹备办公室（北京 100072）

圆明园四十景之"镂月开云"历史文化考

Historical and Cultural Study on one of "the Forty Scenes" in Yuanmingyuan: The Scene of the Engraved Moon and Unfolding Clouds

陈　红

Chen Hong

摘　要：镂月开云为圆明园四十景之一，初名牡丹台，是一处以牡丹为主题，山水环抱、草木清佳的园中园。同时，牡丹台因康熙、雍正、乾隆祖孙三代的一次历史性会聚而成为具有特殊意义的景观。这次会聚，展示了朝堂之外的温婉的帝王家庭生活，同时也附加了浓重的政治色彩。

关键词：镂月开云；牡丹；景观；政治；文化

Abstract: The Scene of the Engraved Moon and Unfolding Clouds is one of "the Forty Scenes"in Yuanmingyuan. The landscape' s original name is Peony Terrace, which is surrounded by mountains and rivers. The grass and trees are fresh and beautiful in the garden. Moreover, Peony Terrace is regarded as a special landscape because of the historic reunion of Emperors Kangxi, Yongzheng and Qianlong. The reunion shows a gentle family life outside the imperial court, and appends the distinct political nature.

Key words: The Scene of the Engraved Moon and Unfolding Clouds; peony; landscape; politics; culture

镂月开云始建于康熙时期，初名牡丹台，是一处从胤禛赐园时期延续下来的重要景观，以遍植牡丹而著称。无论是在赐园时期的十二园景中，还是在御园时期的四十景中，镂月开云都具有独特意义。该景以富贵吉祥、雍容典雅的造园艺术，呈现了皇家风格和皇家气派，同时又因康熙六十一年(1722年)春那次祖孙三代的历史性会聚，而成为一处代表清帝温婉家庭生活的园居空间。

1　园景变迁：从亲王赐园到帝王御园

清代有西郊造园传统。北京西郊，西山绵延若屏，清泉湖泊天然，最宜建园。对于习惯自然山川、渔猎生活的清朝皇族而言，紫禁城建筑单调呆板，夏月溽暑难耐，不宜居住。为此，在西郊造园，成为清帝"避喧听政""纳凉消夏"的诉求。康熙率先在西郊建造了畅春园，并将畅春园周遭之地赐予皇子们，圆明园则是皇四子胤禛所获得的一座赐园。赐园时期的圆明园，风格简素，师法自然，构园造景充分利用了北京西郊的自然山水优势。雍正《圆明园记》载："林皋清淑，陂淀淳泓，因高就深，傍山依水，相度地宜，构结亭榭，取天然之趣，省工役之烦。槛花堤树，不灌溉而滋荣；巢鸟池鱼，乐飞潜而自集。盖以其地形爽垲，土壤丰嘉，百汇易以蕃昌，宅居于兹，安吉也。"[1]赐园时期，圆明园以后湖为中心，已形成十二园景，即深柳读书堂、竹子院、梧桐院、葡萄院、桃花坞、耕织轩、菜圃、牡丹台、金鱼池、壶中天、涧阁和莲花池。顾名思义，这些充满自然之趣、富有田园情调的景观命名，在某种意义上呈现了文人山水园、文人隐士园的隐逸气质。胤禛组诗《园景十二咏》细致描绘了赐园景致，是研究早期圆明园的重要史料。

赐园时期圆明园景观呈现了中国古典园林的山水田园风光，隐逸超尘情怀，充分体现了雍正清雅、简素的审美意识，仿若蕴含着一种“出世”哲学。这些充满自然之趣、田园情调的景观既是康熙“重农桑以足衣食”思想的延续，也是胤禛韬光养晦、以退求进的一种政治谋略。在这座园林，他可以扮演与世无争、超然物外的“富贵闲人”，远离康熙所深恶痛绝的九子夺嫡及朝廷纷争，建构皇宫深苑中不显山不露水、闲云野鹤、修身养性的隐士形象。胤禛在《御制＜悦心集＞序》中提及：“朕生平澹泊为怀，恬静自好，乐天知命，随境养和。前居藩邸时，虽身处繁华，而寤寐之中，自觉清远闲旷，超然尘俗之外。”[2] 当然这段话难免有自我标榜、自我演绎的成分，但也隐含着胤禛个人的秉性气质。

然而，在众多以闲适、清雅、澹泊为主题的景观中，牡丹台则是一个例外。台是中国古典园林的源头，是一种以土堆筑而成的方形高台。园林起源时期的台非常高大，是摹拟山岳的一种建筑。“台的原初功能是登高以观天象、通神明，即《白虎通·释台》所谓‘考天人之际，查阴阳之会，揆星度之验’，因而具有浓厚的神秘色彩。”[3] 台最开始承担了通神、望天的原初功能，后来台与囿逐渐结合，成为早期园林中重要的建筑类型，将宫殿建筑置于高台之上，成为宫苑设计的审美风尚。随着皇家园林的发展，台逐渐成为登高望远之地，其政治功能渐渐淡化，游观功能渐渐凸显。康熙五十八年（1719 年），胤禛《牡丹台》诗句“叠云层石秀，曲水绕台斜”描绘了牡丹台的初期形象，可以推测，赐园时期牡丹台有层层叠落的片石，即“叠云层石”，园林以此为中心来设计布局，层石之间植有各色牡丹，形成了花与石相映成趣的雅致景色。牡丹台一景，其建筑形式虽然不再是高大巍峨的高台造型，但相对文人化园景而言，在建筑设计和花木造景上，还是突出了一些皇家气质。或许牡丹台是雍正“入世”哲学的体现，是其“太平盛世”的政治诉求，是带有皇家色彩区别于其他简素园景的景观。

雍正即位后，圆明园升为御园，进入了大规模扩建阶段。雍正以畅春园的理政与园居功能并置为参照，陆续增添了不同风格的景群，突破了文人隐士园、文人山水园的清淡风格。在南部构建正大光明殿、勤政亲贤殿等建筑用以“避喧听政”，成为上朝、理政之地，与后湖用以园居、就寝的建筑共同组成了“前朝后寝”格局，逐渐成为紫禁城之外的又一政治中心。前朝区基本按照中轴线左右对称的布局，自南而北形成完整的空间序列。牡丹台位于后海东岸南部，九州清晏之东，是主轴线附近、邻近皇家起居室的环湖九岛上的核心景区，其主导统摄地位不言而喻。到雍正末年，圆明园已从十二景扩展到三十多景，面积从五六百亩（1 亩 = 666.67 平方米）增至三千余亩，总体规模和基本格局大致形成。在这种背景下，牡丹台的建筑、花木景观也做了相应调整。雍正七年（1729 年）冬，内务府官员持出用梁州所进贡牡丹花种五样培育的牡丹方一件，奉旨交给圆明园总管太监李德选应种之处种植，以牡丹为主题的牡丹台自然是主要种植景点。雍正年间，在后湖东岸、牡丹台西山口外修建一座重檐六方亭，外悬雍正御书“永春亭”匾。该山口是进入镂月开云景区的主要路径。雍正喜爱这座小亭，其诗《春夜永春亭作》《永春亭留春》通过对光阴的敏感，对季节的流逝，表达了雍正的时间概念及律己精神。同时，雍正又是一位有文人情怀的帝王，借春景抒情，体现了雍正在总理万机、宵旰不遑的政治生活之外，对于诗意的追求。永春亭的营建，起着点景和引景的作用，为牡丹台又增添了些许文人园气质。

乾隆九年（1744 年），牡丹台易名镂月开云。该景群主体建筑为镂月开云殿，南临曲溪，四周有游廊相通，殿前遍植各色牡丹，殿后以假山、古松为屏。镂月开云在乾隆九年成图后，其整体格局、花木配置未见太大变化。乾隆九年《镂月开云》诗序云：“殿以香楠为柱，覆二色瓦，焕若金碧。前植牡丹数百本。后列古松青青，环以朵花名葩。当暮春婉娩，首夏清和，最宜啸咏。”诗云：“云霞罨绮疏落，檀麝散琳除。最可娱几暇，惟应对雨余。殿春饶富贵，陆地有芙蕖。名漏疑删孔，词雄想赋舒。徘徊供啸咏，俯仰验居诸。犹忆垂髫日，承恩此最初。”[4] 该御制诗描绘了镂月开云在乾隆初年的景象。从乾隆九年《圆明园四十景图》可知，镂月开云殿为前殿三间，建于“琳除”之上，即玉石殿阶之上，梁架以珍贵楠木建成，屋顶铺设金绿二色琉璃瓦，见图 1。这座三开间带围廊的楠木歇山顶小殿，不同于九州景区建筑的灰瓦顶建筑风格，雕梁画栋，华丽典雅，是乾隆珍视一生的重

图 1 《圆明园四十景图》之“镂月开云”

要活动场域。殿前层石之间植有几百株牡丹，灿若云霞。殿北为一组三合院，正宇为御兰芬，东侧为栖云楼，西侧为养素书屋。三合院落与镂月开云殿之间植有几棵油松。无论建筑形态还是花木配置，都呈现出一派富丽、典雅的皇家气象。乾隆亦多次写诗吟咏养素书屋及虚明室。尽管牡丹台对乾隆意义特殊，但因心系家国社稷之事，花开时节乾隆很少前往此地宴赏。

嘉庆时期镂月开云基本延续了乾隆时期稳定下来的格局。嘉庆三年（1798年）《牡丹台》诗云："独冠群葩首，殿春初夏开。纷敷遍瑶砌，层叠布琼台。……"[5]从"瑶砌""琼台"可知，镂月开云依然保持了华丽典雅的皇家风格。嘉庆十年（1805年），嘉庆帝再次题咏《牡丹台》，又提到殿前以文石为坡，植牡丹数百本。可见，自赐园以来，叠云层石、花石相映仍是镂月开云重要的造景艺术。清人姚元之《竹叶亭杂记》中，收录牡丹花目多达百余种，既有以颜色、姿态命名的，也有具备明显的地域分野的，新花异种，竞秀争芳。及至清代，牡丹种植技术已非常成熟，花色品种繁多，对于以牡丹为主题的镂月开云而言，每年谷雨时节，都是一派姹紫嫣红、繁花似锦的盛世景象。嘉庆帝也喜爱牡丹台，多次题咏牡丹台和养素书屋。

2 花木造景：牡丹与御园文化

圆明园以花木为主题命名的景点不少于150处，约占全部园景的六分之一。据《日下旧闻考》记载，不少景观直接以花木作为造景主题，如杏花春馆的文杏，武陵春色的山桃，镂月开云的牡丹，濂溪乐处的荷花，碧桐书院的梧桐，等等，不一而足。据乾隆年间"莳花碑"记载，园内专门培植花木的园户、花匠达300余人。嘉庆年间《圆明园内工则例》中"树木花木价值则例"一章，收录有近80种花木，皆为北方园林常见的植物品种。盛时圆明园，花木扶疏，步移景换，"二十四番风信咸宜，三百六十日花开似锦"。古典园林花木品种繁多，形色各异，与山水、泉石、建筑、园圃、院落等互为映衬，形成开阖起伏、明暗对照、层次丰富的空间序列，同时又体现园主的品格态度，以及"虽由人作，宛自天开"的造园艺术。牡丹因其形态、色彩、气质，被赋予了富贵、吉祥、典雅等寓意。《本草纲目》称，群芳中以牡丹为第一，故世谓"花王"。自然而然，牡丹成为帝王苑囿、士人庭园所钟爱的花木素材。

隋唐之前，牡丹鲜有记载。汉末《神农本草经》较早记载了牡丹的中药功能及山谷植物身世。隋唐以降，牡丹被人工培育出繁多品种及花色，逐渐成为宫苑、庭园所青睐的传统花木，亦成为诗画吟咏描绘的审美对象。据《隋炀帝海山记》记载，易州进二十四相牡丹，植于洛阳西苑。自此，牡丹进入了皇家苑囿。所谓二十四相，即24种颜色，以红、黄居多，名色纷繁，富于诗意。时至唐代，上至宫廷下至闾阎，皆种植牡丹。至宋代已有"魏紫""姚黄"等近百个品种，邵雍《牡丹吟》诗中亦提到了"四色"变"百色"。明王象晋《群芳谱》中记载了180余个品种。明清时期，牡丹已全然脱离其山谷出身，成为建筑、服饰、发饰、饮食、陶瓷、文学及绘画重要的表现对象。清代张潮《幽梦影》认为，"牡丹令人豪"。著一"豪"字，境界全出。在中国传统文化中，牡丹作为春末压轴之花，被赋予了典雅、吉祥等寓意，承载着家族富贵绵延、世代传承的美好渊源。除了通身的富贵气质，牡丹还被赋予了守拙、刚直不阿等品性，李渔《闲情偶寄》将牡丹列为种植部论述的第一种花木："及睹《事物纪原》，谓武后冬月游后苑，花俱开而牡丹独迟，遂贬洛阳，因大悟曰：'强项若此，得贬固宜，然不加九五之尊，奚洗八千之辱乎？'"[6]在李渔看来，牡丹这种不畏强权、不随意通融的品性是一种王者气质，武后如有见识，应贬诸卉而独崇牡丹。花王之封，宜从武后赏花这天开始。

在儒家文化影响下，比德思想在古典园林营造中得以广泛应用，传统植物因被赋予了文化属性，成为君子比德的重要载体。因而，经过世代文化的延续，逐渐形成了"梅令人高""菊令人野""牡丹令人豪""蕉与竹令人韵"等寓意。于是，梅与清高，菊与隐逸，牡丹与富贵，蕉竹与诗意仿佛具有某种同构性。作为重要的传统园林植物，牡丹不仅适合在北方生长，与皇家文化也仿佛天然契合。法国梅泰理博士在《探析中国传统植物学知识》一文导读提及："与欧洲人不同，中国人理解植物的根本角度不是现代科学解剖式的，而是从哲学和人文的角度予以植物整体性和个性。"[7]牡丹因其独特品性，在清代宫苑中被大量种植，成为皇家园林的经典花木。"以嘉庆九年（1804年）为例，入冬时内务府曾为御花园牡丹制作花罩93个，为建福宫牡丹制作花罩12个，为养心殿两边西洋池子牡丹花12墩制作花罩12个，为北海浴兰轩的'牡丹花地二座'所栽种的牡丹花16墩制作花罩16个，为南海瀛台制作牡丹花罩46个。该年份档案记载的牡丹数量为179墩。此后直至咸丰十年（1860年），上述各处的牡丹数量几乎没有变化。但档案中并未统计京郊各处园囿的牡丹数量。"[8]尽管档案没有统计京郊皇家苑囿中的牡丹数量，但从史料可以推测镂月开云的牡丹数量并不少于紫禁城。在众多"有若自然"的简素、冲淡园景中，镂月开云以典雅、富丽而庄严的花木造景艺术，充分代表了皇家气派和皇权思想。

古典园林花木配置既讲究因地制宜，也追求诗画意境。如图2、图3所示，镂月开云景区，牡丹主要植于镂月开云殿南，空间开阔，阳光充足，引东旭而纳西晖，故繁盛如锦。周边散植的苍松旱柳又能形成林荫，以防夏日暴晒，灼伤牡丹。园林植物配置除了遵循花木生长特点，追求诗情画意，还讲究寓意吉祥。如在庭园中植

图 2　镂月开云遗址牡丹（1）

图 3　镂月开云遗址牡丹（2）

有玉兰、海棠、牡丹及桂花，则隐含“玉堂富贵”之意。从四十景图及清帝御制诗文可以推测，除了主题植物牡丹，还有玉兰、油松、旱柳、山桃、碧桃、翠竹等花木互为映衬。“每一次牡丹花盛开的季节——通常是晚春时分，数以千计的花朵怒放，清朝的皇帝会亲临牡丹台去欣赏以庞大青松为背景的犹如华丽锦缎般的风景，所以乾隆把牡丹台作为他最喜欢作诗的地方一点都不会让人感到意外。”[9] 花木造景不是一个单一的概念，而是讲究合理配置，共同营造自然和谐、天人合一的景观。镂月开云殿前色彩明丽的牡丹搭配殿后苍劲的古松，院落里清雅的玉兰，河边诗意的旱柳，以及山坡上烂漫的山桃，才能形成华而不艳、庄而不俗的典雅风格。花木配置，亦讲究“和于阴阳，调于四时”，遵循季节更迭规律，在一年中的不同季节，营造不同的景观。

3　牡丹台会聚：景观、政治与生活

游赏牡丹，始于隋唐。据《竹叶亭杂记》载，牡丹在秦汉以前无考，唐开元中始盛于长安。明清以来，玩赏牡丹已进入日常生活。无论皇家贵族，还是普通百姓，皆以游赏牡丹为乐。从康熙五十八年（1719 年）到六十一年（1722 年），在谷雨之后、牡丹盛开之际，清圣祖多次驾临牡丹台游赏进宴。康熙六十一年那次牡丹台会聚，成为一个历史性的节点。据《清圣祖实录》记载，康熙六十一年三月丁酉（十二日），庚戌（二十五日），皇四子和硕雍亲王胤禛先后两次“恭请上幸王园进宴”。后一次为喜雨后二日，当是专赏牡丹而来。当年三月二十五日，康熙受邀亲临牡丹台赏花，不仅有皇四子胤禛侍奉在侧，还第一次见到了时年十二岁的皇孙弘历，祖孙三代尽享天伦之乐。康、雍、乾三朝帝王会聚于牡丹台，一时传为佳话，亦被引以为傲地记录在清宫的帝王系谱之中。弘历诗书娴熟，聪敏沉稳，且善于与人相处。康熙难掩惊喜，遂带回宫中抚养。在康熙时代，“养育宫中”是极大的恩遇。在弘历之前，康熙近百个皇孙中，只有太子长子弘皙曾被“养育宫中”。牡丹台会聚，或许直接影响了历史的发展。有学者甚至认为康熙因喜爱弘历才将皇位传给胤禛，也有一说认为看似清净无为、超然物外的“富贵闲人”胤禛精心策划了这一历史性会聚。图 4 为《雍正帝观花行乐图》。

这次祖孙三代的历史性会聚中，可以窥见帝王之家的日常生活。“康熙晚年，经常到四阿哥的赐园中去散心游玩。据《清圣祖实录》统计，皇帝晚年共幸临胤禛的赐园圆明园 11 次。除了胤禛外，其他皇子从来没有享受过这样的恩荣。原因当然是四阿哥的家让他感到安全和放松。”[10] 牡丹台相聚，康熙帝不再以威仪天下的帝王形象呈现，而是一位再普通不过的长辈，含饴弄孙，赏花叙家常。在冷酷严苛的大历史之外，呈现了一幅温情脉脉的家庭生活画卷。这种温婉的家庭生活，让康熙在晚年感受到了普通家庭的温情，也是雍正、乾隆一生珍藏的深情记忆。

无论对胤禛还是对乾隆而言，牡丹台因这次会聚而被赋予了特殊意义，甚至成为“太平盛世”的象征。雍正四年（1726 年），雍正帝在牡丹台御题匾额“序天伦之乐事”，是对祖孙三代会聚的一个纪念。乾隆对这一景点更是深情难却，常常“忆昔幼龄花下游”，对圣祖赐予的恩荣念念不忘。乾隆三十一年（1766 年），乾隆帝在镂月开云题匾额“纪恩堂”，并御制《纪恩堂记》一文，回忆年少时与圣祖在牡丹台相聚及“养育宫中”的往事。

图4 《雍正帝观花行乐图》

“我皇考迓皇祖承色笑者，岁每一再举行，至予小子之恭承皇祖恩，养育宫中，则在康熙壬寅春，即驾临之日，而觐于斯堂之内云。斯堂在圆明园寝殿之左，旧谓之‘牡丹台’，即四十景内所称‘镂月开云’者。向于诗中亦经言及，惟时皇考奉皇祖观花燕喜之次，以予名奏闻，遂蒙眷顾，育之禁廷，日侍慈颜，而承教诲。”[11] 据咸丰末年《圆明园匾额略节》可知，“纪恩堂”匾当悬挂于镂月开云殿内。诚然，对帝王而言，这种知遇之恩，难免不掺杂政治意图，有论者认为，“乾隆的《纪恩堂记》表面上是谈报答康熙对他的养育之恩和眷顾之恩，而实际上是纪传位之恩。这篇文章的后半部分，也是本文的主题，谈辩的是周太王通过季历传位于周文王的历史事件。”[12] 在此，乾隆以历史事件来合理化清朝入关和雍正夺位这两个重大舆论，给这组以花木为主题的景群加入了浓重的政治气氛。乾隆三十八年（1773 年），乾隆帝又将随圣祖居住过的“热河行宫”的万壑松风殿命名为纪恩堂，并再次御制诗文《纪恩堂记》。乾隆四十七年（1782 年），又御制《敬题纪恩堂》诗以感念皇祖之恩。

4 结语

唐代李义府《堂堂词》诗云：“镂月成歌扇，裁云作舞衣。”镂月开云出自此典故，表达了精巧高超、师法自然的园林营造技艺。镂月开云因其历史故事、园林建筑、花木造景而成为圆明园四十景之一，是园中非常重要的景观。1860 年，圆明园历经劫难，被英法联军焚毁，镂月开云也未能幸免。如今，镂月开云遗址依然偏安后湖，疏疏落落散植牡丹，但已无昔日盛景。见图 5、图 6。

谷雨时节，牡丹始盛，仍然能引人前来驻足观赏，康雍乾祖孙三代在牡丹台的历史性会聚，亦流传开来，成为一段传奇。

图5 镂月开云遗址（1）

图6 镂月开云遗址（2）

参考文献

[1] 何瑜．清代圆明园御制诗文集：第一辑 [M]. 北京：中国大百科全书出版社，2020.
[2] 雍正（爱新觉罗·胤禛）．悦心集 [M]. 北京：中国华侨出版社，2010.
[3] 周维权．中国古典园林史 [M]. 北京：清华大学出版社，2008.
[4] 何瑜．清代圆明园御制诗文集：第一辑 [M]. 北京：中国大百科全书出版社，2020.
[5] 何瑜．清代圆明园御制诗文集：第一辑 [M]. 北京：中国大百科全书出版社，2020.
[6] 李渔．闲情偶寄 [M]. 上海：上海古籍出版社，2000.
[7] 吴欣．山水之境：中国文化中的风景园林 [M]. 北京：生活·读书·新知三联书店，2015.
[8] 倪晓一．御苑春信：牡丹．中国档案报 [N].2019-04-26（004）.
[9] 汪荣祖．追寻失落的圆明园 [M]. 北京：外语教学与研究出版社，2010.
[10] 张宏杰．饥饿的盛世：乾隆时代的得与失 [M]. 重庆：重庆出版社，2016.
[11] 何瑜．清代圆明园御制诗文集：第一辑 [M]. 北京：中国大百科全书出版社，2020.
[12] 乔匀．众流竞下汇圆明：圆明园四十景意境初探 [C]// 中国圆明园学会．圆明园学刊，1992（5）：120.

作者简介

陈红 /1982 年生 / 女 / 湖南邵阳人 / 博士 / 研究方向为园林美学和园林文化 / 北京市海淀区圆明园管理处（北京 100084）

颐和园六座城关建筑考述

Textual research of six gateway buildings in the Summer Palace

蔺艳丽

Lin Yanli

摘　要： 长期以来，城关建筑作为园林中一种少见的建筑类型，一直疏于研究和讨论。这些类似于军事设施形制的城关建筑与追求自然而然的古典园林旨趣大相径庭，它们建造的意义何在，值得思索和探究。本文选取颐和园内的六座城关从历史背景、地理位置、建筑形制等几个方面，进行探析。

关键词： 清漪园；颐和园；城关

Abstract: For a long time, as a rare architectural type in gardens, the gateway buildings have been neglected in research and discussion. These gateway buildings similar to military facilities are quite different from the pursuit of natural classical gardens. What is the significance of their construction is worth thinking and exploring. This paper selects six gateway buildings of the Summer Palace from the historical background, geographical location, architectural form and other aspects for analysis.

Key words: Qingyi Garden; Summer Palace; gateway buildings

提起城关建筑，人们首先想到的会是城墙、长城等军事设施，很少会和古典园林相联系。但在北京的古典园林中，建造了几处城关，有北海公园内的团城，恭王府花园内的榆关，大型皇家园林颐和园内更是建有以文昌阁为代表的六座城关。这些类似于军事设施形制的城关建筑在古典园林中出现看似违和，实则必然。本文选取颐和园内的六座城关进行探析。

1　城关的历史背景和概况

颐和园内共有六座城关建筑，分别是文昌阁、宿云檐、寅辉、通云、千峰彩翠和紫气东来，最大的是文昌阁城关，最小的是通云城关，这六座城关均是乾隆皇帝建造清漪园时期所建。

颐和园的前身清漪园，始建于乾隆十五年（1750年），历时15年，至乾隆二十九年（1764年）才全部竣工。咸丰十年（1860年），清漪园建筑群被英法侵略军烧毁。光绪十二年至二十一年（1886—1895年），在原有清漪园的残基上按原规模重建，于光绪十四年（1888年）改名颐和园。光绪二十六年（1900年）园林又遭八国联军严重破坏，但建筑主体和园林总体格局留存。光绪二十八年（1902年），又修复了被损坏的大部分建筑，即为现存规模。这六座城关也在战火中遭到不同程度的毁坏，后经不断重建修整成现在的模样。

清漪园的建设既得益于国家强盛的物质基础，又得益于其得天独厚的自然条件。西湖作为北京西北郊的最大天然湖与瓮山形成北山南湖的地貌结合，朝向良好，气度开阔，在以往既有的园林规划中，瓮山、西湖的原始地貌几乎一片空白。因此在静明园、静宜园、畅春园、圆明园等皇家园林建成后，乾隆皇帝不惜食言，又进行了一次大规模的土木兴建。清漪园的建设完全按照乾隆皇帝自己的意图，经过精心策划和完整规划一气呵成。

清漪园建成后，经乾隆、嘉庆、道光、咸丰四朝皇帝御临，一直作为皇家御苑存在，皇帝并不在园中居住。在咸丰十年（1860年）被英法联军焚毁后，光绪年间，经过重建并更名的颐和园才成了掌握清朝实际政权的慈禧太后颐养天年的夏宫。

清漪园始建的规模比颐和园大，其范围仅北面由文昌阁至西宫门一带筑有围墙，东、南、西三面并没有围墙，而是利用昆明湖水作为天然屏障。光绪十七年（1891年），才修筑颐和园围墙，将原属于清漪园的一些地方划到园外。

六座城关的设置，既有园林的入户门，也有上山的必经之路（现在很多上山的路在清漪园时期是没有的），它们既是全园的点景建筑，也是当年园内外分区防卫的重要关口。

2　城关的地理位置及选址意义

2.1　文昌阁、宿云檐——“一文一武”

《史记·刘敬叔孙通列传》：“功臣列侯诸将军军吏以次陈西方，东乡；文官丞相以下陈东方，西乡。”记载了汉初叔孙通所定的朝仪，规定了文武官员的排列位次，文官居东，西向；武将居西，东向。所以民间常有“文东武西”的说法。

在园林的原始设计中，文昌阁和宿云檐两座城关，是作为清漪园入户门建造的，万寿山西麓的宿云檐城关供奉关圣帝君，东面的文昌阁供奉文昌帝君，一东一西，一文一武，取“文武辅政”之意。

文昌阁城关是园内六座城关中最大的一座，位于昆明湖东堤北端，得名于文运昌盛，始建于乾隆十九年（1754年），“文昌”即文昌帝君，为道教神名，主掌功名利禄，受到古代文人的特别尊崇。文昌阁是从东、南方向入园的一座重要城门。

宿云檐城关位于万寿山西麓尽头，又名“贝阙门”，始建于乾隆十八年（1753年），是清漪园时期西所买卖街的水陆通道和重要屏障。乾隆时期昆明湖三面没有围墙，宿云檐城关东控山路，西据河湖，南临街市，北通后山，是一座扼守水路交通的雄关要塞，也是从西部入园的重要门户。

2.2　寅辉、通云——“一东一西”

寅辉和通云两座城关也是一东一西两个陆上关口，分别把守后溪河的不同河段，乾隆建造万寿买卖街后，两座城关成为买卖街两端的重要关卡。清漪园时期，每当帝后游览买卖街，警卫队都要事先派出兵丁在城关上站岗瞭望，防备闲杂人员从园外进入买卖街，惊扰了帝后的游兴。

万寿买卖街建造在万寿山后山四大部洲中轴线下，后溪河中部南北两岸，全长约270米，是一条模仿江南水乡街市建造的宫廷商肆。乾隆皇帝第一次巡幸江南时，因留恋江南苏州热闹的街肆铺面及物产风俗，命随行画师绘具图式，将其仿建在皇家园囿内。清漪园后河买卖街整体建筑布局都模仿了浙东一带常见的“一水两街”形式，以河当街，以岸做市。

清漪园买卖街的建造，是对自然客观环境的模仿，不仅具有江南秀美的山水风景，亦融入了具有浓郁生活气息的市井街巷。乾隆皇帝在奉母游园时，命太监和宫女装扮成村民市女，在街内品茶易物，乾隆皇帝和母亲坐在精致的小画舫中，在一片叫卖声中，享受熙熙攘攘的街景，仿佛又一次游历了江南城镇，而从中得到一些乡间野趣。所以买卖街虽然民间市井五行八作面面俱到，但是由太监扮商人，宫女扮顾客，甚至鞋靴果菜等都是木制假品，宫市只是假做买卖，供帝王嫔妃游览江南风物，毫无商业的实际功能。

寅辉城关的形式也是乾隆皇帝模仿江南风貌的产物，它根据苏州盘门的形制建造。苏州盘门的历史最早可以追溯到春秋战国时期，是古代苏州水陆的要冲和各地商旅抵达苏州的第一道关口，也是苏州古城的历史标志。寅辉城关在万寿山后山御路上，为园内唯一一座山关与水关呈立体交叉的双城关式建筑。它南依高山，北俯买卖街市，东面据守山麓的通道，西临幽谷深涧，上下前后既能控制陆路，又能控制水路，是出入买卖街和后山景区的交互要道和重要屏障。桥上城关镇守东西，桥下关口护卫南北，“一夫当关，万夫莫开”。

通云城关位于后湖北面山坡上，万寿买卖街西北角，是颐和园六座城关中最小的一座。它与寅辉城关东西相峙，其建筑功能和用意与寅辉城关相同，是买卖街建筑群的重要组成部分。通云城关是清漪园时保留下来的为数不多的建筑之一，城关紧邻北面园墙，墙外历来是重要的交通要道，因为它的建筑位置比较重要，能对园林内外的环境进行全方位的监控，光绪时期，慈禧太后没有能力将买卖街复原，但对通云城关进行过较大的修缮。

2.3　千峰彩翠、紫气东来——“一高一低”

千峰彩翠城关始建于乾隆十九年（1754年）前，位于万寿山南坡，大报恩延寿寺东侧，地势高挑，城关建筑高耸挺拔，是六座城关地理位置最高的一座。清漪园的修建，其中一个重要的促成因素就是乾隆皇帝建寺为母祝寿。乾隆十六年（1751年）适逢太后钮祜禄氏60整寿，一向标榜“以孝治天下”的弘历选择瓮山圆静寺兴建大型佛寺大报恩延寿寺为母祝寿，并将瓮山改称万寿山。大报恩延寿寺建筑群是皇家烧香礼佛的圣地，千峰彩翠城关建于其东侧，起到与其他建筑分区阻隔的作用。

紫气东来城关始建于乾隆十九年（1754 年），在万寿山东麓折向后山的山路上，从山前到谐趣园必经此关。石镌关额，南为“紫气东来”，北为“赤城霞起”，皆为乾隆御笔。“紫气东来”出自古代老子游经函谷关的典故，函谷关关令尹喜登楼四望，见东方有紫气西迈，觉得有圣人来临，于是虔诚斋戒，果然见到老子骑青牛而过，便请他写下了《道德经》。后人遂将紫气东来视为祥瑞降临。乾陵皇帝在取其吉祥之意时又暗寓城关的地理位置，一语双关，自然贴切。“赤城霞起”，源自晋代文学家孙绰《游天台山赋》中的名句“赤城霞起而建标，瀑布飞流以界道”。赤城，在浙江天台山中，石壁皆赤，状似云霞。其山石的颜色和万寿山原来的颜色相同，皆为赤色。在清漪园时期，城关北面的山坡上面，裸露着一块块赭红的岩石，晨光沐浴其上，犹如一座赤城山，故用“赤城霞起”做额。

3　城关建筑形制特点

3.1　文昌阁城关

建筑坐南朝北，是六座城关中最大的一座。城基上原为三层楼阁，光绪十七年（1891 年）改建二层。建筑面积 543.4 平方米，其下部是面阔 17 米，进深 17 米用城砖砌筑的城台，城台的中央开拱形门洞，安两扇板门。城台上部正中是一座平面呈“十”字形的二层楼阁，四周有人字游廊，四角上立着四个歇山过垄脊绿剪边屋顶式的角亭作为陪衬。楼为歇山式屋顶，过垄脊形，黄色琉璃瓦绿剪边，有正吻垂兽仙人。天花木吊顶，彩画枋心，绘苏式彩画。地面铺尺二方砖。南立面城墙券门上方石刻“文昌阁”匾，有卷草花边。二层上有栏杆，下有琉璃瓦云头式挂檐板，姜礤式台阶。城关内东为石阶，西为假门，内有一储藏室。一层南檐柱联“石窗湖水摇寒月，山峡泉声报早秋”。北檐柱联“日月往来苍翠杪，烟云舒展画图中”。二层北檐柱联“窗迎紫翠千峰月，帘卷玻璃万顷秋”。阁内一层北侧有须弥座，上坐文昌帝君铜像，两侧各站立一童子像，西侧为帝君的坐骑铜特。东次间有台阶。明间东侧有小门，后抱厦内木楼梯。前抱厦前檐和后抱厦后檐装修四扇双交四碗菱花隔扇，中间带帘架。抱厦山面与主殿次间前后檐为四扇双交四碗菱花槛窗，干摆槛墙。二层抱厦的前、后檐带周围廊，有栏杆，上有雀替，装修同一层。

3.2　宿云檐城关

建筑坐北朝南，方形城关。城关上原为两层阁，光绪时改为单层。城台南、北立面正中开砖拱雕花券门洞，其他面有假拱窗，城台上沿有垛口墙。两侧有马道。北面拱门上汉白玉石额“宿云檐”，内檐匾额“贝阙”。关上建有一座单层重檐砖木结构的八角攒尖楼阁，楼内建八方暖阁一座。每面有两个垂花柱，檐柱外各有半个垂柱。下层有走廊，金柱间为砖墙。建筑面积 230.19 平方米，柱高 3.72 米。隔井天花，金龙和玺彩画，花岗岩地面。砖拱雕花门，假拱窗，东西两侧为石梯磴，入口门带墙帽，台基门洞为青石，腰线石为青石。关上供奉武圣关羽的塑像，悬挂乾隆御书匾额“浩然正气”。

3.3　寅辉城关

建筑坐西向东，是六座城关中唯一一座东西向坐落的关卡。城关西邻一座石平桥，下有水门。城关面阔一间，建筑面积 66.67 平方米，进深 5.02 米，歇山式顶，上饰吻兽，绘苏式彩画。城关上檐三层，中层为菱形，城墙上一层城楼，前后十二个垛口。门洞内青石阶条石地面。前、后檐装修步步锦棂条。青石腰线石台基，青石台阶。城关东西两面券门上嵌有乾隆皇帝御题石额，东为“寅辉”，西为“挹爽”。“寅”是十二地支中的第三位，相当于清晨 3 时至 5 时的时间，“辉”指阳光，“寅辉”意为黎明时温暖的阳光映照在城关之上。“挹”是汲取、收取的意思，“爽”指城关西面清爽宜人的风景。“挹爽”，既有西风送爽，使人怡悦之意，又可赞颂此城具有豪迈气概，雄情爽气之势。在城关上，既可欣赏四周葱茏山色，又可俯瞰苏州街，商铺、楼馆等江南繁华景象。

城关前石桥的建筑面积 65.53 平方米，前面青石十九块，桥身、桥垛为花岗岩石。桥券口一个狮子头正面朝下，九块实心外凸海棠式青石栏板。

3.4　通云城关

建筑坐北朝南，是六座城关中最小的一座。建筑面积 48.36 平方米，高 2.42 米。南面拱门上方题有石额为“通云”，有通往仙境的意思。东晋王嘉《拾遗记·方丈山》记载，燕昭王建有通云台，又称通霞台，左右种植仙树，曾与西王母一起游览。歇山式顶，屋脊有兽，整体飞檐高挑、砖雕精美。

通云城关东西两翼都作为土山，造园者以障景的手法，将后溪河开挖的土方沿院墙堆成土山，并植树点景，既避免了交通要道的噪声影响园林氛围，又隐藏了园墙，美化了河岸景观。

3.5　千峰彩翠城关

建筑坐北朝南，是六座建筑中地势最高的一座。建筑面积 48.43 平方米，高 2.24 米，面阔 3.85 米，进深 2.3 米。歇山式顶，明造天花，苏式彩画。门洞上方石匾“千峰彩翠”。方砖地，圆柱，圆鼓镜柱础。城楼前檐装修六扇步步锦隔扇门，中间带帘架门。后檐为六扇开关窗。

城基高 5.05 米，城楼台基高 0.37 米。有青石台阶三步。两侧有 8.08 米 ×1.8 米的城墙。城宽 5.07 米，城门洞宽 2.25 米。

光绪十九年（1893 年）重修，挑换门窗上的糟朽木框，归安城上走错根面，补砌垛口，城楼粘修头停夹陇，摸补盖瓦，补安前、后檐无存隔扇和槛窗，归安走错阶条。

3.6 紫气东来城关

建筑坐北朝南，关上原为双层阁，光绪时修改为单层。面积 120.92 平方米，上有长方形城楼，歇山式二重檐顶，面阔一间，周围有廊。城基前、后檐有五层砖旋圆券门，装修板式大门。城墙两侧上方有排水石滴，城关墙上沿均有砖雕卷草垛口墙。青石台基，青石礓礤台阶。光绪十七年（1891 年）进行修缮，工程为剔补城关及城墙上的酥碱砖块。

4 城关的功能

4.1 警卫功能

六座城关的设置，其最基本也最实际的功能，是作为园林管理的重要防卫关卡存在的。在清漪园时期，老百姓可以在东堤上自由行走，城关的设置则将老百姓和皇家自然阻隔。园内城关的设置，也是分区防卫的关口，将太监、宫女等阻隔在特定的区域，不得越雷池半步。作为瞭望台，警卫队可以时时全方位监控园林内外的情况。可以说，城关的设置也是皇家威严的象征。

4.2 点景功能

颐和园六座城关分布有其特定的考究，东西分布，高低错落，距离适中，彼此呼应。其独特的建筑形制，在园林的整体规划布局中亦起到点景的作用，同时也起到空间划分、分隔景区的装饰功能。登上城关，可以俯瞰园林的景色，起到赏景的作用。

4.3 宗教功能

文昌阁城关供奉着文昌帝君、仙童和铜特，宿云檐城关供奉着关圣帝像，皆是皇家供奉神灵，以供顶礼的用意。文昌崇拜和关羽崇拜，作为一种信仰，本身就起到教化的作用，有利于巩固统治者的统治。

5 结语

颐和园六座具有军事意义的城关建筑的出现，看似和追求自然天成的古典园林格格不入，实则具有重要的意义和作用。无论是清漪园时期作为皇家御苑，还是颐和园时期作为慈禧太后的夏宫，皇家园林因其特殊的地位，必然要以重要建筑关卡作为皇家和百姓活动范围的划分。每座城关的建筑选址、命名、建筑形制都有独特的内涵和考究。它们是颐和园整体园林建筑的重要组成部分，具有不可替代的地位和作用。

参考文献

[1] 北京市颐和园管理处 . 颐和园志 [M] . 北京：中国林业出版社，2006.
[2] 北京市地方志编纂委员会 . 北京志•世界文化遗产卷 . 颐和园志 [M]. 北京：北京出版社，2004.
[3] 北京市颐和园管理处 . 颐和园大事记 [M]. 北京：五洲传播出版社，2014.
[4] 北京市颐和园管理处 . 名园旧影 颐和园老照片集萃 [M]. 北京：文物出版社，2019.

作者简介

蔺艳丽 /1990 年生 / 女 / 山东济南人 / 馆员 / 硕士 / 研究方向为文物保护 / 北京市颐和园管理处（北京 100191）

民国时期颐和民众学校创办始末

The beginning and end of the founding of Yihe public school in the period of the Republic of China

曹 慧

Cao Hui

摘 要： 民国时期，以民众学校为代表的社会教育兴起，在提高民众素质、促进社会发展方面做出积极尝试。颐和园从皇家园林转变为向社会开放的公众空间后，不仅发挥公园游览的功能，还积极创办民众学校，致力于提高民众智识。通过整理相关档案，从创办背景、人员经费、班级课程以及发展变迁等方面还原颐和民众学校的创办历程，探析学校的功能和价值。

关键词： 民国时期；颐和园；民众学校；社会教育

Abstract: During the period of the Republic of China, social education represented by public schools rose, and made positive attempts to improve people's quality and promote social development. After the Summer Palace was transformed from a royal garden into a public space open to the public, it not only played the role of park sightseeing, but also actively established public schools to improve people's knowledge. By sorting out the relevant files, this paper tries to restore the founding process of Yihe public school from the aspects of the founding background, personnel funds, class curriculum and development changes, and analyzes the function and value of the school.

Key words: the Republic of China era；Summer Palace；public school；social education

颐和园位于北京城的西北郊，作为中国最后一个王朝倾力兴建的大型皇家园囿，可谓集传统造园艺术之大成。民国时期，颐和园逐步对外开放，吸引大量中外游客前来参观。还开办过民众学校，致力于解决周边地区失学人员接受教育的问题。通过整理北京市档案馆藏相关民国档案，梳理颐和民众学校的创办背景、人员经费、班级课程以及发展变迁等，还原学校的创办历程，探析学校的功能和价值。

1 学校创办背景

清末，政府推行新式教育，北京出现办学的热潮，各类“官立”“公立”“私立”学堂相继开办。在学堂之外，官方还倡导开办简易识字学塾等招收贫寒家庭不能入学子弟和年长失学者作为正规学制教育的补充。[1] 及至民国时期，社会风气革新，大批社会精英和教育学者倡议开展教育改革，不能仅靠学校教育，还必须推进社会教育以“唤起民众”，培养“合格公民”。经历过识字班、露天学校、平民学校等多种办学类型的尝试后，民众学校的施行效果得到广泛认可，逐渐发展成为一种主要的社会教育形式。

1928 年，南京国民政府成立后设教育部，下设社会教育司，以政府力量推行社会教育。为使民众学校的办理有章可依，进而在全国推广发展，教育部先后几次制

1 北京市地方志编纂委员会 . 北京志·教育卷·基础教育志 [M]. 北京：北京出版社，2014.

定、修改民众学校办法、规程，明确规定招生对象、入学条件、入学待遇等。[1] 民众学校的开办主体较为复杂，大致可分为公立、私立两种，有政府机关、学校、私人、社会团体还有寺庙等，这些学校的经费来源、组织机构、学校规模、办学效果也各不相同。

1928 年 6 月，北洋政府倒台后，北京改称北平特别市，京师学务局改为北平特别市教育局，由直属教育部改为隶属北平市政府，负责全市的教育事务。1928 年 8 月，市政府直属的管理颐和园事务所（以下简称“事务所”）成立，作为一级机构，除管理颐和园等处的园林事务外，也相应承担着政府机构的职责，开启民智，提高民众的文化水平也是应有之义。

事务所调查周边地区后认为：颐和园附近营市街左右，没有市私立学校，该处的居民多为原旗籍贫户，受教育、识字的程度非常低，创设民众学校实属必要。1930 年 8 月 14 日，经过认真筹备，事务所附设的颐和民众学校于颐和园东门外的升平署旧址开办，办学宗旨为：“收容贫民幼年子弟及失学成人，根据三民主义教授简易文字和普通知能，使之适应社会生活。”

2 教职人员和经费

颐和民众学校的教职员结构较为简单，设有校长、教务长、各级教员，由于人数较少，多一人身兼数职。教员聘用（附履历）、辞职、休假等情况需上报市政府备案，并函送市财政局通报薪金发放标准。学校经费主要来自事务所，设经常费（表 1），包括人员薪金、书籍费、学杂费、冬季煤费等，每月由市政府核准后发放，收支情况也要呈报市政府审核，临时支出（表 2）需另行申领。此外，学生入校所有费用一概免收，书籍文具等也由学校提供。

学校开办之初，校长由事务所事务主任张庆昌兼任，总理学校一切事务，为义务职位，不另外发放薪俸。教员由校长聘任，如有成绩薪金酌量增加，设级任教员二人，每月薪水三十五银元；设科任教员一人兼办会庶事务，每月薪水三十银元；兼任教员一人，月薪十三银元。

表 1 颐和民众学校经费

类别	数量	金额（银元）	小计（银元）
教员薪金	4	113	113
级任教员薪金	2	35	70
科任教员薪金	1	30	30
兼任教员薪金	1	13	13
校役工资	2	13	26
煤油煤炭费		25	900
笔墨纸张（书籍）		15	15
书籍费		10	10
杂费		15	15
合计（银元）			204

表 2 颐和民众学校临时开办费

类别	数量	金额（银元）	小计（银元）
课桌椅	120	2.5	300
教桌	3	5	15
大小黑板	10	2	20
教台	3	4	12
修理顶棚		120	120
修理炉火床铺		30	30
合计（银元）			497

1 中国第二历史档案馆 . 中华民国史档案资料汇编：第 5 辑 教育 [M] . 南京：江苏古籍出版社，1994.

校内不设校役，选用两名学生服务，以校役工资补助学生生活费用，每人每月十三银元。[1]

学校开办两月后，张庆昌因病辞职，出现职缺，市政府指令暂行缓派，校长改由事务所所长兼任，仍为义务职。由于所长事务繁忙，增设教务长一人，管理教授一切事务，以级任教员兼任，薪俸不变。另设级任教员二人、科任教员兼事务员一人，辅助校长、教务长办理一切事务，薪俸分别降为三十银元和二十银元。此外，校役的工食银也降为二十二银元五角。[2]

由事务所所长兼任民众学校校长后引发校长是否由教育局下发委任令的争议。按照政府职能分工，市教育局负责全市学校的管辖指导，校长理所当然要由其任命。然而事务所声称其“隶属于北平市政府，并无接受市政府所属各局命令”，另外“所长与局长系平等阶级，若以局长名义训令校长，当然谨遵，兹以局长名义训令所长，自应退还。”双方为此交涉几个回合后，以教育局声称系遵照市政府指令办理，仅为常规程序而告终。

1936 年 6 月，事务所呈请市政府考虑到实际管理需要，改以总务股股长兼任校长职务，并由社会局委任（1932 年 7 月，教育局撤销后由社会局接办教育事务）。而社会局则称，据 1935 年 11 月公布的《北平市民众学校暂行章程》第五条规定：“市立民众学校校长由社会局考核任免；各级自治机构、教育机关，民众团体、工厂、商店及私人设立之民众学校校长由设立者任用，呈报社会局查核备案。”颐和园为公园性质，而公园复为社会教育范围，当数教育机关，其附设民众学校校长应由该所自行任用，列具校长履历表，函请社会局备案即可。[3]

1937 年 3 月，事务所总务股股长罗毓麟辞职，校长职位再次空缺。此时正值颐和园整理园务之际，总务股各项应办事宜较前更加繁忙，如若仍以该股股长兼任校长，势难兼顾，为便利园校两方的管理，最好少做变更。事务所呈请市政府：该校教务长赵润龄已在校服务六年，办理教育事务稳妥熟练，以其接任校长一职更为适宜。

1937 年 7 月，日本占领北平后，民众学校办学暂停，赵润龄校长被停职，另行聘用亲日人员为校长，同时裁汰教员，减缩经费。1938 年 3 月，民众学校重新开学后，仍以事务所所长兼任校长。一年后，又以整理校务的需要，设置代理校长一职，由事务所庶务股主任担任。[4] 北平沦陷期间，日伪政权对学校实施监视和控制，教职员的变动更为频繁，教学质量也一落千丈。

3 班级和课程设置

1930 年 8 月，学校筹备时计划设完全生二班，按照普通前期小学办理，四年卒业，招生年龄为七岁以上十二岁以下；识字生一班，授以日用浅近文字及知能，六个月毕业，招生年龄为十二岁以上五十岁以下；每日授课时间完全班暂定二百三十分，识字班暂定一百五十分。然而实际报名的情况与计划不符，完全班报考者非常踊跃，竟约二百余人，远超八十人的限定，而识字班报名应考者甚寥，未能招足。因此，变通办法将识字班改为完全班，识字班以后再酌情增设。[5]

1930 年 12 月，学校根据实际情况对班级设置进行调整，改为暂设初级小学三班，每班四十人，按照现制普通小学办理，四年卒业。凡七岁以上十六岁以下的失学儿童皆可报名，经考试后分别拣入各年级授课，将来视经费情形及社会需要随时呈请添班。

学生考试、毕业及课程等事项由校长呈教育局备案，毕业证书由局盖印转发。各班教授科目及教材均按照教育部及本市教育局审定标准施行，包括党义、国语、算术（三年级以上加习珠算）、社会、自然、美术、工艺、体育、音乐。同时也提出为适应环境使学生毕业后易谋生起见，斟酌情形自编教材，开设技能学科和技能实习。

随着学校的开办，现有的班级设置又出现新的问题，一是三班男女生的水平参差不齐，在实际教学上多有不便；二是海淀以西除本校为民众学校外，无其他民众学校，失学儿童不可胜计，现有班级数量无法满足增长的求学需求。事务所呈报市政府后，将原有三班各生内选择程度相等者另行编配，于 1931 年 2 月添招插班生四十名，分成四班教授。

值得一提的是，插班生专为女生稍长者而设。由于周边缺乏适宜女校或乡间不愿送女生入学，女生失学问题更为严重。近年来，社会进化，虽乡村极贫苦女生亦愿入学读书，为提倡救济失学民众教育起见，学校拟在年假时添招女生复式一班，年龄以十二岁至十六 岁为限，专聘女教员担任教授。在设程设置上，也特意增加常识、工艺（专授缝纫、织物、刺绣）、家事（为高级小学之课程，为求年长女生应用起见，列入教程）等实用科目。

1937 年 4 月，北平市市长秦德纯兼任事务所所长后发现园外附近失学儿童甚多，而四班一百六十名的名额已满，遂拟于下学期添招学生两班，添聘教员三员、添

---

1 北京市档案馆藏档案，档号：J021-001-00360，题名：颐和园事务所关于筹办民众学校的呈文及市政府的指令、训令。

2 北京市档案馆藏档案，档号：J021-001-00299，题名：北平市管理颐和园事务所关申请颐和园民众学校成立及追加学校经费预算给北平市政府呈及市政府指令。

3 北京市档案馆藏档案，档号：J021-001-00814，题名：颐和园事务所关于本所附属颐和民众学校教职员辞职遗缺事宜的呈及市政府的指令。

4 北京市档案馆藏档案，档号：J021-001-00970，题名：管理颐和园事务所关于聘请颐和民众学校教职员的呈及北京特别市公署的指令。

5 北京市档案馆藏档案，档号：J021-001-00348，题名：颐和园事务所关于将颐和民众小学校识字班考为完全班的呈及市政府的指令。

雇校役一名并编制各项经费预算。1937 年 7 月，市政府准予照办，后因事变，学校停办，各项事宜也随之搁置。1938 年 3 月，学校重新开学，为节省经费仍设四班。北平沦陷时期，日本为加强文化渗透，向学校派遣教员教习日语，伪北平地方维持会也插手学校教科用书的选择，推行奴化教育。[1]此后，随着民众学校的改制，班级、课程设置发生较大变化，逐渐向普通学校转变。

4 学校发展变迁

民国时期，颐和民众学校的名称、校址、性质、管理归属都曾发生较大变化。1929 年 2 月，事务所招商拆除武备院全部房屋及升平署一半房屋，以拆料整修升平署一半未拆房屋，开办民众学校（图 1）。升平署等处经修理油饰后焕然一新，其中学校学舍包括教室四处共十六间，教员室二处共六间，传达室二间，接待室二间，中山礼堂五间，男女生休息室各一处共六间，统共三十七间。

颐和民众学校属于政府机关附设学校，承办主体为管理颐和园事务所，同时受事务所和市教育局（1932 年后为社会局）的管理和指导。学校性质为社会教育，即以不在普通学校接受教育的人为教育对象，男生以能升学，女生以注重手工为教育标准。1930 年 8 月至 1937 年 7 月是颐和民众学校发展的黄金时期，相对稳定的社会局势和日益开放的社会风气都为社会教育创造有利条件，办学效果也逐渐彰显，日益扩大的班级和学生人数就是很好的例证。

日伪政权控制北平时期，民众学校的人员、教学都受到极大干扰和破坏，扩招的计划也不得不搁置。学校名称几经更改，北平改名为北京后，市社会局要求民众学校原有校牌、图章等北平字样也改为北京。1938 年 6 月 10 日，市公署教育局成立，接替社会局重新负责全市教育事务，在学校推行日本灌输的“新民精神”。次日，即指令事务所将民众学校的民众二字改为“新民”。[2]

1939 年 8 月，事务所呈请下学期添招两班，市公署派员查明后认为新民学校的教学巡管均按照小学办理，应援照静宜园附设静宜小学的前例改为颐和小学，仍由事务所监督管理，所长兼任校长。[3]1939 年 11 月 2 日，市教育局接办后改为颐和园简易小学，按照六班办理。1940 年 5 月，事务所和教育局就学校管辖权完成全面交接，此后，事务所与学校不再有隶属关系。[4]

1941 年，伪华北政务委员会建设总署占用升平署开办华北土木工程学校，颐和园小学迁至外交部大堂（原清外务部公所）（图 2）。颐和园小学作为市立普通小学一直存在到中华人民共和国成立后。2004 年 11 月，颐和园收回清外务部公所产权后，颐和园小学腾退迁走，教师学生合并分流到周边学校，学校建制随之取消。

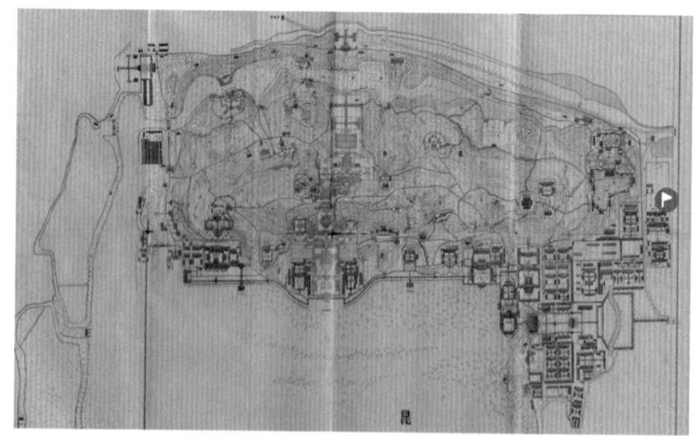

图 1 颐和民众学校位置示意图
图片来源：1934 年国立北平研究院出版部印行颐和园全图。

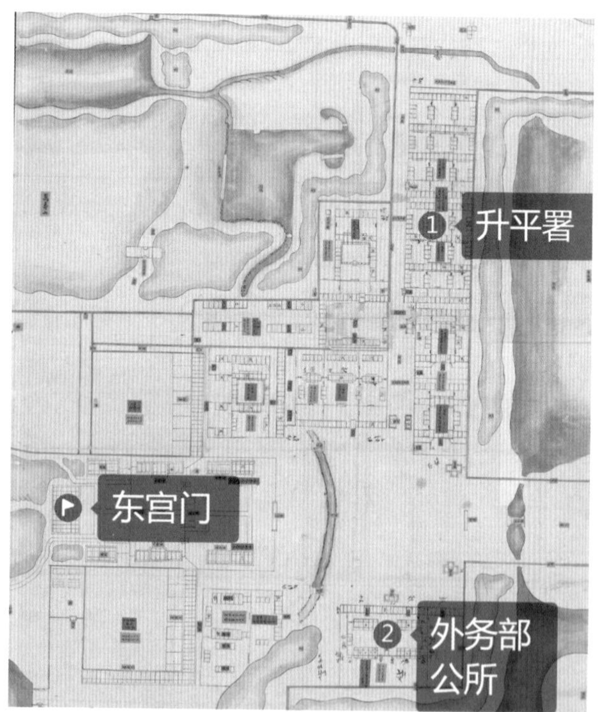

图 2 颐和民众学校校址迁移示意图
图片来源：国家图书馆藏 339-0271（颐和园）东宫门外各处占用地位房间地盘画样准底。

1 北京市地方志编纂委员会 . 北京志·教育卷·基础教育志 [M] . 北京：北京出版社，2014，7.

2 北京市档案馆藏档案，档号：J021-001-01136，题名：北京特别市管理颐和园事务所关于将原“民众学校”改为“新民学校”及该校开学、招生、教职员等简明概况表。

3 北京市档案馆藏档案，档号：J021-001-01128，题名：北京特别市管理颐和园事务所关于所属民众学校支付经费一事的呈及市公署准照的指令。

4 北京市档案馆藏档案，档号：J021-001-01135，题名：北京特别市管理颐和园事务所关于将所属新民学校改为简易小学的呈及市公署关于移交事项的指令。

5 小结

由于在创办之初就挂靠在颐和园之下，与同时期北平市内其他民众学校相比，颐和民众学校在学校管理和运行方面的困难相对较少，办学经费、招收生源、教学过程等均得到基本保障。虽然时局动荡，办学也曾因为外力中断，但在局势稳定之后，民众学校经过不断调整逐渐向正规小学转变，完成自身的教学使命。作为颐和园周边地区最早创办的民众学校，颐和民众学校在推动地区社会教育、提高民众文化水平、促进民众适应社会发展等方面发挥积极作用。

颐和民众学校的创办是民国时期北京地区发展社会教育的缩影和范例，反映政府推行社会教化、建立社会教育制度的初步探索，也开创颐和园管理机构发挥自身力量进行教育救济和服务社会的先河。2009 年，颐和园被北京市教委列入中小学生社会课堂资源单位，园方也积极履行挖掘园林历史文化内涵，讲好园林故事，向社会大众传播、弘扬中华民族优秀传统文化的职责，为首都文化中心建设尽一分力量。

参考文献

[1] 中国第二历史档案馆 . 中华民国史档案资料汇编 [M]. 南京：江苏古籍出版社，1994.

[2] 北京市颐和园管理处 . 颐和园志 [M]. 北京：中国林业出版社，2006.

[3] 北京市地方志编纂委员会 . 北京志·教育卷·基础教育志 [M]，北京：北京出版社，2014.

[4] 北京市颐和园管理处 . 颐和园大事记：1261—2013[M]. 北京：五洲传播出版社，2014.

作者简介

曹慧 /1986 年 / 女 / 安徽人 / 馆员 / 硕士 / 园林历史文化研究与传播 / 北京市颐和园管理处 /（北京 100191）

三山五园视野下的香山寺景观特色

The landscape features of Xiangshan Temple in the view of the Three Hills and Five Gardens

张锦鹏

Zhang Jinpeng

摘　要：香山静宜园是清代“三山五园”[1]重要的组成部分，其中的香山寺更是静宜园的核心景观之一，对于全园乃至整个三山五园地区的景观规划有着深刻的影响。本文以香山寺及其所在的三山五园地区作为一个研究整体，通过梳理其中的历史沿革，比较研究香山寺与三山五园其他地区的空间构成关系，并结合其中的景观意蕴详细阐述三山五园视野下的香山寺景观特色。

关键词：三山五园；香山寺；景观特色

Abstract: Jingyi Garden in Fragrant Hill is a very important part of the Three Hills and Five Gardens (Royal Gardens in Qing Dynasty). XiangShan Temple is one of the central landscape in Jingyi Garden, which influences the landscape designing of the Three Hills and Five Gardens. Xiangshan Temple and the Three Hills and Five Gardens are taken as a research entirety in this essay. The historical evolution is combined and the spatial composition relationship between Xiangshan Temple and other areas of the Three Hills and Five Gardens is compared. The landscape features of Xiangshan Temple which combined with the landscape implication is elaborated in detail.

Key words: the Three Hills and Five Gardens ; Xiangshan Temple; landscape feature

1 绪言

香山位于北京西北郊区，自古以来就是一处风景绝美的游览佳地，留下了不计其数的名胜古迹。自辽金以来，随着北京地区由地方军事重镇逐渐发展成为全国的政治中心，香山越来越多地受到了世人的重视，也进入了历史上的第一个大规模开发时期。其中，金世宗完颜雍在大定二十六年（1186 年）重修的香山大永安寺便是其中的一项重要工程，之后的金章宗完颜璟更是以此为基础建造了西山八大水院[2]之一的“潭水院”。从此香山寺成为金中都西北郊重要的皇家寺院园林，其大体格局也跨越元明清三代一直延续至今，成为今日京郊一处重要的

1 “三山五园”是对北京西北郊以清代皇家园林为代表的历史文化遗产的统称。三山是指万寿山、玉泉山、香山，五园是指颐和园、静明园、静宜园、畅春园和圆明园。

2 西山八大水院是指金章宗完颜璟在北京西北郊修建的八座行宫，其中包括：圣水院，位于凤凰岭，现称黄普院。香水院，位于妙高峰山麓，现为法云寺。金水院，位于阳台山，现称金山寺。清水院，位于阳台山南麓，现称大觉寺。潭水院，位于香山南麓山坡上，现香山寺与双清别墅位置。泉水院，位于玉泉山麓，现为芙蓉殿。双水院，位于石景山双泉村北。灵水院，位于樱桃沟村北部，现称栖隐寺。

景观节点与名胜古迹。

历经近代西方殖民侵略者的破坏，今日香山寺是依据清乾隆年间香山寺的基本格局恢复重建的，基本再现了静宜园全盛时期香山寺的风貌，香山寺与静宜园所在的清代三山五园历经百年沧桑大体完整地保留下了山水环境的基本格局。研究香山寺的空间组织特色及其与静宜园乃至整个三山五园地区的关系有助于更好地解读这座千年古刹对于北京西北郊风景园林区的重要影响与杰出贡献。本文即以三山五园地区作为一个整体性的研究对象，重点探究香山寺在三山五园视野下的景观特色。

2 香山寺的选址与总体布局

明人计成《园冶》有云：“园地惟山林最胜，有高有凹，有曲有深，有峻而悬，有平而坦，自成天然之趣，不烦人事之工。”香山寺所在的位置正是《园冶》中“最胜”的山林地，此处位于香山东南部，四面环山坐西朝东，整体地势西高东低。香山寺背靠香山南脉，左有来青轩高地，右为栖云楼山坡，面对自青未了经玉泉山万寿山直到圆明园的层层山林池沼。更重要的是，香山寺还是香山乃至北京西北郊的一处重要的水源地，香山寺近旁有双清、玉乳等多处泉眼，可以满足园林与生活用水的需求。同时此地位于香山南脉半山腰的位置，坡度大体比较平缓，距离山脚也比较近，来访较为方便。既要满足良好的朝向，又要兼顾交通便利与饮水安全，如此优越的自然山水环境在香山乃至整个三山五园地区都并不多见，其余诸园诸寺或缺少水源，或景观层次感稍逊，鲜有与之匹敌者。图1为香山寺区位分析图。

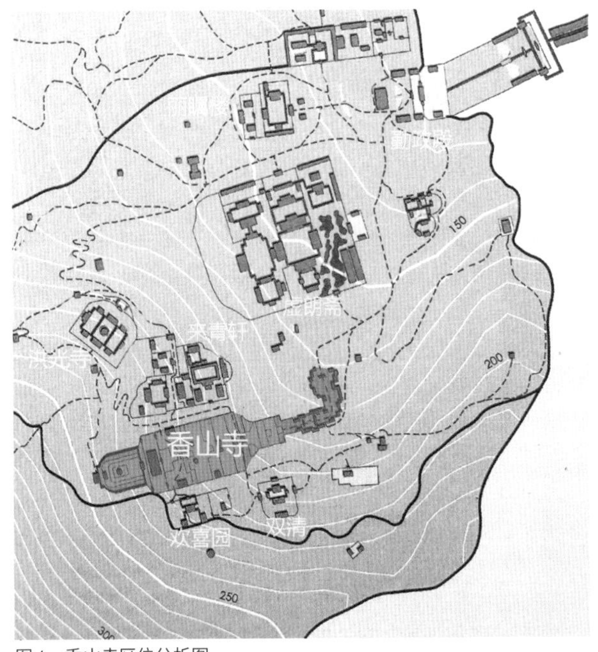

图1 香山寺区位分析图
图片来源：笔者由《今日宜逛园：图解皇家园林美学与生活》自绘

清代经过改扩建之后的香山寺一如传统汉传佛教寺院的常见设计手法，以“伽蓝七堂”[1]的纵向庭院式空间序列布置方式统率全局，从低到高沿东西轴线层层排布“香云入座”牌坊、接引佛殿、天王殿、永安甘露牌坊、圆灵应现殿、眼界宽殿、薝蔔香林阁、水月空明殿、青霞寄逸楼等一系列殿堂楼阁。整条轴线全长大约300米，符合传统外部空间造景理论“形势说”所强调的“千尺为势，百尺为形”[2]之中“千尺”的规模。而香山寺中除圆灵应现殿为凸显其正殿地位而面阔略超过百尺以外，其余的所有建筑物都符合“百尺为形”的要求。图2为香山寺空间序列分析图。

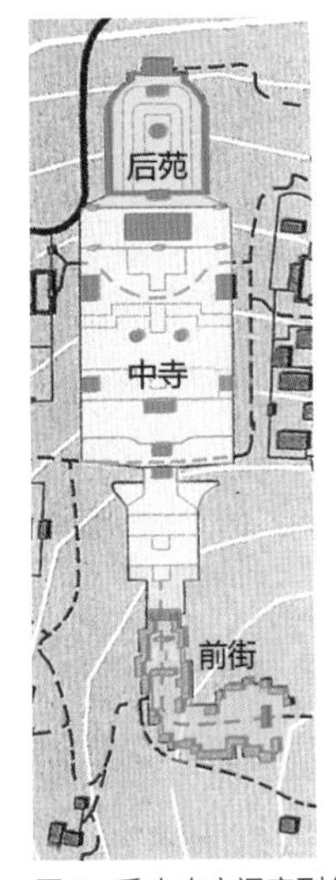

图2 香山寺空间序列分析图
图片来源：笔者由《今日宜逛园：图解皇家园林美学与生活》自绘

1 “伽蓝”是梵语音译，原意指僧众所居之园林，后来一般代指僧众居住的寺庙。“七堂”是佛寺的七座主要殿堂，包括山门、天王殿、大雄宝殿、后殿、法堂、罗汉堂、观音殿等七堂。

2 “千尺为势，百尺为形”是古人处理建筑物与周边环境的关系时常用的准则，其中“势”可以认为是远观的、群体性的景观要素，一般以山川居多；而“形”可以认为是近观的、单体性的景观要素，一般以建筑物居多。折算现代公制，千尺为230~350米，这个距离是人们日常步行的一个比较舒适的距离节点，也是远观视野较为合宜的一个距离；而百尺为23~35米，这个距离是人们观察事物细部的一个常用值。以千尺控制群体尺度，百尺控制单体尺度，也就成为古人常用的营造准则。

3 香山寺的空间序列

除了“伽蓝七堂”与“形势说”这两项传统外部空间布局常用的处理方式以外，香山寺还有一些比较独特的空间布局模式，其中最为典型的就是其前街、中寺、后苑的空间序列。自“西山首游”大牌坊至“香云入座”牌坊的买卖街为香山寺的“前街”部分，其后一直到圆灵应现殿的寺院主体部分为其“中寺”部分，寺院后部的园林是其“后苑”部分。

香山寺前街、中寺、后苑的空间序列将世俗商业建筑、寺庙建筑以及园林建筑依照山势从低到高沿着一条轴线前后串联起来，这种寺院格局目前在北京地区乃至全国都实属罕见，见图3。这种由东到西层层递进、步步升高的空间序列不仅渲染了寺庙园林的空间层次，更隐喻了由世俗经修行直至悟道成佛的前往西天极乐世界的升天之旅，既是对金世宗重修香山寺以来形成的“上宫下寺”格局的继承和发扬，也是清代皇室出于自身游览需要所做的创新与完善。由此，前街、中寺与后苑也就很自然地将整个香山寺分为了三个部分。

图3 香山寺全景图
图片来源：香山公园管理处主编《香山静宜园》

前街由“西山首游”大牌坊开始，有御道连接香山静宜园的皇帝寝宫——虚朗斋，与静宜园的朝寝区联系便捷。大牌坊之内就进入了香山寺的前街部分。在清代，这里是为满足皇室体验生活的猎奇心理仿照民间市肆街巷而建的买卖街，曾经一派人声鼎沸的热闹景象，可以算是香山之中最具世俗色彩的景点。由买卖街一路南行折而向西就到了香山寺山脚下的知乐濠，前街部分由此结束。

图4 “香云入座”牌坊

知乐濠是香山寺前山脚下的一个方形放生池，将喧闹熙攘的买卖街与清幽寂静的香山寺划分开来，此处可以看作尘世与佛门净地的分野，也是香山寺第一个重要的景观节点和空间高潮。知乐濠是乾隆御题静宜园二十八景之一，其命名源自庄子与惠子游于濠梁之上观鱼的典故，以这个典故命名的景观也常见于其他中国古典园林[1]所体现的也基本上都是陶醉于自然山水的林泉之乐。知乐濠周边山高林密溪流潺潺，池中游鱼怡然自得，也很切合“知乐”主题。池上中央有单孔石桥跨越东西两岸，过桥即为香山寺“香云入座”牌坊，见图4。牌坊之后层峦叠嶂林木茂盛，一条石板路笔直向前隐约可见不远处的接引佛殿。石板路两旁的幡杆也烘托了强烈的宗教气氛。知乐濠、香云入座牌坊和幡杆与周边的苍松翠柏相融合，共同渲染了香山寺入口处肃穆庄严的宗教氛围，知乐濠上面的石桥与其后直通接引佛殿的石板路则强调了香山寺的轴线，并将人们的视线引向寺院深处。中寺

图5 接引佛殿前山林

1 例如无锡惠山的寄畅园中有水榭“知鱼槛”，以及乾隆仿照寄畅园在北京建造的惠山园（今日颐和园谐趣园的前身）中有知鱼桥和知鱼亭。

图6 永安甘露牌坊

图7 由转轮藏望远山

图8 圆灵应现殿

图9 后苑入口

部分也由此正式开始。图5为接引佛殿前山林。

穿过香云入座牌坊，沿着林中石板路拾级而上就来到了香山寺的第一个殿堂——接引佛殿。这里相当于香山寺的山门，山门前的密林阻隔了前街的喧闹，使得观者的心情逐渐沉静下来，营造出一种幽邃静谧的气氛。在整个中寺部分，香云入座牌坊与接引佛殿的这片过渡空间几乎占了一半，对于前街到中寺，尘世到佛门净地的空间属性转换起到重要作用。接引佛殿中供奉接引佛，昭示了香山寺前导部分的结束，属于西天极乐世界的佛国天堂即将逐渐显现。

接引佛殿之后空间狭促，地坪骤然升高，陡峭的台阶直通天王殿，台阶两侧各有高大的古松挟峙而立，游人的视线由此完全吸引到寺院中轴线上。台阶两侧的两棵古松正是静宜园二十八景之一的听法松。[1]古松的点染增添了天王殿外苍翠庄严的环境气氛，“听法松”这一题词也再次强调了中寺部分佛门净地的景观主题。自天王殿开始建筑密度明显增大，由此进入中寺的核心地带。

天王殿后的殿堂佛阁依傍山势参差错落，迎面正中高处为永安甘露牌坊（图6），两侧对称布置有钟鼓楼和转轮藏，近岭远山随着地坪标高的不断上升而逐渐显露开来。沿着中轴线继续向上，南北两侧的转轮藏与其后的永安甘露牌坊所形成的夹景越发明显，牌坊之后的石屏以及石屏背后苍松翠柏间隐约可见的殿堂在强调寺院轴线的同时平添一份神秘，引领游人继续向上，见图7。

穿越永安甘露牌坊，登上高台绕过石屏，就是香山寺的正殿——圆灵应现殿，见图8。这里是香山寺的核心地带，也是整个空间序列的第二个高潮，面阔七间进深三间单檐庑殿顶覆以彩色琉璃瓦的圆灵应现殿金碧辉煌气势宏伟，是整个香山寺的焦点，其地位相当于汉传佛教寺院“伽蓝七堂”中的大雄宝殿。殿前宽大的高台在抬升殿堂气势的同时也给予游人观赏周边优美自然景色的便利。俯瞰山下，自香云入座牌坊一路贯通而来的爬山道恰似成佛得道所要经历的重重考验；环顾四周，宝刹壮丽茂林翳然，正是佛家庄严国土，“圆灵”在此“应现”，象征着游人经历一系列前导空间的修为至此了悟，香山寺的“中寺”部分也在这一派强烈的宗教气氛中结束，开启“后苑”的乐章。

后苑部分由圆灵应现殿后左右两侧的西洋钟形门开始，沿门后台阶而上即为眼界宽殿，殿如其名，由此可仰望后苑全景，见图9。后苑一改前街中寺以来幽闭含蓄的空间而豁然开朗，映入眼帘的是高耸入云的薝蔔香林阁，周围依山势围以回廊，最高处建有青霞寄逸楼，回廊下的山崖堆叠假山如层层祥云缭绕琼楼玉宇之间，整

1 历史上乾隆所提静宜园二十八景中的听法松位于圆灵应现殿外，此树已于1860年被英法联军烧毁，今天的碑刻是民国年间补立的。

个后苑营造的是西天极乐世界的意向，薝蔔香林阁上所悬“薝蔔香林”[1]“无住法轮”“光明莲界”三匾也起到了点题的作用，见图10。循爬山廊而上直达顶部的青霞寄逸楼，这里是香山寺的制高点，回望整座寺院楼台错落碧瓦飞甍（图11），极目远眺三山五园重峦叠嶂层林尽染，如此宽广的视野使人不由得豪气干云，青霞寄逸楼上层所提匾额“鹫峰云涌”正是这种意境的概括。至此，历经前街尘世的扰攘，中寺佛门的修行，游人在后苑的制高点终于达到了灵魂的飞升，全寺的空间序列也随着升天之旅到此圆满结束。

图10 后苑全景

图11 由青霞寄逸楼回望

先前的中寺部分以幽奥的效果见长，由层层递进的亭台楼阁烘托佛门净地的清幽深远；后苑部分则以旷达的效果取胜，由一望无垠的千峰彩翠渲染天堂佛国的极乐无边。这密与疏、奥与旷、仰与俯的强烈对比不仅使人的空间感受逐渐得到升华，也再次印证了“圆灵应现”与“薝蔔香林”两处重点景物的景观寓意。香山寺后苑的显露位置与其中建筑物高大的形体也使其成为香山静宜园以及三山五园其他地区的借景对象，如香山寺后苑与香山寺东侧山坡上的看云起亭和青未了敞轩互为对景，南侧山巅的流憩亭与香山寺互为对景。甚至香山寺与颐和园万寿山也存在对景关系。一条条由香山寺向外辐射而出的对景线如同看不见的网络将香山寺与静宜园以及整个三山五园紧密联系在一起，起到统率全局画龙点睛的作用。

4 香山寺与三山五园其他地区的景观联系

香山寺悠久的历史沿革、优越的地理位置、杰出的空间布局以及壮观的殿阁楼台使其成为香山乃至整个三山五园地区的一个重要景观节点，自清康熙年间修建的香山行宫即以香山寺为中心，至乾隆年间香山静宜园最终落成，香山寺始终是这片皇家园林之中当之无愧的核心，是香山园林发展的原点所在，深刻影响了香山静宜园的景观营造并超越重重山峦影响了其他西郊诸园。

乾隆年间兴建的香山静宜园分为内垣、外垣与别垣三部分，其中大部分建筑与景观都位于香山东南部的内垣中，内垣可以分为两大部分，北部是以勤政殿、虚朗斋为核心的静宜园朝寝空间，南部是以香山寺为核心的静宜园礼佛与修身空间，两处不同的功能空间通过香山寺买卖街相互串联形成一个有机整体。以香山寺为中心，整个香山南麓古刹林立佛音袅袅，一派庄严乐土：北有来青轩与洪光寺，南有栖云楼与欢喜园，向东俯瞰近景是驯鹿坡，远处玉泉山与万寿山也是梵塔林立，佛殿峥嵘。在这个佛国天堂之中，香山寺如众星捧月般被诸寺诸景所环绕簇拥，成为香山一处重要的借景对象，看云起亭与青未了敞轩可以看作以香山寺为借景对象的典型例证。

看云起亭位于香山寺正东方向山坡之上，取唐代大诗人王维“行至水穷处，坐看云起时”之意境，从名称就可以感受到凭栏远眺的惬意。香山寺与之互为对景，这处对景关系实际上是香山寺主轴线的延伸，从距离上来看，看云起亭与香山寺后苑的青霞寄逸楼相距大约390米，稍大于千尺的限制，于是“驻远势以环形，聚巧形以展势”[2]就成为解决这一问题的选择：以“势”衬托“形”，使得“形”不至于过于孤独；将相关的“形”集聚起来，形成群体性效应，也同样可以起到“势”的效果。在看云起亭这个视点来看，香山的层峦叠嶂可以看作“势”，连绵起伏的山势成为香山寺最好的衬托，而香山寺及其周边的亭台楼榭则成为山势最好的点缀，两者相辅相成互为因借，见图12。看云起亭与香山寺之间存在的轴线

图12 从看云起亭远望香山寺

1 薝蔔是梵语Campaka的音译，又名占婆树、金色花树，是佛经当中记载的一种植物。树形高大，树皮、花叶、汁液俱香，花色灿黄若金，香飘数里。从树形、花色、花叶干俱香的描述，木兰科的黄玉兰最接近薝蔔的特征。

2 语出三国时大学者管辂所著《管氏地理指蒙》。

关系也使得远处的建筑正巧落入梁柱间的中心位置，从而形成一个完美的框景。通过这一系列的视线设计，近处的树木，稍远处正中的寺院以及更远处的群山组成了一个层次分明而又主题突出的天然图画，远近的对比与明暗的区分出现在同一框景之中，层次分明而又和谐统一。

青未了敞轩位于香山东南部山顶，取唐代大诗人杜甫《望岳》诗意，是一处登高望远的好地方，在此可以瞭望香山全景，香山寺、虚朗斋、昭庙、碧云寺等地标性建筑历历在目，建筑与自然山体之间的关系依然是“驻远势以环形，聚巧形以展势”所推崇的相得益彰的和谐氛围。与看云起亭框景强调香山寺的中心地位不同，青未了敞轩位置稍微偏离香山寺主轴的延伸线，相比看云起亭框景的那种对单一重点景物的焦点透视的微观效果，青未了敞轩的景观体验更偏向对全园整体环境的散点透视的宏观效果。香山寺在此并不是主角，取而代之的是起伏的群山与广阔的密林，自然风物占据了绝对的主导地位，且随着时令、物候的不同，发生着丰富多彩的变化，尤以深秋时节层林尽染万叶飘丹为最，包括香山寺在内的建筑在这一片炫彩世界中虽为点缀，却起到了画龙点睛的作用，共同描绘出一幅绝美的画卷，见图 13。

香山寺不仅是静宜园内重要的借景对象，也是三山五园其他区域的重要参照物，将香山寺的中轴线向东一直延伸，可以发现这条轴线穿越玉泉山的玉峰塔与招鹤亭之间凹陷处的峡雪琴音，直指万寿山顶峰的智慧海，见图 14、图 15。这条轴线堪称神来之笔，它由香山寺一路向东，串联起玉泉山，以玉峰塔及其北侧山峰制高点的招鹤亭形成一处“阙”的意向，穿越阙中峡雪琴音，直抵远方万寿山顶的智慧海，通过一条线将香山、玉泉山、万寿山三山紧密相连，并通过中途的“阙”加以限定和强调，而由万寿山顶遥望香山寺（图 16），香山寺也同样映衬在玉峰塔与招鹤亭所形成的“阙”之中。这种意向在中国传统文化中有着特殊的含义。

“阙”作为古代宫室正门两旁的礼仪性建筑所体现的一般都是庄严神圣的氛围，除了人工的建筑，古人为彰显威仪还往往会借用自然山体作为天然门阙组织景观，例如隋唐洛阳城以伊阙为对景，唐乾陵主峰梁山前方有双乳峰作为天然门阙等。明清以降随着园林小型化写意化的发展，大型山体除了一般的借景之用以外已经极少出现借为门阙的做法，而万寿山直到香山寺的这处视线设计就是这种极为罕见的做法。这种设计也只有并兼四海的封建帝王才能有足够大的胸襟和气魄将其提出，并有足够的实力将其实现。

作为香山寺之“阙”的玉泉山在三山五园地区也是一处极为重要的景观要素（图 17）。玉泉山及其山顶的玉峰塔在颐和园内绝大部分地方都能看到，可以说是颐和园中“出镜率”最高的借景。玉泉山的水系经由玉河注入昆明湖，再由昆明湖东堤水闸流向其他西郊诸园，

图 13　从青未了敞轩远望香山寺

图 14　香山寺位于玉峰塔与招鹤亭之间的“阙”中

图 15　万寿山位于玉峰塔与招鹤亭之间的“阙”中

图 16　由万寿山遥望香山寺

图 17　由香山寺回望万寿山

图 18 万寿山与香山寺之间的线性视线关系

图 19 香山寺与三山五园地区园景关系分析图

是三山五园地区一处至关重要的水源地。香山东侧的玉泉山与万寿山这两座小山冈一个南北起伏一个东西蜿蜒，恰好组合为香山的朝案山，与周边的河湖池沼共同构成了香山极佳的观景条件（图 18）。香山寺与三山五园地区园景关系分析图见图 19。

除却线性的视线关系以外，从整个三山五园的大格局来看，香山寺及其所在的静宜园正处在祖山龙头之位，地势最为高敞；静明园、颐和园所在的玉泉山与万寿山位置居中，湖山相映；圆明园与畅春园则处在较为低洼的水网地带。海拔自香山静宜园向畅春园自西向东逐渐降低，山势逐渐减弱而水势逐渐增强，由山脉到山冈最终化为海淀丹棱沜的湖沼连绵，中间夹以平地凸起的山冈以及豁然开阔的大水面，形成了一幅充满韵律感的山水图画。这种西高东低，西山东水的格局正是中国版图的缩影，而三山五园随处可见的对于江南美景的写仿更增强了这种“移天缩地在君怀”的效果。一系列的园林群组通过佛香阁到凤凰墩的纵轴与知春亭经玉峰塔直抵香山寺的横轴紧密联系，形成以香山寺为龙头的主题各异而又和谐统一的整体，共同象征着中华大地的大好河山。

5 结语

“山以仁为德，秋惟静与宜。”香山寺肇于金、盛于清、复苏于今，作为北京地区最早建立的皇家寺院园林之一，其发展历程是北京西北郊乃至北方皇家园林发展的一个缩影。香山寺布局之得体，构造之巧妙，深刻影响了清代香山静宜园的营建，并对整个三山五园地区的景观效果产生了促进作用。

参考文献

[1] 香山公园管理处 . 香山静宜园：珍藏版 [M]. 北京 : 香山公园管理处，2008.
[2] 香山公园管理处 . 清乾隆皇帝咏香山静宜园御制诗 [M]. 北京：中国工人出版社，2008.
[3] 香山公园管理处 . 清乾隆皇帝驻跸香山静宜园实录 [M]. 北京：中国工人出版社，2012.
[4] 中国共产党海淀区委香山街道工作委员会，海淀区人民政府香山街道办事处．香山山水园林与建筑 [M]. 北京：北京出版社，2012.
[5] 北京市海淀区文化发展促进中心．三山五园揽胜　香山静宜园 [M]. 北京：外文出版社，2013.
[6] 王雪莲 . 北京西山八大水院 [M]. 北京：中国人民大学出版社，2018.
[7] 袁长平 . 香山静宜园 [M]. 北京：北京出版社，2018.
[8] 张宝章 . 玉泉山静明园 [M]. 北京：北京出版社，2018.
[9] 清华大学建筑学院 . 颐和园 [M]. 北京：中国建筑工业出版社，2000.
[10] 周维权 . 中国古典园林史 [M]. 北京：清华大学出版社，1999.
[11] 彭一刚 . 中国古典园林分析 [M]. 北京：中国建筑工业出版社，1986.
[12] 王其亨 . 风水理论研究 [M]. 天津：天津大学出版社，1992.
[13] 北京林业大学团队 . 今日宜逛园：图解皇家园林美学与生活 [M]. 北京：中国林业出版社，2019.
[14] 李媛 . 香山寺研究及其复原设计 [D]. 北京：北方工业大学，2013.
[15] 伊琳娜 . 香山静宜园香山寺、宗镜大昭之庙相地选址及布局理法浅析 [D]. 北京：北京林业大学，2017.
[16] 石骕骁 . 香山静宜园造园艺术研究 [D]. 北京：北方工业大学，2020.
[17] 徐龙龙 . 颐和园须弥灵境综合研究 [D]. 天津：天津大学，2015.
[18] 傅凡 . 香山静宜园文化价值评价 [J]. 中国园林，2017，33（10）：119-123.
[19] 袁长平 . 山水清音：品读乾隆时期香山静宜园理水之美 [J]. 中国园林，2012（8）：103-106.

作者简介

张锦鹏 /1989 年生 / 男 / 天津市人 / 中级建筑师 / 硕士 / 研究方向为建筑设计与理论 / 天津市政工程设计研究总院有限公司

内蒙古成吉思汗纪念性园林的比较研究

Comparative Study of Commemorative Landscape of Genghis Khan in Inner Mongolia

陈进勇

Chen Jinyong

摘　要：成吉思汗是内蒙古地区历史上最有影响力的人物，不少地方建立了以他名字命名的陵园、公园、广场等纪念性空间。本文选择鄂尔多斯市成吉思汗陵（E）、乌兰浩特市成吉思汗公园（W）、呼伦贝尔市成吉思汗广场（H）、呼和浩特市成吉思汗广场（HS）和成吉思汗公园（HP）5 处纪念性园林进行比较，分析其在营造背景、纪念性空间营造和纪念性元素组成上的特点，并对雕塑、主建筑、祭坛、敖包、碑刻等共性的纪念性元素进行比较分析，结果表明，E 和 W 纪念性最强，HP 纪念性最弱，H 和 HS 居中。该研究可为同类型园林中的纪念性空间营造提供借鉴。

关键词：内蒙古园林；成吉思汗；纪念性空间；比较研究

Abstract: Genghis Khan is one of the most influential historic persons in Inner Mongolia. Commemorative spaces such as mausoleum, park, square etc. are created in memory for him in many places. This paper selected five commemorative landscape for comparative analysis, i.e. Genghis Khan Mausoleum in Erdos (E), Genghis Khan Park in Ulanhot (W), Genghis Khan Square in Hulunbeier (H), Genghis Khan Square (HS) and Genghis Khan Park (HP) in Hohhot. The characteristics of construction background, commemorative space creation and commemorative elements were analyzed. Comparative study of statue, main building, altar, aobao and stele etc. commemorative elements were undertaken. The result showed that E and W had more commemorative features, HP was less commemorative, and that H and HS were intermediate. This study can provide reference for the creation of commemorative spaces in the similar landscape.

Key words: Inner Mongolia landscape; Genghis Khan; commemorative space; comparative study

内蒙古位于中国北部边疆，东西长约 2400 千米，南北最大跨度 1700 多千米，面积广袤。内蒙古地区历史上最有影响力的人物当数一代天骄成吉思汗了，不少地方建立了以他名字命名的陵园、公园、广场等纪念性空间，如成吉思汗陵、成吉思汗庙、成吉思汗广场、成吉思汗公园等纪念性园林，内蒙古地区就有成吉思汗广场 5 座[1]。这些园林的建筑风格、建筑布局、园林小品等都承载着文化的精神内涵，通过研究能够分析出当时园林建设所处的历史背景、社会风貌及其蕴含的特有文化内涵。经过前期资料查阅和专家咨询，选择鄂尔多斯市成吉思汗陵、乌兰浩特市成吉思汗公园、呼伦贝尔市成吉思汗广场、呼和浩特市成吉思汗广场和成吉思汗公园 5 座纪念性园林进行现场调研，并进行比较研究，分析其在纪念性空间营造上的特点。

1 五座园林的营造背景

鄂尔多斯市成吉思汗陵位于伊金霍洛旗草原上，是蒙古帝国第一代大汗、元太祖成吉思汗的灵宫。现今的成吉思汗陵前身为成吉思汗八白室，经过多次迁移，1954年由青海塔尔寺迁回故地伊金霍洛旗，现为全国重点文物保护单位，是祭祀成吉思汗灵魂的仪式空间[2]。

乌兰浩特市成吉思汗公园位于罕山之巅，核心建筑成吉思汗庙始建于1940年，竣工于1944年，是当时蒙古族民众为抵制日本奴化教育及其大兴“神社”之风而自发募捐建成的。1973年在成吉思汗庙周围建设北山公园，1987年更名为罕山公园，并以罕山公园为基础建设成吉思汗广场、成吉思汗公园，面积2万平方米，1997年、2003年、2007年对其进行了不同程度的改建及扩建工程[1]。公园内遍植樟子松、榆树、丁香和山杏等树木，浓郁葱茏，也是全国重点文物保护单位。

呼伦贝尔市成吉思汗广场始建于2002年，2005年进行了改建，改建后占地面积约6万平方米，2007年进行了第二次扩建改造，扩建后占地总面积25.5万平方米[1]。在广场南侧建天骄生态植物园，建成“成吉思汗”主题雕塑、成吉思汗战将群雕、成吉思汗箴言碑林、铁木真迎亲铜雕、成吉思汗与呼伦贝尔浮雕、巴彦额尔敦敖包等景观，充分再现了成吉思汗的一生，同时展示了草原之都海拉尔的文化内涵。公园现有历史文化区、休闲娱乐区、体育健身区、水上活动区、喷泉广场区等功能区，成为城市集会、休闲娱乐、展示民俗文化的多功能广场。

呼和浩特市成吉思汗广场位于成吉思汗大街，是内蒙古自治区成立60周年项目，2007年建成，2010年进行扩建，扩建后广场总面积达86068平方米[1]。广场中轴线依景观序列依次展开，两侧布置绿地，中轴线广场满足市民组织团体活动、广场舞等活动需求，两侧绿地布置自然式园路，与周边街区融合，并栽植云杉、旱柳、金叶榆、白蜡、丁香等植物，营造休闲的园林环境。

呼和浩特市成吉思汗公园位于新城区东北，横跨成吉思汗大街，因成吉思汗大街贯穿于园内，故得名“成吉思汗公园”。公园原址为呼和浩特市采砂场，后改为东郊垃圾场，于2008年开始筹建，2009年对外开放[3]，经过二期建设，面积56万平方米，成为一处集市民休闲游憩、娱乐运动、改善生态环境于一体的具有文化历史内涵的现代城市公园。2014年被评为内蒙古自治区重点公园，2016年被授予中国人居环境范例奖。

从5座园林的建设背景看，对成吉思汗的纪念性主题，鄂尔多斯市成吉思汗陵和乌兰浩特市成吉思汗公园纪念性最强，有大型的陵宫和庙殿，呼和浩特市成吉思汗公园纪念性最弱，呼伦贝尔市成吉思汗广场和呼和浩特市成吉思汗广场居中，这决定了园林风格和布局以及纪念性元素的选择。建设时间是鄂尔多斯市成吉思汗陵和乌兰浩特市成吉思汗公园早于其他3座园林。

2 五座园林的纪念性空间营造

鄂尔多斯市成吉思汗陵以轴线规则式布置为主，前端为成吉思汗铜像广场和石牌坊，轴线东侧为阿拉坦甘德尔敖包，西侧为苏勒德祭坛，轴线终点为3座蒙古包式的大殿和与之相连的廊房，面南背北呈一字排开，大殿前有两座碑亭。从前端的成吉思汗中心广场到终端的大殿，由99级台阶连接，台阶两旁种植着圆柏和杜松等常绿树木，营造庄严、肃穆的氛围，整个布局为纪念性园林常用的风格。

乌兰浩特市成吉思汗公园也采取中国传统建筑中惯用的中轴对称布局手法，前端为成吉思汗铜像广场，进入大门后，沿着花岗岩砌成的81级台阶轴线，两侧布置有成吉思汗箴言长廊、八骏雕塑、天骄雕塑、敖包、祭台等，轴线端点为成吉思汗庙，坐北朝南，由一个正殿、两个偏殿和东西长廊构成。

呼伦贝尔市成吉思汗广场中央为成吉思汗主题雕塑，周围有成吉思汗的战将群雕、火撑子、查干苏鲁锭等小品，广场外围还有成吉思汗箴言碑林、成吉思汗与呼伦贝尔浮雕、铁木真迎亲铜雕、巴彦额尔敦敖包等，呈散点状布置。

呼和浩特市成吉思汗广场呈东西向轴线布置，广场的标志性建筑——成吉思汗骑马铸铜像位于中央，雕塑基座四角配置“龙、虎、狮、鹰”四玺雕像。铜像东面设置了由牛角演变而来的6座金塔，铜像西面是6座巨型战车轱辘雕塑。

呼和浩特市成吉思汗公园的大型主题雕塑——成吉思汗手握苏勒德的半身像雕塑位于南区涵洞入口上方，涵洞内壁及顶面以草原风景画为装饰，展现了蓝天白云、广阔草原、散落的蒙古包、勒勒车以及牛马羊群的景象。

从5座园林的纪念性空间布局看，鄂尔多斯市成吉思汗陵和乌兰浩特市成吉思汗公园都有着明显的轴线，加上高程不断增加，营造出强烈的纪念性空间；呼和浩特市成吉思汗广场有着东西轴线，但高程没有变化，纪念性中等；呼伦贝尔市成吉思汗广场的纪念性元素分散布置，融于园林之中，纪念性稍弱；呼和浩特市成吉思汗公园的纪念性元素最少，以休闲娱乐功能为主，纪念性最弱。

3 五座园林的纪念性元素组成

根据园林元素与成吉思汗的关联度，可分为直接相关的元素、衍生的元素、时代和民族元素、园林和纪念氛围营造元素。

鄂尔多斯市成吉思汗陵与成吉思汗直接相关的元素

有陵宫和成吉思汗铜像，陵宫内有八白室神物，是成吉思汗陵最具核心价值的组成部分；衍生的元素有碑亭，记述成吉思汗的功绩；敖包为蒙古族的元素；祭坛和牌楼则是营造强烈的纪念性氛围。

乌兰浩特市成吉思汗公园与成吉思汗直接相关的元素有庙殿、成吉思汗雕像和成吉思汗箴言长廊；衍生的元素有八骏雕塑，为成吉思汗的坐骑；敖包为蒙古族的元素；祭台为纪念性元素。

呼伦贝尔市成吉思汗广场与成吉思汗直接相关的元素有成吉思汗雕像、“征”群雕、成吉思汗箴言碑林、成吉思汗与呼伦贝尔浮雕、铁木真迎亲铜雕；火撑子、查干苏鲁锭、巴彦额尔敦敖包为蒙古族元素。

呼和浩特市成吉思汗广场与成吉思汗直接相关的元素有成吉思汗雕像；四玺雕像、金塔、战车轱辘雕塑等则与蒙古族相关。

呼和浩特市成吉思汗公园与成吉思汗直接相关的元素有成吉思汗雕塑；还有蒙古族的雕塑阿阑·豁阿等人物。

雕塑是纪念性园林常见的元素，比较直观且易于表达主题，5 座园林的纪念性元素都有成吉思汗雕塑，除呼和浩特市成吉思汗公园为成吉思汗手握苏勒德的半身像雕塑外，其余 4 座均是成吉思汗骑马的雕塑，表达其征战一生的形象。鄂尔多斯市成吉思汗陵和乌兰浩特市成吉思汗公园的元素比较类似，均有敖包、祭台等表现蒙古族和纪念的元素。呼和浩特市成吉思汗公园的纪念性元素最为简单，仅有雕塑。呼和浩特市成吉思汗广场的元素也相对简化，除成吉思汗本人雕塑外，其他雕塑为抽象化的符号。

图 1 鄂尔多斯市成吉思汗陵的成吉思汗雕塑

图 2 乌兰浩特市成吉思汗公园的成吉思汗雕塑

4 五座园林的纪念性元素比较分析

4.1 雕塑

5 座园林均采用了成吉思汗的雕塑作为纪念性主题营造的元素，但雕塑形象、材质和尺寸等表现形式各不相同，鄂尔多斯市成吉思汗陵、乌兰浩特市成吉思汗公园、呼伦贝尔市成吉思汗广场、呼和浩特市成吉思汗广场雕塑为成吉思汗骑马的形象（图 1~ 图 4），呼和浩特市成吉思汗公园雕塑为成吉思汗手握苏勒德的半身像（图 5）。鄂尔多斯市成吉思汗陵、乌兰浩特市成吉思汗公园、呼和浩特市成吉思汗广场雕塑为铜像，立于石质基座上；呼伦贝尔市成吉思汗广场雕塑为不锈钢材质，立于直径 3 米银箔镂空的柱身上；呼和浩特市成吉思汗公园为玻璃钢材质，位于山体涵洞上方。呼伦贝尔市成吉思汗广场、呼和浩特市成吉思汗广场、呼和浩特市成吉思汗公园的雕塑总高都超过 20 米，呼和浩特市成吉思汗广场的雕塑最高达 36 米，鄂尔多斯市成吉思汗陵和乌兰浩特市成吉思汗公园雕塑高不足 10 米（表 1）。5 座雕塑坐落的广场形状或方形，或圆形，面积大小不一，呼和浩特市成

图 3 呼伦贝尔市成吉思汗广场的成吉思汗雕塑

图 4　呼和浩特市成吉思汗广场的成吉思汗雕塑

图 5　呼和浩特市成吉思汗公园的成吉思汗雕塑

图 6　鄂尔多斯市成吉思汗陵宫

图 7　乌兰浩特市成吉思汗庙殿

吉思汗广场的雕塑基座四角配置龙、虎、狮、鹰四玺，与成吉思汗骑着战马相匹配。由于所处的环境、配的底座、采用的材质和形象各不相同，因而呈现不同的风格，通过不同的表现手法表达同一纪念主题。

除了成吉思汗个人雕塑外，有的园林还有群体雕塑，如呼伦贝尔市成吉思汗广场在园西部塑有“铁木真迎娶孛儿帖”群雕，采用与实体 1 ∶ 1.5 的比例，高度为 3 米，全长 20 米。“征”为成吉思汗的战将群雕，高度为 4 米，全长 20 米，其内容为十人十马，以“弓”形布局构成统一的整体 [4]。

4.2　主建筑

5 座园林中仅鄂尔多斯市成吉思汗陵和乌兰浩特市成吉思汗公园中有大型纪念性建筑。鄂尔多斯市成吉思汗陵的主体建筑由三座蒙古包式的大殿和与之相连的廊房呈一字排开，分正殿、寝宫、东殿、西殿、东廊、西廊六个部分。中间正殿高达 26 米，平面呈八角形，重檐蒙古包式穹庐顶，上覆黄色琉璃瓦，房檐为蓝色琉璃瓦，殿前台阶下立一对石狮。东西两殿为不等边八角形，单檐蒙古包式穹庐顶，亦覆以黄色琉璃瓦，高 23 米（图 6）。三个蒙古包式宫殿的圆顶上部有用蓝色琉璃瓦砌成的云头花，是蒙古族所崇尚的颜色和图案。整个建筑呈蒙、汉相融的艺术风格。

乌兰浩特市成吉思汗公园的成吉思汗庙殿由一个正殿、两个偏殿和东西长廊构成，建筑面积 820 平方米。正殿高 28 米，圆顶前悬蓝底长方形匾额，用蒙汉两种文字写着“成吉思汗庙”字样，偏殿高 16 米。建筑正面呈山字形，主体底部为方形，顶部有三个大圆尖顶和六个小圆尖顶，呈一组蒙古包状，白墙，上部用绿色琉璃瓦镶嵌，融汉、蒙、藏三个民族建筑风格（图 7）。

4.3　祭坛

祭坛是祭祀性很强的纪念空间，五座园林中仅鄂尔多斯市成吉思汗陵和乌兰浩特市成吉思汗公园中有。鄂尔多斯市成吉思汗陵中为汉白玉苏勒德祭坛，三层，高 15.4 米，直径 54 米，位于轴线西侧山顶，面南背北，前有一对石狮（图 8）。祭坛为圆形，外围广场为方形，有天坛圜丘之神韵，是供奉成吉思汗战神的地方，苏勒德的缨子用九十九匹公马鬃制成。乌兰浩特市成吉思汗公园中苏勒德祭祀坛也是圆形、三层汉白玉祭台，祭台上立 5 根黑色苏勒德（图 9），位于轴线西侧，与鄂尔多斯市成吉思汗陵的形制设置相似，只是规模较小。苏勒德又名苏力德、苏鲁锭，由矛、托盘、缨和旗杆等组成，分为查干苏力德、哈日苏力德和阿拉克苏力德三种，查干苏力德设在成吉思汗金帐顶部，并作为蒙古军队的军旗和军徽图案，代表着成吉思汗，代表着战神，表示至高无上，具有隆重的象征意义。元代之后，所有苏力德均失去大蒙古国时期的政治性、宗教性意义，成为长生天的使者，天人一体的物化形态，是与天地沟通，与大自然相联系的中介，是蒙古族人的信仰标志[5]。

4.4 敖包

敖包为蒙古族常见的祭祀形式，一般位于高处。5 座园林中有鄂尔多斯市成吉思汗陵、乌兰浩特市成吉思汗公园、呼伦贝尔市成吉思汗广场设立了敖包。鄂尔多斯市成吉思汗陵中的阿拉坦甘德尔敖包为纪念成吉思汗掉马鞭而设立，位于轴线东侧高地上，与祭坛相对应（图 10）。成吉思汗陵园建立后，每年农历三月二十一的查干苏鲁克大祭祭天仪式都在这里举行。乌兰浩特市成吉思汗公园中的罕山敖包为 3 层青石堆砌而成，上插苏勒德（图 11），位于轴线东侧山坡，也是与西侧祭坛相对应，与鄂尔多斯市成吉思汗陵的布局相似。呼伦贝尔市成吉思汗广场在独立山丘之上建巴彦额尔敦敖包，礼奉着成吉思汗出生地布尔罕山 9 块“圣石”（图 12），被人们尊誉为“大汗山”“圣石山”。三座敖包均位于高处，呼伦贝尔市成吉思汗广场中的相对独立，周围绿树环抱，庄严而神圣，鄂尔多斯市成吉思汗陵和乌兰浩特市成吉思汗公园均与祭坛相呼应，位于主建筑两翼的高处，成为纪念性空间的一部分。

4.5 碑刻

碑刻是园林中纪念性表达的有效手法。5 座园林中，鄂尔多斯市成吉思汗陵在陵宫正殿前广场两角建有两座八柱重檐琉璃瓦顶碑亭，亭内分别竖立着“成吉思汗”碑和“成吉思汗陵”碑，用蒙汉两种文字刻雕的碑文，概括地介绍了成吉思汗艰苦创业的戎马生涯和成吉思汗陵经历几个世纪变迁的历史（图 13）。乌兰浩特市成吉思汗公园在进门后中轴线东侧建有成吉思汗箴言长廊，廊内竖立着数十块刻有成吉思汗箴言的黑面石碑，碑体两面内容为蒙汉文对照，书法种类各异，风格多样（图 14）。呼伦贝尔市成吉思汗广场则在绿地中分散布置成吉思汗箴言碑林，将成吉思汗箴言以及马克思、拿破仑等十几位伟人对成吉思汗的赞誉之辞分别镌刻在山石上（图 15），山石则置于云杉等树丛之中，达到景观和文化相融合。呼伦贝尔市成吉思汗广场还在敖包山下刻有“成吉思汗与呼伦贝尔”汉白玉历史浮雕，高 2.5 米，总长 85 米，包括呼伦湖畔出征、统一蒙古草原各部等 6 组故事。

5 结语

内蒙古有特色民间图案、特色建筑文化、特色民间信仰和特色交通工具等，在园林中可运用蒙古族特色的图案、特色建筑和历史人文景观[6]。成吉思汗作为一代

图 8 鄂尔多斯市成吉思汗陵的祭坛

图 9 乌兰浩特市成吉思汗公园的祭坛

图 10 鄂尔多斯市成吉思汗陵的敖包

图 11 乌兰浩特市成吉思汗公园的敖包

图 12　呼伦贝尔市成吉思汗广场的敖包

图 13　鄂尔多斯市成吉思汗陵的碑亭

图 14　乌兰浩特市成吉思汗公园的成吉思汗箴言长廊

天骄，在内蒙古有很高的地位，各地建有成吉思汗陵、成吉思汗庙、成吉思汗广场、成吉思汗公园等众多的纪念空间，具有很强的文化内涵。本文分析的 5 座园林（表 1）位于鄂尔多斯市、乌兰浩特市、呼伦贝尔市和呼和浩特市，具有很强的代表性，这些园林中建有成吉思汗雕像、祭坛、敖包等与成吉思汗或蒙古族密切相关的元素，特色鲜明，在场地营建、园林风格和元素选用上既有共性，又形成了各自特色，在全国园林中具有独特性。

5 座园林以鄂尔多斯市成吉思汗陵和乌兰浩特市成吉思汗公园建立时间较早，其余 3 座均为 2000 年以后建

图 15　呼伦贝尔市成吉思汗广场的成吉思汗箴言碑林

立，是内蒙古在城市化进程中，注重挖掘地方历史文化，将园林建设与成吉思汗的纪念性相结合，并融入蒙古族元素，形成富有文化特色的供人们游憩和文化娱乐的公共空间。鄂尔多斯市成吉思汗陵和乌兰浩特市成吉思汗公园在后续发展中陆续加入成吉思汗相关纪念元素，鄂尔多斯市成吉思汗陵增建了直径 66 米的成吉思汗铜像广场，伫立着高 6.6 米的成吉思汗出征铜像，寓意成吉思汗寿年。广场入口处的石牌楼为五间六柱十一楼，采用蓝、金、白三色，整体高端大气。乌兰浩特市成吉思汗公园在原有成吉思汗庙前扩充了大型广场，增加了成吉思汗雕塑和 8 根高 5 米的图腾柱，象征着日、月、山、水、森林、草原、骏马、雄鹰，并栽植樟子松和榆树等乡土树种，扩建为成吉思汗公园。呼伦贝尔市成吉思汗广场将广场圆柱上的海东青雕塑更换成成吉思汗雕塑，并在广场南侧扩建了天骄生态植物园，融入更多的成吉思汗纪念元素，强化了主题，二者浑然天成。呼和浩特市成吉思汗公园则是利用废弃用地改造建设成的现代公园绿地，引入成吉思汗元素和蒙古族元素，山谷岩壁上刻有蒙古族图腾和人物像，亭子呈现蒙古包形状，融山、水、植物和人文为一体，打造“以人为本、以绿为体、以水为线、以史为魂”的经典园林，生态效益、景观效益和文化效益明显，是较为成功的案例。

通过对 5 座园林的比较分析，可以看出不同园林类型对各种纪念性元素的运用手法，可为相似的园林规划设计提供借鉴。

表1 5座成吉思汗纪念性园林的对比分析

公园	鄂尔多斯市成吉思汗陵	乌兰浩特市成吉思汗公园	呼伦贝尔市成吉思汗广场	呼和浩特市成吉思汗广场	呼和浩特市成吉思汗公园
始建时间	1954 年	1940 年	2002 年	2007 年	2008 年
平面布局	南北向轴线，近对称布置	东南—西北向轴线，近对称布置	自然式为主，局部规则式	东西向轴线，近对称布置	自然式为主，辅以多条轴线
山水环境	山体，高差明显	山体，高差明显	山水，有高差变化	无山水，无高差	山水，高差明显
成吉思汗雕像	铜像，高 6.6 米	2 座，广场铜像高 5 米，总高 10 米	不锈钢像，总高 22 米	铜像，高 14 米，总高 36 米	玻璃钢像，高 20 米
主建筑	由 3 座蒙古包式的大殿和与之相连的廊房组成，正殿高 26 米	由正殿、两座偏殿和东西长廊构成，分别高 28 米和 16 米			
祭坛	汉白玉苏勒德祭坛，3 层	苏勒德祭祀坛，3 层			
敖包	阿拉坦甘德尔敖包	罕山敖包	巴彦额尔敦敖包		
碑刻	碑亭，2 座	成吉思汗箴言长廊	成吉思汗箴言碑林		

参考文献

[1] 杜丽娟，王智睿．内蒙古地区成吉思汗广场的艺术价值探析 [J]. 内蒙古艺术学院学报 2021，18（2）：160-164.
[2] 叶高娃．可移动与不可移动：文化空间视角下的“成吉思汗陵”[J]. 内蒙古民族大学学报（社会科学版），2016，42（5）：64-68.
[3] 乌斯哈乐．城市废弃垃圾填埋场的景观再造与生态恢复研究：以呼和浩特市成吉思汗公园建设为例 [J]. 内蒙古林业调查设计，2020，43（4）：45-50.
[4] 全玲，李丹．城市广场主题性雕塑的人文特色与影像语言：以内蒙古呼伦贝尔成吉思汗广场主题性群雕为例 [J]. 戏剧之家，2018（29）：117-118.
[5] 那仁敖其尔，陶·特木尔巴根．论苏力德信仰的本质及其特征 [J]. 内蒙古财经大学学报，2015，13（5）：122-124.
[6] 陈旭光，张鸿翎，山丹，等．蒙元文化在呼和浩特园林中的应用研究 [J]. 内蒙古农业大学学报（社会科学版），2012，14（1）：213-216.

作者简介

陈进勇 /1971 年生 / 男 / 江西樟树人 / 教授级高级工程师 / 博士 / 研究方向为园林历史和文化 / 中国园林博物馆北京筹备办公室 (北京 100072)

人民公园的革命纪念空间分析

Analysis of the Revolutionary Imprinting in the Renmin Park

吕 洁

Lü Jie

摘 要：人民公园是中国各地以“人民公园”命名的所有公园的统称，它们不仅具有休闲娱乐的功能，有些人民公园还有着强烈的纪念性教育功能，设立了纪念碑、纪念雕像或者组合纪念物，通过独立空间、连续空间或者分置空间的手法，营造园林＋文化的纪念空间。这些人民公园留存了旧民主主义革命、新民主主义革命、社会主义革命和建设时期等不同历史时期的纪念物，是熏陶感悟爱国主义革命情感的重要见证物，也是开展爱国主义教育的重要场所，需要妥善保护和传承，延续革命精神，赓续革命血脉。

关键词：人民公园；文化；革命印记

Abstract: Renmin Parks refer to the parks with the exact name in different cities of China. They not only have recreational and amusement function. Some of them also have strong memorial education function. The Monuments, statues and memorial combinations are set up in separate space, continuous space or disjunct space to create commemorative atmosphere in the park. These Renmin Parks preserve memorials of different revolutionary periods and are important sites for patriotism education. Hence they shall be protected and inherited to persist revolutionary legacy.

Key words: Renmin Park; culture; revolutionary imprinting

人民公园是以“人民公园”命名的所有公园的统称，是中华人民共和国成立后，体现人民当家作主而更名、改建或新建的公园[1]。兴建“人民公园”，是中华人民共和国成立后，开展社会主义改造的举措之一，因而，人民公园在全国范围内如雨后春笋般大量建设。据1982年底的资料统计，全国城市有1/10的公园是用“人民公园”命名的[2]。据不完全统计，全国现有（或曾经有）200余座命名为“人民公园”的公园，除香港、澳门、台湾和西藏外，其他各省市自治区都建有（或曾经建有）“人民公园”[3]。

1 人民公园的民主革命印记

梳理人民公园的建设历程，主要有两大类：第一类是中华人民共和国成立后，在原有公园或园林的基础上加以改建更名而成，并面向公众开放，成为服务于广大人民群众的公共活动空间。如天津人民公园的前身是盐商李春城的私家花园“荣园”，始建于1863年，1949年后，李氏后裔李歧美将荣园献给国家，经过重新改造，1951年7月1日正式开放，更名为人民公园。第二类则是辟地选址新建而成。如上海人民公园的园址为原上海跑马场的北半部，修建于清同治元年（1862 年）的第三跑马场。为了满足群众活动的需要，1950 年，时任上海市长的陈毅代表市政府宣布将跑马场的南部改建为人民广场，北部改建为人民公园，由我国著名园林专家程世抚先生设计，于 1952 年 10 月 1 日建成开放。

人民公园中，有的历史悠久，不仅保留了 1949 年后的建筑物，还有旧民主主义革命（辛亥革命）的纪念物，成为城市革命历史的见证物。

重庆人民公园的前身为中央公园。1946 年，为纪念辛亥革命四川先烈喻培伦、饶国梁、秦炳基，在园内最高处建辛亥革命三烈士纪念碑。1947 年在辛亥革命三烈士纪念碑下方建消防人员殉职纪念碑，是经重庆市消防联合会核准，为抗战期间敌机轰炸下，为抢救市民财产而先后殉职的副大队长以下 81 名消防人员而立的纪念碑。

内江人民公园内有喻培伦大将军纪念碑及纪念馆，纪念碑建于 1981 年，汉白玉制作，碑高 2.2 米，水磨石面须弥座，高 1.1 米，长 1.9 米，宽 1 米，碑文刻“辛亥广州起义死事黄花岗烈士喻培伦大将军纪念碑”。纪念馆建于 1985 年，为砖石结构，建筑面积 332 平方米，馆前石壁还刻有孙中山先生题书“浩气长存”。喻培伦是四川内江人士，黄花岗七十二烈士之一，1911 年参加广州起义时率先杀敌不幸被捕，英勇就义，年仅 25 岁。中华民国临时大总统孙中山先生追封他为“大将军”。

嘉兴人民公园东南门口广场设有辛亥革命烈士纪念塔和辛亥革命烈士浮雕墙，是为纪念辛亥革命而献身的嘉兴籍烈士而建。1931 年曾在当时中山公园建辛亥革命七烈士纪念塔，以纪念陈与义、敖嘉熊、龚宝铨、唐纪勋、姚麟、王家驹、徐小波等七人。1986 年在现址重建更名，为三级式水泥实心塔，高 14.5 米，外形似灯塔，塔身有“辛亥革命烈士纪念塔”塔名和塔记（图 1）。

2 人民公园的红色印记空间

不少人民公园内保存有反映历史人物或历史事件的纪念物，尤其是反映中国新民主主义革命和社会主义革命的红色印记，是具有较强政治教育意义的纪念空间。

2.1 纪念碑

纪念碑是具有很强震撼力的大型纪念建筑，通常由政府设立，往往只有大型公园或主题公园内才会建有纪念碑。不少地方的人民公园在当地具有很高的社会认知度，因而在这些公园内设立烈士纪念碑能更好地发挥其社会教育功能。

呼和浩特人民公园前身为建于 1931 年的龙泉公园，1950 年进行扩建重修后更名为人民公园，1997 年 6 月更名为青城公园。自 1950 年至 1997 年“人民公园”名称存续 47 年，在当地市民心中留下了难忘的记忆。园区内

图 1　嘉兴人民公园辛亥革命烈士纪念塔

矗立着高达 19 米的人民英雄纪念碑（图 2），南北两侧为毛泽东主席书写的中文碑文“烈士们永垂不朽”，东西两侧为蒙古文。纪念碑位于北门至湖区的轴线上，呈规则式布置，环境显得庄重。1995 年纪念碑列为呼和浩特市爱国主义教育基地，2011 年被命名为内蒙古自治区爱国主义教育基地。每逢清明节、国庆节等重大节日，内蒙古自治区和呼和浩特市党政机关、共青团、企事业单位、大中专院校、中小学师生、部队及社会各界广大爱国人士都会来到人民英雄纪念碑前献花纪念先烈，进行爱国主义教育。

临河人民公园有烈士纪念塔，是中共巴彦淖尔盟委、中共临河市委为纪念在中国革命和建设、抗美援朝战争中献身的河套地区英雄儿女而建，于 1985 年 7 月 1 日落

图 2　青城公园（原呼和浩特人民公园）人民英雄纪念碑

成，塔高 15 米，由塔基、须弥座、塔座、塔身、塔帽 5 部分构成，塔基占地面积 250 平方米；须弥座高 1.35 米，有九步台阶；塔座高 1.6 米，宽 1 米；塔身为 1.84 米见方，高 10 米；塔帽高 2.05 米（图 3）。塔的正面（东面）镌刻着“烈士们永垂不朽”七个镏金大字；背面为蒙文译文。南面是“在反对内外敌人争取民族独立和人民自由幸福的斗争中牺牲的烈士们永垂不朽！在中国共产党领导下的新民主主义革命斗争中牺牲的烈士们永垂不朽！在社会主义革命和建设中牺牲的烈士们永垂不朽！”的汉字碑文；北面是南面汉字碑文的蒙文译文。塔座东南北三面刻有革命斗争的浮雕。纪念塔园区占地面积 2285 平方米，周围栽植各种树木，显得宁静肃穆。1997 年，临河烈士纪念塔被中共巴彦淖尔盟委公布为爱国主义教育基地。

图 3　临河人民公园烈士纪念塔

2.2　纪念雕像

雕像是公园中常见的小品类型，体量较小，容易制作，便于安置，因而应用较多。人民公园中就有革命烈士的雕塑，供人民敬仰和学习。

上海人民公园的东部除了建有五卅纪念碑，还有张思德雕像，坐落在树丛中，只见他身背长枪，脚穿草鞋，双眼向前凝望，体现出革命的斗志。1944 年 9 月 5 日，张思德同志在陕北安塞执行烧炭任务时，为营救战友而牺牲，年仅 29 岁。毛泽东主席参加了追悼会，亲笔题写了“向为人民利益而牺牲的张思德同志致敬”的挽词，并发表了《为人民服务》的演讲，高度赞扬了张思德完全、彻底为人民服务的思想境界和革命精神。张思德的形象成了为人民服务的代名词，是大家学习的榜样。

乌兰察布市集宁区人民公园广场有谢臣烈士半身塑像，塑像下碑刻为贺龙同志题词“全军同志都要学习爱民模范谢臣同志舍己为人、奋不顾身的共产主义精神”，广场周围树木环绕成相对独立的纪念空间（图 4）。谢臣在 1963 年抗洪抢险战斗中为抢救人民财产而英勇献身，时年 23 岁。他生前践行“看人民高于自己，学人民改造自己，爱人民胜过自己，为人民舍得自己”。1964 年国防部授予谢臣为爱民模范，他所在的班为“谢臣班”，他的事迹和精神也值得大家学习

图 4　乌兰察布市集宁区人民公园谢臣塑像

2.3　纪念物组合

不少人民公园将纪念碑、雕像等纪念物组合在一个纪念性空间中，形成具有教育功能的分区或组团。

东莞市人民公园始建于 1912 年，称孟山公园，1925 年改名为中山公园，1949 年后进行重建，1956 年改名为人民公园。公园分为纪念区、游览区和娱乐区三部分。纪念区位于孟山顶上，建有胜利纪念碑、东莞革命烈士纪念碑、革命烈士雕塑等建筑，是整个公园的核心和灵魂（图 5）。革命烈士纪念碑于 1959 年由东莞县人民政府建立，以纪念新民主主义革命时期牺牲的东莞籍烈士。碑高 16 米，以麻石砌成方柱形，上刻“革命烈士纪念碑”，基座上镌刻着碑文，叙述了东莞人民在中国共产党领导下进行革命斗争的艰苦历程。纪念碑前广场两边有四组反

图 5　东莞市人民公园革命烈士纪念碑和雕像

映东莞革命斗争历史的群雕，与纪念碑相呼应。

绵阳市人民公园始建于民国十九年（1930 年），原名绵阳公园，公园现占地面积 15.2 公顷，东部呈规则式布局，绵阳解放纪念塔和邓稼先纪念广场位于轴线上，强化了文化教育的功能。绵阳县解放纪念塔原名垂鸿塔、孙德操纪念碑，为纪念绵阳县解放，1952 年，绵阳县人民政府将碑文上原字迹以灰浆覆盖，成为无字碑。1966 年，将其改建成“绵阳县解放纪念塔”，底座为八边形，刻“绵阳县解放纪念塔”；碑体为四方形，南面刻“马克思主义、列宁主义、毛泽东思想万岁！”，东侧镌刻“伟大、光荣、正确的中国共产党万岁！”，西侧镜刻“为建设现代化社会主义强国而奋斗！”，北侧镌刻“无产阶级专政万岁！”，顶上为红色五角星。1995 年 4 月，绵阳解放纪念塔被绵阳市委、市政府命名确定为首批爱国主义教育基地。邓稼先的半身铜像位于公园轴线上的花坛中央，是绵阳市人民政府 1994 年所立，缅怀两弹元勋邓稼先同志为中国所做出的突出贡献[4]。

3 人民公园的革命纪念空间营造

人民公园内的革命印记与城市广场、纪念馆、博物馆等场所的空间营造有所不同，更强调尺度的协调、环境的融合和气氛的营造，具有园林 + 文化的特色。

3.1 独立空间

独立空间容易体现纪念性主题，如上海人民公园的张思德雕塑体量较小，用植物进行围合，形成绿色背景，更能突出人物形象，前面设置小型广场，两侧对称栽植绿篱等植物，形成肃穆的环境，从而达到强化纪念功能的作用（图 6）。

临河人民公园的烈士纪念塔，四周栽植柏树、杨树和白蜡等树木，围合成十字形纪念空间，凸显纪念塔的高耸，同时营造出相对独立的静谧空间，给人以哀思。

图 6 上海人民公园张思德雕塑

3.2 连续空间

东莞人民公园在盂山顶上建有东莞革命烈士纪念碑和革命烈士雕塑，二者串联成连续的轴线空间。纪念碑园面积 364 平方米，碑高 16 米，位于轴线端点。纪念碑前麻石块铺成的长方形广场面积 475 平方米，两侧为四组反映东莞革命斗争历史的群雕。广场轴线两侧种植龙柏和乔木，形成夹景，衬托纪念碑的高大[5]。游客登山赏景的同时，感受周围绿树葱茏、庄严幽静的环境，更能激发缅怀先烈的心情，重温逝去的历史。

3.3 分置空间

乌鲁木齐人民公园的历史较为悠久，原有一个小湖，俗称“海子”，又名“关湖”“鉴湖”。1912 年杨增新任新疆都督后，鉴湖正式成为公共游览场所，称鉴湖公园或西湖公园（西公园），陆续兴建了丹凤朝阳阁、醉霞亭、晓春亭和阅微草堂等，呈现古典园林的风格，后又相继改名为同乐公园、迪化第一公园、中山公园。中华人民共和国成立后，于 20 世纪 50 年代初改名为人民公园[6]。

1949 年在公园南部入口处设立解放军战士铜像，伫立在相对郁闭的环形空间中，通过符号化的雕像，纪念为中华人民共和国成立付出生命的千千万万的解放军战士[7]。1956 年在铜像北侧建新疆各民族人民烈士纪念碑，碑体高 8 米，汉白玉碑座，四周镶仿汉白玉花圈，碑体正面刻毛泽东主席题词“星星之火，可以燎原，共产主义是不可抗御的！死难烈士万岁！”其他三面用维吾尔文、蒙古文、哈萨克文三种文字刻着同样内容（图 7）。纪念碑占地 484 平方米，四周栽植长青的云杉，形成方形的封闭空间，显得格外庄严肃穆。铜像和纪念碑一小一大，围合空间一圆一方，都在公园南部入口处，采用分置的手法，显得独立，但均为规则式设计、现代风格，因而景观协调感强。虽然二者与北部自然式布置的古典山水园林风格有所不同，但一南一北分置，相距甚远，由中间的植物空间串联，游客并不会有违和感。

4 人民公园的革命血脉赓续

人民公园由于来源的广泛性，有的历史达百年左右，留存了旧民主主义革命、新民主主义革命、社会主义革命和建设时期等不同历史时期的纪念物，反映了中国人民反帝反封建的革命历程，需要妥善保护和传承，赓续革命血脉。

成都人民公园的前身为 1911 年建设的少城公园，是成都历史上的第一个公园，1946 年改名为中正公园，1950 年更名为人民公园，有辛亥秋保路死事纪念碑、川军抗日阵亡将士纪念碑等历史建筑。民国二年（1913 年），为纪念辛亥革命前夕保路运动中的死难烈士，由张澜、颜楷牵头，民国川汉铁路总公司在园内修建辛亥秋保路死事纪念碑，纪念碑高 31.85 米，由碑台、碑座、碑身、碑帽组成，如长剑直指苍穹，气宇巍峨（图 8），碑体四面均刻有“辛亥秋保路死事纪念碑”，由当时著名的学者张夔阶、颜楷、吴之英、赵熙所书，显示中国人民反帝反封建的爱国意志和牺牲精神。1988 年被列为全国重点文物保护单位。

园内有川军抗日阵亡将士纪念碑，纪念碑上塑一川军战士，脚穿草鞋，打着绑腿，手持步枪，胸前挂有手榴弹，身背大刀和斗笠，让人缅怀纪念 64 万川军将士牺牲的那段战火纷飞的岁月。1937 年 9 月，上万川军部队代表在这里举行完出川抗战誓师大会后，便奔赴抗日战场。园内的壮士出川主题雕塑用成都老东门大桥和老城墙的元素反映当年川军从成都东门出川抗日的历史事件（图 9）。园内还有川军出川抗日人物组雕，反映川军战士告别父母、妻儿走上抗日战场的情景。通过纪念碑、主题雕塑、人物雕塑等不同形式在公园内的布置，强化抗日战争的革命精神。

人民公园内还有成都大轰炸遇难同胞纪念雕塑和成都大轰炸纪念墙，通过残存的城墙、人物雕塑和老照片等，提醒人们要牢记日本帝国主义 1938—1944 年长达六年对成都进行轰炸和破坏的历史，以史为鉴，珍爱和平。

成都人民公园内还保存了通俗教育馆、中正图书馆等民国时期建筑以及少城苑等民国时期的园林特征，新建的盆景园、菊苑以及增添的雕塑等[8]，与原有景观和文化内涵相呼应，丰富提升了公园的景观和文化，是赓续文化血脉的佳例。

图 7　乌鲁木齐人民公园新疆各民族人民烈士纪念碑

5　结语

人民公园的建设反映了当代中国社会的意识形态与价值观、当时公园的造园思想和功能布局，不仅具有显著的中国特色，且蕴含着特殊的时代意义和深刻的社会意义。人民公园除了本身作为社会公共空间的价值外，同时也具有重要的历史和文化价值。不少人民公园内保

图 8　成都人民公园辛亥秋保路死事纪念碑

图 9　成都人民公园壮士出川主题雕塑

存有纪念碑、雕塑等反映中国旧民主主义革命、新民主主义革命、社会主义革命和建设时期的印记，具有较强的政治和教育意义，成为当地爱国主义教育的重要场所，起到了教育和警示后世的作用。与其他公园相比，人民公园有着更为强烈的纪念性教育功能，社会教育功能是体现其文化的核心和灵魂所在。

人民公园中的革命纪念物是对历史人物和历史事件的真实记录，同时也传承着红色血脉和不朽的革命精神，是中华民族伟大复兴的革命道路的见证。公园中的纪念物具有唯一性和不可再生性的特质，因此制定并落实好相应的保护措施尤为重要。保护好人民公园中的纪念物，要遵循全面保护、重点展示的原则。不仅要制定相应的保护条例等规定，更要积极落实保护的相关措施。在做到保护的基础上，积极利用多种展示形式和表现手法，多角度展现这些历史纪念物的特殊纪念价值，以满足大众参观、教育和纪念等多功能需求。

参考文献

[1] 卢迎华 . 人民公园 [J]. 广西城市建设，2013（1）：31-34.

[2] 李敏 . 中国现代公园：发展与评价 [M]. 北京：北京科学技术出版社，1987.

[3] 中国园林博物馆 . 时代公园的印记 中山公园和人民公园的历史变迁 [M]. 北京：中国建筑工业出版社， 2021.

[4] 苏祖庆， 邓庆蓉， 陈芹 . 浅析园林基本要素的实际应用：以绵阳市人民公园研究为例 [J]，现代园艺，2012（13）：53-54.

[5] 顾建中，陈霞，张亚珍 . 广东东莞市人民公园植物造景浅析 [J]. 中国园艺文摘，2012 （11）：107-108.

[6] 孙永亮 . 城市公园文化建设探讨：以乌鲁木齐市人民公园为例 [J]. 新疆教育学院学报，2014，30（3）：99-102.

[7] 张衡， 冯军， 陈进勇，等 . 乌鲁木齐市人民公园空间构建分析及优化策略研究 [M]. 中国园林博物馆 . 中国园林博物馆学刊 07. 北京：中国建材工业出版社，2021.

[8] 徐涛，李丽 . 成都市人民公园植物景观构成的研究 [J]. 四川建筑，2010，30（4）：15-16.

作者简介

吕洁 /1987 年出生 / 女 / 内蒙古人 / 助理馆员 / 硕士 / 研究方向为园林历史、文化，传播教育等 / 中国园林博物馆北京筹备办公室（北京 100072）

中国古典园林意境营造技法分析
——以苏州拥翠山庄为例

Analysis of artistic conception construction techniques of Chinese classical gardens
—Take Yongcui villa in Suzhou as an example

刘 冰

Liu Bing

摘 要：由意境的本质、园林意境的释义入手，根据以往园林意境营造相关理论的研究，按照造园立意、空间布局、意境深化三个园林意境营造过程，对于其中使用的典型技法进行归纳总结，揭示了中国古典园林意境美的深刻内涵。在此基础上，以苏州拥翠山庄为研究对象，分别从其位置、地形、布局、借景、引用等方面分析和论述了拥翠山庄独有的意境表达、丰富的意境蕴含和显著的意境效果，从而对未来的园林景观设计具有一定的借鉴价值和现实意义。

关键词：古典园林；园林意境；营造技法；拥翠山庄

Abstract: Starting with the essence of artistic conception and the interpretation of garden artistic conception, according to the previous research on the theory of garden artistic conception construction, and according to the three garden artistic conception construction processes of gardening conception, spatial layout and artistic conception deepening, the typical techniques used are summarized, which reveals the profound connotation of the beauty of artistic conception of Chinese classical gardens. On this basis, taking Yongcui villa in Suzhou as the research object, this paper analyzes and discusses the unique artistic conception expression, rich artistic conception implication and significant artistic conception effect of Yongcui villa from its location, terrain, layout, borrowing scenery and quotation, so as to have certain reference value and practical significance for the future Garden landscape design.

Key words: classical garden; garden artistic conception; construction techniques; Yongcui villa

1 园林意境释义

意境是中国传统美学思想的重要范畴，以中国传统哲学为基础，源于先秦，发展于唐宋。清代方士庶在《天慵庵随笔》中曰："山川草木，造化自然，此实境也。因心造境，以手运心，此虚境也。虚而为实，是在笔墨有无间。"由此可见，意是属于主观范畴的"意"，是情与理的统一；境是属于客观范畴的"境"，是形与神的统一，意境是二者结合的一种艺术境界，情理、形神相互渗透，相互制约，从而形成了"意境"。它存在于诗歌、绘画等艺术题材之中，形成特有的艺术境界，使得这些艺术形式具有了情景交融、虚实相生、韵味无穷的审美特征。

中国古典园林在形成与发展过程中，始终与山水绘画、文学等艺术形式的发展紧密相关，尤其文人参与造园活动，追求和创造意境美成为中国古典园林的最高审美境界。园林意境逐渐产生于园林境域的综合艺术效果之中，作为艺术意境的延伸，使得游览者获得共通的情感。著名园林艺术家陈从周说："文学艺术作品言意境，造园亦言意境。对象不同，表达之方法亦异，故诗有诗境，词有词境，曲有曲境。意境因情景不同而异，其与园林所现意境亦然。园林之诗情画意即诗与画之境界在实际景物中出现之，统名之曰意境"[1]。

2　园林意境营造技法

中国古典园林的独到之处，就是结合中国文化，熔自然景观与人文景观于一炉，创造出令人神往的意境美。中国古典园林的创作中，以实际空间和丰富的景象，通过赋予其诗情画意、生活理想、人生哲理，使游赏者能够借助自身的感受，触景生情，激发想象，领悟到景象所蕴含的更为深层的艺术特质，实现园林的全部价值。根据以往园林意境营造相关理论的研究，按照造园立意、空间布局、意境深化三个园林意境营造过程，对于其中使用的典型技法归纳总结为以下 7 种。

2.1　造园立意——明确主题

《园冶》说："意在笔先。"意在创作前，首先要明确造园的立意。立意来源于诗词歌赋，或名山胜景，或神话典故，或宗教信仰等，达到托物言志的效果。全园根据这一主题思想，充分利用选址，合理布局，巧妙组织山水、植物、建筑等要素，从而为观赏者传达意境信息。

苏州拙政园主人王献臣借用西晋文人潘岳《闲居赋》中"筑室种树，逍遥自得……灌园鬻蔬，以供朝夕之膳……此亦拙者之为政也"之句取园名，暗喻自己把浇园种菜作为自己（拙者）的"政"事，为建园立意。拙政园以水景见长、以"林木绝胜"著称。虽几易其主，数百年来一脉相承，沿袭不衰。早期王氏拙政园三十一景中，三分之二景观取自植物题材，也能反映出当年园主的造园立意。

2.2　咫尺山林，小中见大——有限空间创造无限意境

明代文震亨《长物志》曰："一峰则太华千寻，一勺则江湖万里。"意为一座赏石山峰可以展现华山雄伟，一水可见江湖的万里广阔，咫尺山林，小中见大，在有限的空间创作无限的园林意境，即园林意境营造的重要技法。古代造园以自然山水为创作的摹本，造园者取自然美之精华于有限的园林空间中，通过空间上的对比、借景的运用、层次的变化等技法的使用，起到扩大园内空间的效果。

2.3　藏露得宜，含蓄有致——欲露而藏增添奇趣

所谓藏就是遮挡。无论其规模大小，都要避免开门见山，总要千方百计地把景色部分地遮挡，使其若隐若现。所谓露，则是本身带有暗示的作用，采用相应的措施加以引导，让人们能够按照一定的途径发现景之所在，形成"山重水复疑无路，柳暗花明又一村"欲露先藏，层次深幽的园林景色。

2.4　实中求虚、虚实相生——提升意境表现

建筑、山石、水体和花木是构成园林的四个要素，山石、水体和花木在园林中有着重要地位，"虚实"在这些要素中得以体现。以堆山理水来讲，叠石堆山为实，理水相对应为虚。山环水绕在园林中意味着虚实二者的结合的一种体现。单说叠山，它凸出的峰峦为实，凹入的沟壑、洞穴为虚，由宋代书画家米芾提出的赏石四字诀——瘦、透、漏、皱，不难看出也是强调了虚实关系的处理。就园林建筑而言，通过其外在形状和围合空间的墙，利用隔扇、洞门、漏窗、空窗素的设计，对于它们的排列方式、位置进行仔细的推敲，穿插于景物之中，做到了隔而不断，虚实相映，景中含景，体现出更为深远的意境。

2.5　比德畅神、人化景物——托物言志深化园林意境

"比德"是中国人重要的审美情趣，在中国有悠久的思想渊源。通过"比德"将物或自然景观与人的品性相联系，可以让人依物而起，联想起人中君子的某种品德。园林意境营造中常以山水比德和植物比德为主。园主在园内掇山理水，种植花卉树木，在模拟自然的同时以山水植物高尚品性来自我比喻，托物言志深化园林意境。

2.6　文因景成，景借文传——楹联匾额打造诗歌意境

中国古典园林中，山石泉流、亭台楼榭等处的匾额楹联对主景和环境都起到了衬托和深化的作用，造园大师们重视借助这种艺术形式来表达自己的精神境界和审美情趣。从美学角度而言，楹联匾额自身因大小、材质、颜色等不同，而给园林增色不少，而且内容以书法或者篆刻的形式出现，使得古典园林意蕴更为深厚。从楹联匾额内容而言，随着古典园林的不同而不同，勤政亲贤、修身养德、宗教祭祀、山水怡情等主题均有涉及。楹联匾额是文学艺术介入园林意境营造的途径之一，体现了

文学意象与园林意境的有机融合和促进，赋予了园林更为丰富的内涵。

2.7 时令气候，融合五感——拓宽多种因素追求深层意境

古典园林意境营造方式不光是靠视觉这一方式传递意境美的，还有借助听觉、嗅觉以及味觉，加以联想等多种途径。拙政园中的留听阁（取意留得残荷听雨声）、听雨轩（取意雨打芭蕉）等，其意境之所寄都与听觉有密切的联系。另外一些景观如留园中的闻木樨香、拙政园中的雪香云蔚等则是通过味觉来影响人的感官[2]。

此外，时令变化和气候变化也能够影响游览者的感受。避暑山庄南山积雪亭以观赏雪景为题，而烟雨楼的妙处则在青烟沸煮之中来欣赏烟波浩渺的山庄景色。由此可见，通过整体环境的创造，影响和融合人的五感，升华园林意境是我国古典园林艺术早已有之的传统。

3 拥翠山庄园林意境营造技法

3.1 明确造园主旨——以水立意

坐落于虎丘山的拥翠山庄建于光绪甲申（1884 年），内阁学士兼礼部侍郎洪钧因其母亲去世回家丁忧，他与友人朱修庭等人一起游览虎丘，并在僧人云闲的帮助下，找到了试剑石旁失踪已久的憨憨泉。泉水味道甘冽，众人筹集数万钱款，在憨憨泉旁，随着山势建拥翠山庄。虽拥翠山庄内不见水，但为寻泉水而建，园内处处有水意，至今仍是极具特色的古典园林之一。

3.2 巧妙空间布局——构景意境

拥翠山庄面积仅有 700 余平方米，但利用虎丘山山坡起伏，山庄建筑采用中空边实的布局，由南向北分四层布置，每层布局不同，景色富于变化，形成苏州园林中独有的封闭式台地式园林。拥翠山庄每层台地虽然范围不大，但是它地处虎丘山麓之上云岩寺塔之下，既可以仰视古塔巍然屹立，也可俯视虎丘山簇绿丛翠。拥翠山庄能够以一隅之地创造丰富的景观内涵，正如著名造园家计成在《园冶》中提到的“园林巧于因借，精在体宜。”

拥翠山庄不拘泥于苏州园林中常见的自然式水池为布局中心，而是随着山势平坦之处筑室架屋，抱瓮轩、问泉亭、月驾轩、灵澜精舍、送青簃依次布置，陡峭之处其间缀以湖石孤峰及栽植银杏、柏树、青竹、桂花、紫薇、石榴、黄杨等花木、有“风来摇扬、戛响空寂，日色正午，人景皆绿”之妙境，利用盘曲挫折的蹬道，峰回路转，曲径通幽，欲露先藏，以求含蓄深远的意境。

灵澜精舍为山庄的主厅，灵澜即美泉之意，仍意为赞美憨憨泉。灵澜精舍踞北面南，东侧是一平台凸出园墙外，围以青石低栏，形制古朴。既可纵观虎丘山麓，又可仰望虎丘古塔，近可俯瞰园内的浓浓丛翠、盘盘石径，深得山林之趣。

3.3 引用诗歌典故——深化意境

3.3.1 引用“抱瓮灌园”典故

入拥翠山庄门，为园子第一层，地势最低。其间建有抱瓮轩。轩东花窗粉墙环绕，墙外即古憨憨泉，轩后有边门可通井台。憨憨泉为一口古井，为梁代高僧憨憨尊者所凿，相传此井泉脉恰好在海眼上，所以又叫海涌泉。井泉犹如一个盛水的瓮，故以抱瓮名轩。“抱瓮”取自《庄子 · 天地》抱瓮灌园典故里“凿隧而入井，抱瓮而出灌”[3]。据说是孔子的弟子子贡看到一位老人抱着瓮去浇水，便建议用省力的方法去浇灌。老人却说：“吾非不知，羞而不为也。”后世文人就将“抱瓮灌园”隐喻为人处世不能有投机取巧的做人理念，也给游园者一种恬淡闲适的心境和感触。

3.3.2 应用楹联匾额

灵澜精舍檐柱有一写景抒情楹联，上联为“水绕一湾，幽居是适”；下联为“花围四壁，小住为佳。”上联介绍灵澜精舍所在虎丘山被环山河环绕，周围幽静适合居住；下联为灵澜精舍四周种植花木，在此小住是很对的选择，巧妙表达对精舍的喜爱之情。

抱柱联上联为“问峰底事回头，想顽石能灵，不独甘泉通法力”；下联为“为虎阜别开生面，看远山如画，翻凭劫火洗尘器”[4]。上联就说出虎丘的三个传说，分别为虎丘狮子山的故事、顽石点头的典故和憨憨泉泉水治疗眼疾的故事；下联形容出虎丘的美景和丰富的历史人文。联语忆古观今，情思远逸，蕴含神话、历史、人文等内容，文化底蕴深厚。

3.3.3 融合人的五感

拥翠山庄最高层的“送青簃”与“灵澜精舍”、两侧山廊围合成一个四合院式的空间，“簃”是指楼、阁旁边的小屋，多用在书斋的名称之中。而“送青”生动地描写出此处郁郁葱葱，满眼绿色的美景。“送青簃”堂上有对联：松声竹韵清琴榻；云气岚光润笔床。利用听觉感受到风吹过松树响起的声音，穿过竹林荡起的余韵，以及清琴榻的清雅舒适，把对拥翠山庄意境提升到更高的层次。

4 结语

苏州拥翠山庄名气虽然无法与拙政园、沧浪亭、网

师园等名园相比较，但是不乏精巧别致。山庄虽小，明确无水胜有水的园林主题，充分利用地势，巧妙将建筑由低至高布置，以假山装饰真山，使园景与虎丘山融为一体，通过远借云岩寺塔、植物巧妙配置，加以典故、诗歌的引用，对“拥翠”两字也起到点题的效果，加深自身意境的营造。

园林意境的营造是中国古典园林艺术的精华之一。通过关于中国古典园林意境营造技法的分析研究，不仅可以对园林意境技法使用方法进行总结梳理，还能有助于在现代园林景观中设计出拥有中国特色的意境园林景观作品，为以具有古典意境的现代园林为载体传播中国传统文化做出贡献。

参考文献

[1] 陈从周 . 陈从周讲园林 [M]. 长沙：湖南大学出版社，2009.
[2] 彭一刚 . 中国古典园林分析 [M]. 北京：中国建筑工业出版社，1986.
[3] 黄弥儿 . 苏州虎丘拥翠山庄意境分析 [J]. 绿色科技，2012（08）：135-137.
[4] 曹林娣 . 苏州园林匾额楹联鉴赏 [M]. 北京：华夏出版社，2009.

作者简介

刘冰 /1984 年生 / 女 / 北京人 / 硕士 / 研究方向为园林历史、文化 / 中国园林博物馆筹备办公室园林艺术研究部（北京 100072）

从“样式雷”图档看香山静宜园梯云山馆建筑的变迁

On the architectural changes of Tiyun Mountain Pavilion in Xiangshan Jingyi garden from the Yangshi Lei Archives

孙齐炜　牛宏雷

Sun Qiwei　Niu Honglei

摘　要：静宜园梯云山馆前身是清乾隆时期静宜园中的洁素履，嘉庆年间改建，曾作为清帝皇室赏景、膳食之处，民国后对建筑进行改造成为私人别墅。结合现存的 3 张静宜园梯云山馆的样式雷地盘图以及 3 张静宜园全图内容，可以看出梯云山馆在静宜园百年辉煌时期的建筑及功能变迁。文章结合历史档案，对 6 张图中的梯云山馆进行研究，既有对历史变迁的探讨，也涉及组群布局、使用功能及对现状的利用分析。

关键词：皇家园林；香山静宜园；梯云山馆；样式雷图档

Abstract: Tiyun Mountain Pavilion in Jingyi garden was formerly the Sujielv in Jingyi garden during the Qianlong period of the Qing Dynasty. It was rebuilt during the Jiaqing period. It was once used as a place for the Qing emperors' royal family to enjoy scenery and meals. After the Republic of China, the building was transformed into a private villa. Combined with the existing three Yangshi Lei site maps of Tiyun Mountain Pavilion in Jingyi garden and the content of the three full maps of Jingyi garden, we can see the architectural and functional changes of Tiyun Mountain Pavilion in the century glorious period of Jingyi garden. Combined with the historical archives, this paper studies the Tiyun Mountain Pavilion in the six pictures, which not only discusses the historical changes, but also involves the group layout, use function and utilization analysis of the current situation.

Key words: Royal garden; Xiangshan Jingyi garden; Tiyun Mountain Pavilion; Yangshi Lei Archives

1　梯云山馆建筑群概述

1.1　梯云山馆的历史沿革

静宜园的园林布局有别于其他园林，景观以山为主，景点分散于山野丘壑之间，包括内垣、外垣、别垣三部分，占地约 153 公顷，是一座以自然景观为主、具有浓郁的山林野趣的大型园林。

静宜园梯云山馆位于香山半山腰深处的茂林中，地处西山晴雪碑东部坡下，坐西朝东，视野开阔。建筑原址的前身为乾隆年间的洁素履，其原为以游览为主的园林建筑，后于嘉庆十三年（1808 年），洁素履被拆改为梯云山馆。此后在光绪年间多次有改扩建的计划，计划增设景值房及寿膳房等，但均未实施。咸丰十年 (1860 年) 和光绪二十六年 (1900 年) 静宜园先后遭到英法联军和八国联军的劫掠，梯云山馆虽免于战火的焚毁，但几近荒废，无人打理。民国时期（1931 年），张謇在原址上改建为私人别墅。香山公园建园后，一直对其进行保护和维修。

1.2 梯云山馆的前身洁素履(1751—1808 年)

据《日下旧闻考》记载，“香雾窟……其北岩间有西山晴雪石幢，又北为洁素履”，说明梯云山馆建立前还有一座名为“洁素履”的建筑在此建设，而通过清乾隆年间沈焕、嵩贵创作的《静宜园全貌图》（1780 年左右）（图 1、图 2）、样式雷图档《静宜园全图》（1801 年）（图 3）的绘制描述以及《清代皇家陈设秘档》乾隆五十五年（1790 年）中的相关记载：“洁素履殿一座计五间 中间靠西窗 向东设 床一张 前后门上挂殿外前檐向东挂御笔洁素履匾一面”来判断，在梯云山馆建立前，原址上还有一组建筑，名为“洁素履”，始建于乾隆年间，位于“西山晴雪”碑东部坡下，原为五间房，东西两间为重檐亭式，中间三间为单檐卷棚顶，与梯云山馆的建筑形制相差较大，且造型独特，应为园林景观型建筑，其建筑形式与静宜园内的“绿云舫”（图 4）和承德避暑山庄的“云帆月舫”（图 5）等处相仿，同为乾隆皇帝喜爱的舫式建筑之一。

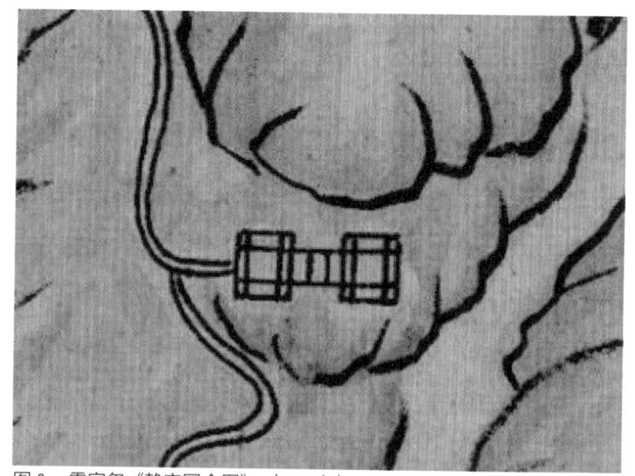

图 3　雷家玺《静宜园全图》（1801 年）

图 4　静宜园“绿云坊”

图 1　沈焕、嵩贵《静宜园全貌图》（1780 年左右）中“洁素履”的位置

图 2　沈焕、嵩贵《静宜园全貌图》（1780 年左右）

图 5　承德避暑山庄“云帆月舫”

1.3　**梯云山馆（现状位置见图 6）的建造**（1808—1913 年）

乾隆皇帝后，嘉庆帝才真正以皇帝身份入住静宜园，同时他也继续对静宜园进行了改建。根据《总管内务府现行则例·静宜园》记载，“嘉庆十三年（1808 年），改洁素履殿为梯云山馆”，将原有的洁素履殿改为歇山顶，主体五间，带抱厦三间梯云山馆建筑，改造原因不详，可能因为建筑本体出现问题，不得不拆除；也可能是原有的树木成长后阻挡了远眺的视线，改变了原有的登临眺望的建筑功能；或是与绿云舫造型相近及嘉庆皇帝的个人喜好原因。

根据《梯云山馆陈设清册》嘉庆二十四年（1819 年）中的记载，“梯云山馆殿一座五间北抱厦三间 正殿名间坎窗前向西设楠木包镶床三张 南北门口挂 明间坎窗前向东设楠木包镶床三张 北进间靠北墙向南设楠木包厢床五张 南次间向西设楠木包厢床三张 南进间迎门向南设楠木包厢床一张 抱厦明间向南设楠木包厢床三张 外檐门上挂 殿外向南挂 梯云山馆匾一面（嘉庆黑漆金字）”，嘉庆时期的此次改造，将原有的园林景观型的洁素履殿改为实用性更强的梯云山馆，扩大了殿宇面积，同时还增设了大量的“包厢床”等实用家具，使其成为可以暂时休憩的居所。同时，《静宜园地盘画样全图》（1825—1860 年）（图 7）及光绪时期样式雷图档中均绘有在梯云山馆西侧建有寿膳房、值房等附属建筑，但现状经勘查并未发现相关遗迹，有待进一步查证。

可以看出，嘉庆皇帝对梯云山馆的关注远高于其父乾隆皇帝，有意常来此小憩，这也为梯云山馆后期的改扩建计划打下了基础。

1860 年后，静宜园内大量的建筑被英法联军破坏，但因梯云山馆地处山林腹地之中，又无重宝藏于其内，免于此次浩劫，得以幸存。通过法国驻华参赞罗伯特·德·赛玛耶伯爵（Comte Robert de Samalle），（中文名为谢满禄，见图 8）于 1882 年前后对静宜园的摄影记载（图 9）可以清晰地看到梯云山馆保存完好，虽然有些破损，但主

图 6　梯云山馆现状位置

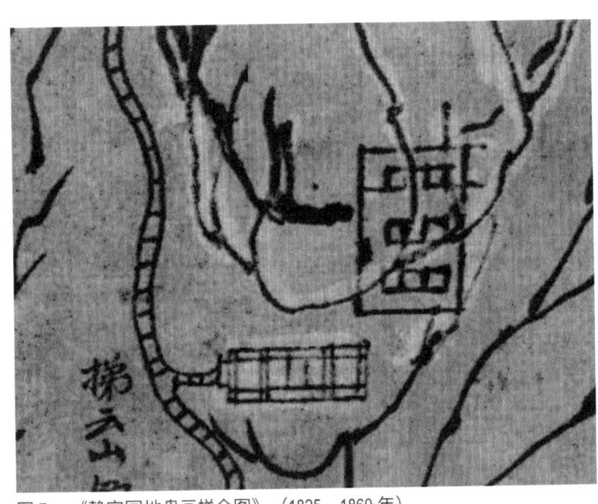

图 7　《静宜园地盘画样全图》（1825—1860 年）

图 8　谢满禄（1839—1946 年）

图 9 梯云山馆（谢满禄，1882 年，刘阳提供）

体和装修依旧完好。因此，清朝皇室依旧委以重任，据《光绪实录》记载：光绪二十二年八月壬午（1896 年），皇帝奉慈禧太后幸静宜园梯云山馆，侍晚膳。记载着因慈禧太后即将此赏景用膳，皇帝极为重视，并有了相应的改扩建计划，但未实施，随后逐渐荒废。

1.4 近代对梯云山馆的改造和使用（1913 年至今）

1900 年，静宜园再次遭到了列强的掠夺和焚毁，园内建筑十不存一，梯云山馆成为仅存的建筑之一，但已无人照看，几近荒废。1912 年，由贡王福晋善坤及马相伯、英敛之等人在静宜园内开办静宜女校，同年对梯云山馆进行了修葺。民国时期 (1913 年)，张謇在原址上改建为私人别墅，将原有南出抱厦改变为门廊，屋面改为硬山，增加砖混的墙体，重砌门窗，使其同时具有中西方建筑文化特色。后租住给中华民国北京政府监务署顾问丁恩君，后者经常在此招待各方来宾，使其曾经热闹一时。1956 年梯云山馆划归为现香山公园管理，如今梯云山馆内部主体的梁架和周边叠石保存比较完好，为静宜园内少数遗存建筑，现已规划为文物保护地带，受到了妥善保护。相关图片见图 10~ 图 13。

2 梯云山馆的样式雷图档研究

现存包含梯云山馆的样式雷图档共有 6 张，其中 3 张为静宜园全图或地盘图反映的现状图，另 3 张为光绪时期的梯云山馆添建方案图，对梯云山馆的历史研究具有重要的意义。

2.1 静宜园全图中的梯云山馆

目前所掌握的历史档案中，包含洁素履或梯云山馆建筑信息的静宜园全图或地盘图共有 3 张，分别为编号 111-0010 的《香山全图》[清嘉庆五年 （1800 年）]、编号 356-1923 的《静宜园地盘图全图》和编号 125-0001 的《静宜园地盘画样全图》的国家图书馆馆藏样式雷图档。

2.1.1 编号 111-0010 的《香山全图》

编号 111-0010 的《香山全图》[清嘉庆五年 （1800 年）]，该图为目前发现的最早的静宜园样式雷图，所用

图 10 《香山风景——梯云山馆》（1920 年）

图 11 1913—2021 年梯云山馆南门廊

图 12　1913—2021 年梯云山馆西侧

底图描绘的是乾隆四十五年（1780 年）昭庙建成到乾隆五十四年（1789 年）昭庙改建之间的静宜园[嘉庆十三年 1808 年洁素履改梯云山馆前的静宜园]，绘制范围东至外买卖街东牌楼，南、西至静宜园大墙，北至碧云寺，见图 14。根据《总管内务府现行则例 · 静宜园》中“嘉庆十三年（1808 年），改洁素履殿为梯云山馆”的记载，图中梯云山馆所在位置绘制的应为梯云山馆的前身洁素履殿，图中绘制的洁素履殿坐西朝东，共有五间房，殿东西两间为重檐亭，也是在已知样式雷图中最早出现的洁素履。

2.1.2　编号 356-1923 的《静宜园地盘图全图》

编号 356-1923 的《静宜园地盘图全图》与编号 111-0010 的《香山全图》表现的内容相似度较高，图档本身为糙样图稿，仅绘出静宜园大墙内建筑最集中区域，图内无一文字，大致描绘了嘉庆十三年（1808 年）洁素履

图 13　1913—2021 年梯云山馆外围叠石

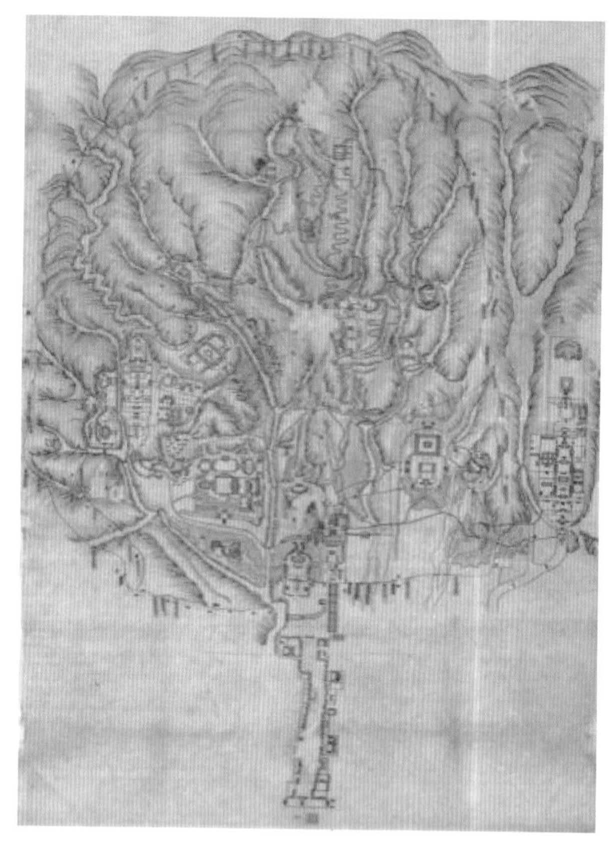

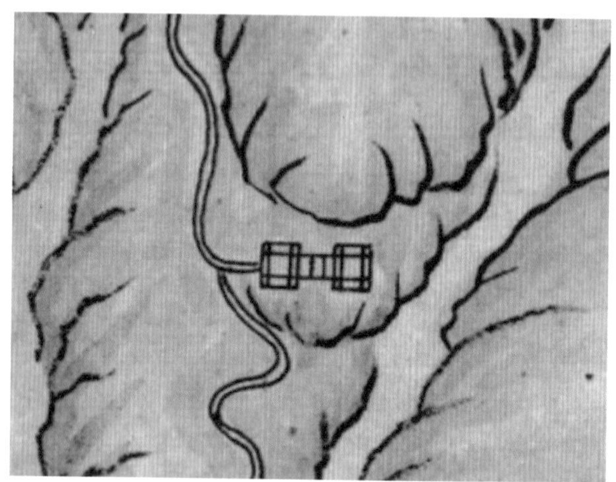

图 14　编号 111-0010 的《香山全图》[清嘉庆五年 (1800 年)] 中的洁素履

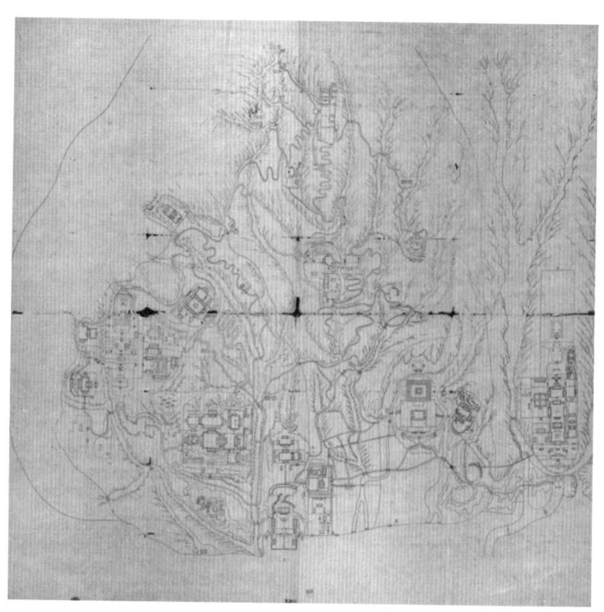

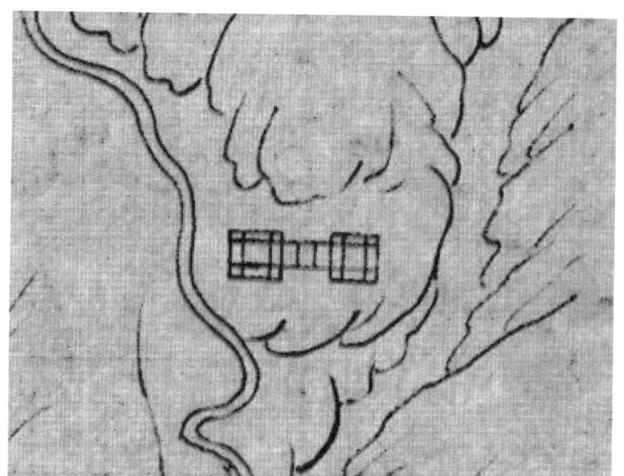

图 15　编号 356-1923 的《静宜园地盘图全图》[清光绪二十年 (1984 年) 前] 中的洁素履

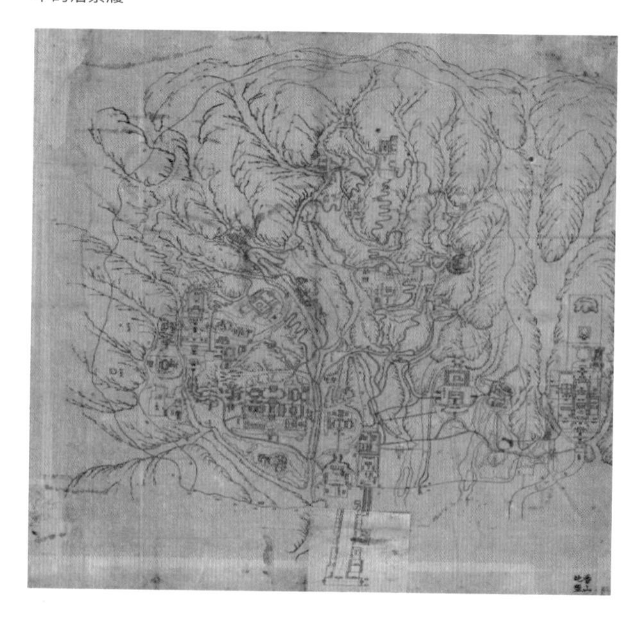

改梯云山馆前的静宜园（图 15），未绘外买卖街和内垣墙以西、以南部分。绘制手法与编号 111-0010 的《香山全图》相比形制相同，但较为粗糙，推测该图作者为样式雷家族第七代的雷廷昌，是光绪年间参考静宜园嘉庆时期的全图所绘为重修图档。

2.1.3　编号 125-0001 的《静宜园地盘画样全图》

编号 125-0001 的《静宜园地盘画样全图》（图 16），根据档案判断，该底图所反映的基本是静宜园嘉

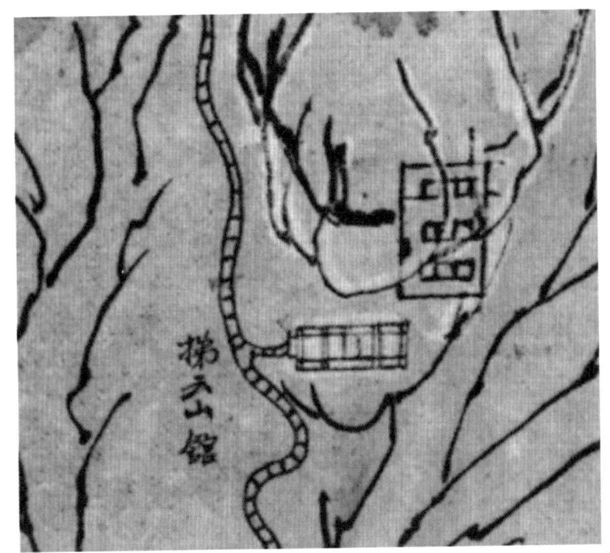

图 16　编号 125-0001 的《静宜园地盘画样全图》
[清道光五年 (1825 年) 到咸丰十年 (1860 年) 之间] 中的梯云山馆

庆十六年（1811 年）之后的面貌，图中反映的嘉庆时期的几项拆改均已经发生。该图绘画线条较为粗糙，山道墨线较粗，山石用“皴”笔画法绘制，尤其是有明显的用白粉涂盖建筑和山体的痕迹。图中的字分为两类，一类是直接书写在图上，这类字较多，字迹潦草，有涂改，且很多组群之中的单体建筑也被标出。图上帖黄签，笔迹与草书者十分相似，但与编号 110-010 的《香山全图》笔迹明显不同，猜测其为嘉庆十六年（1811 年）以后的一张草图。通过与几代样式雷所绘其他图样及笔迹的对比，绘制时间约为道光五年（1825 年）到咸丰十年（1860 年）之间所绘。其中该样式雷图中的洁素履殿已经改为了梯云山馆，并有文字标记，建筑结构与洁素履有很大的不同，取消了东西的重檐亭，建筑改为五间带抱厦三间的梯云山馆，该图也是已知最早的梯云山馆建筑地形图，同时在地形图中绘有在梯云山馆西侧建有三排九间的寿膳房、值房等附属建筑，为后续光绪帝添建梯云山馆房舍提供了参照依据。

2.2　梯云山馆的扩建计划

除国家图书馆藏有 3 张静宜园的样式雷地盘图中的梯云山馆外，还有 3 张光绪年间梯云山馆点景值房及寿膳房添修工程的相关图档，分别是编号 343-0689 的《静宜园梯云山馆地盘样》、编号 343-0648 的《谨拟静宜园内梯云山馆添修点景值房寿膳房图样》和编号 332-0060 的《谨拟香山梯云山馆添修点景值房寿膳房图样》。根据对比研究，这 3 张样式雷图档绘制较为细腻，配色均匀，手法统一，应为出自统一时期同一人所作。绘制内容均为在梯云山馆周围多处添修寿膳房、值房、点景房等辅助用房的设计地盘图，现梯云山馆西侧林地中留有一处疑似地基的空地，证实了其中一张图中添修的寿膳房得到了实施，根据图上的说明文字，3 张图均应为光绪二十二年（1896 年）八月前进行的绘制，作者应为雷廷昌。

2.2.1　编号 343-0689 的《静宜园梯云山馆地盘样》

编号 343-0689 的《静宜园梯云山馆地盘样》保存基本完整，绘图精细，有部分裁接痕迹和修补覆盖。绘制年代约为光绪二十二年（1896 年）八月前，主要为光绪年间梯云山馆点景值房及寿膳房添修工程绘制。其作为静宜园内梯云山馆地盘样，贴有黄签，墨线绘图，详细标记有“西山晴雪”“山石”“大山”“松树”“山坡”“土山”“南”“山水沟”“角门”“寿膳房”“山水沟”“山道”“宇墙”“抱厦”“梯云山馆”等方位、环境、基础设施、植物及建筑名称等信息。

根据研究对比，其表现的梯云山馆为主体五间，带抱厦三间的建筑，应为梯云山馆现存建筑地盘图，在梯云山馆西北有三座寿膳房，这与编号 125-001 的雷景修绘的《香山地盘画样全图》吻合。馆西有一块空地基，与

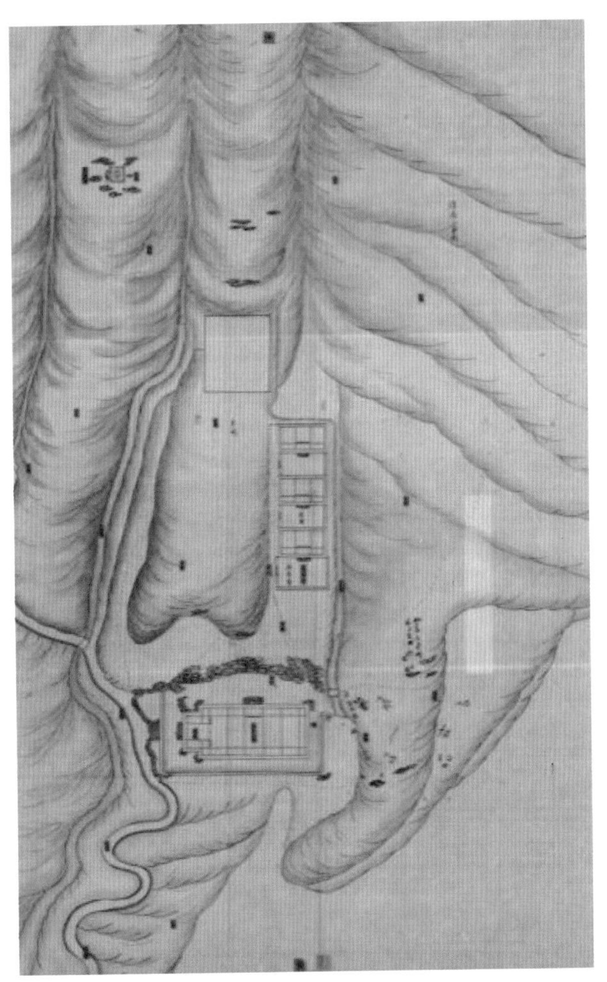

图 17　编号 343-0689 的《静宜园梯云山馆地盘样》

现状图吻合。因此，后续的样式雷图档均应为在其基础上添加的设计方案。

2.2.2 编号 343-0648 的《谨拟静宜园内梯云山馆添修点景值房寿膳房图样》

编号 343-0648 的《谨拟静宜园内梯云山馆添修点景值房寿膳房图样》（图 18）保存基本完整，绘图精细，有部分裁接痕迹和修补覆盖。绘制年代约为光绪二十二年（1896 年）八月前，主要为光绪年间梯云山馆点景值房及寿膳房添修工程绘制。图中贴黄签、红签用以标注名称及尺寸做法。

根据研究对比，本体是在编号 343-0648 的《静宜园梯云山馆地盘样》的基础上增加了红签和红线的设计图，主要标记有"点景房""转角房""石桥""歇山""值房""遊廊""泊岸""門罩""寿膳房""扒山墙""方窗""点景值房""挑山""屏门""什锦窗""山道""曲折山道""月台""揭瓦"等新添加建筑、基础设施、景观名称以及相应的建筑尺寸和工程做法说明。

此方案主要增加三处点景值房院落和一处寿膳房院落，将原有寿膳房改为居所，可满足不同人的居住需求，应为可长期居住的配套建筑，该方案应为呈上批阅的方案之一。

2.2.3 编号 332-0060 的《谨拟香山梯云山馆添修点景值房寿膳房图样》

编号 332-0060 的《谨拟香山梯云山馆添修点景值房寿膳房图样》（图 19）保存基本完整，绘图精细，有部分裁接痕迹和修补覆盖。绘制年代约为光绪二十二年（1896 年）八月前，主要为光绪年间为梯云山馆周边秀添修点景值房及寿膳房工程绘制。图中贴黄签、红签用以标注名称及以贴页分割成独立院落方案。

根据研究对比，该样式雷图档是在编号 343-0689 的《静宜园梯云山馆地盘样》的基础上增加了红签、红线和贴页的设计图，其中编号 332-0060- 形式 1 图中有四处贴页，分别贴于四座点景值房部分。主要为增加四处景观值房院落、点缀大量山水造景，彰显江南特色。而编号 332-0060- 形式 2 图中有四处贴页，分别将编号 332-0060- 形式 1 图中的四座点景值房隐去，绘制带有泊岸、字墙的景观值房，自成一景。两个方案各有千秋，应为呈上批阅的方案之一。

2.3 梯云山馆样式雷图档综合分析

1860—1900 年，这四十年是中国皇家造园史上最后一个高峰，可惜极为短暂的二次重修的历史缺少相关文物可以验证。结合历史档案，对国家图书馆藏的 3 张静宜园梯云山馆样式雷图以及 3 张静宜园全图进行研究，

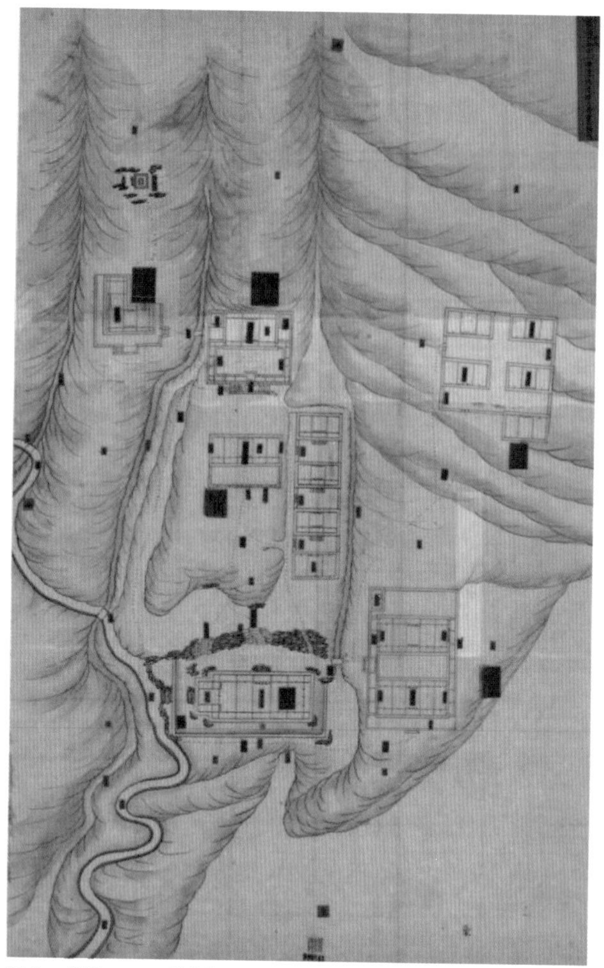

图18 编号 343-0648 的《谨拟静宜园内梯云山馆添修点景值房寿膳房图样》

通过样式雷档案的分析与留存影像的对应分析，可以看出梯云山馆不同历史时期的改变。通过样式雷图档的对比，能够明确清乾隆时期的洁素履是如何演变成为嘉庆时期的梯云山馆，以及光绪时期未完成的添建计划。同时，也能够通过这种演变，推断出相应图档的历史信息，如嘉庆十三年（1808 年）梯云山馆的建立，就能推断出编号 111-0010 的《香山全图》和编号 125-0001 的《静宜园地盘画样全图》的前后顺序，同时也对样式雷图反映出的其他建筑提供了一定的断代信息。

根据现场勘查，除编号 343-0689 所绘寿膳房外，其他点景房和膳房方案都未实施。但增扩建方案达到 3 个，并且风格不同，用途不同，从中能看出光绪时期慈禧及光绪皇帝对梯云山馆的重视。但通过梯云山馆建筑本身建筑形式进行推断，其规模不大、功能单一，且离行宫及其他建筑均较远，自建立以来多为休憩、赏景之用，历任帝王留驻的时间也不会过久。但此次添加计划的缘由，根据内务府档案记载，乾嘉时期的静宜园因距离较远，皇帝巡幸香山时的食物等生活资料均由紫禁城或圆明园随行供给，园林内的后勤服务空间较少，梯云山馆也仅

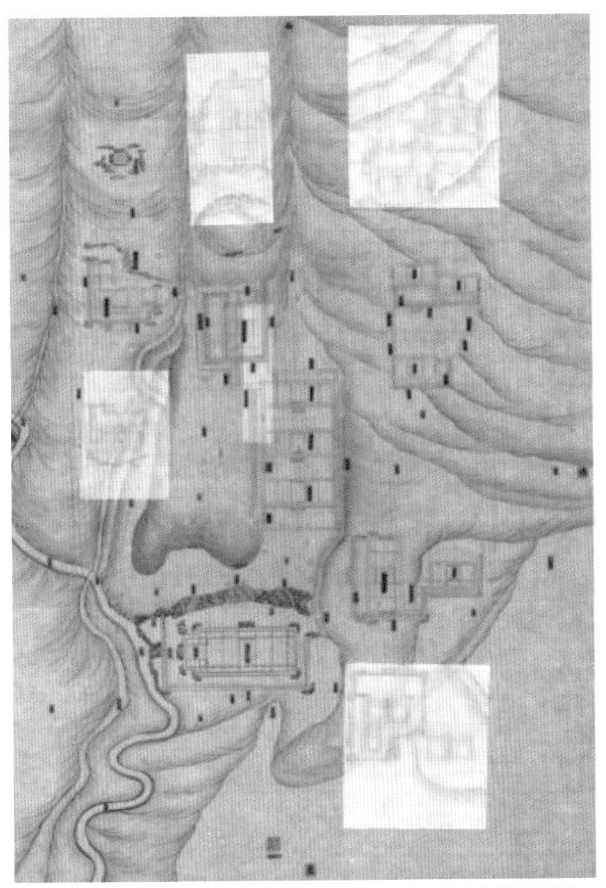

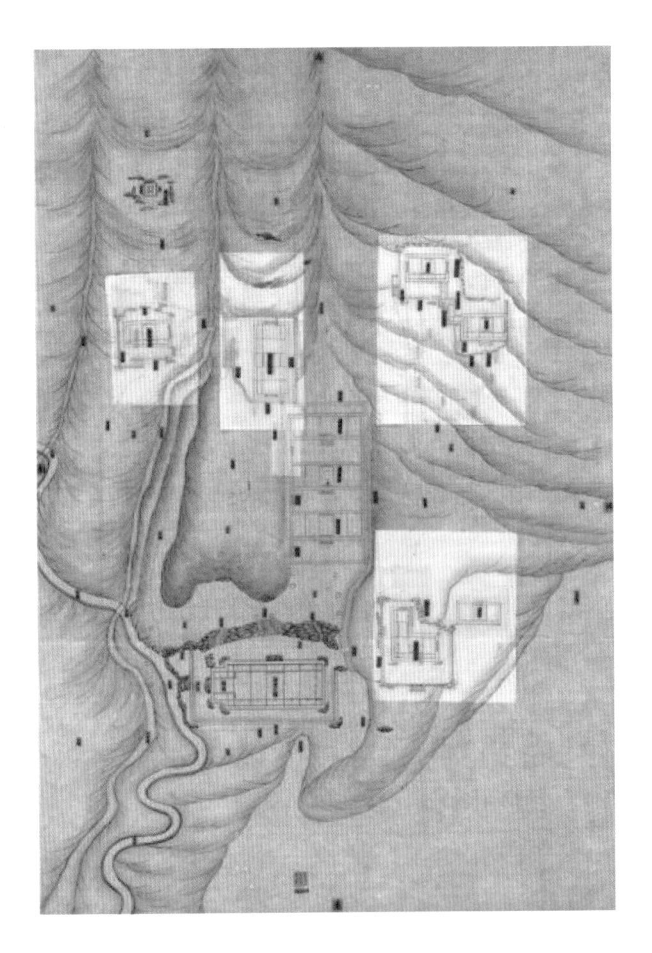

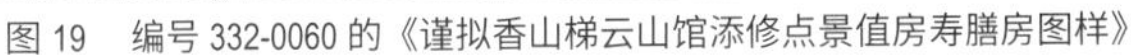

图 19　编号 332-0060 的《谨拟香山梯云山馆添修点景值房寿膳房图样》

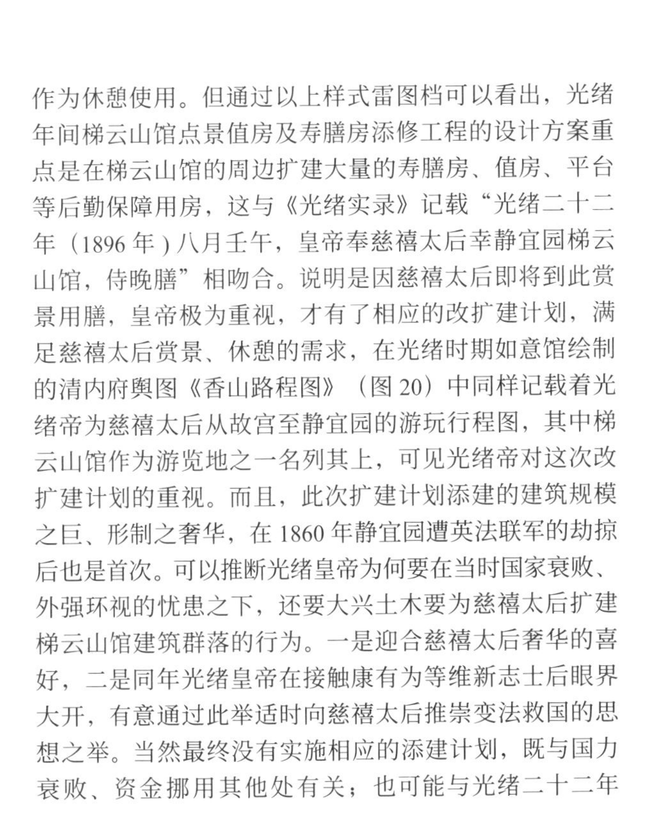

作为休憩使用。但通过以上样式雷图档可以看出，光绪年间梯云山馆点景值房及寿膳房添修工程的设计方案重点是在梯云山馆的周边扩建大量的寿膳房、值房、平台等后勤保障用房，这与《光绪实录》记载“光绪二十二年（1896 年）八月壬午，皇帝奉慈禧太后幸静宜园梯云山馆，侍晚膳”相吻合。说明是因慈禧太后即将到此赏景用膳，皇帝极为重视，才有了相应的改扩建计划，满足慈禧太后赏景、休憩的需求，在光绪时期如意馆绘制的清内府舆图《香山路程图》（图 20）中同样记载着光绪帝为慈禧太后从故宫至静宜园的游玩行程图，其中梯云山馆作为游览地之一名列其上，可见光绪帝对这次改扩建计划的重视。而且，此次扩建计划添建的建筑规模之巨、形制之奢华，在 1860 年静宜园遭英法联军的劫掠后也是首次。可以推断光绪皇帝为何要在当时国家衰败、外强环视的忧患之下，还要大兴土木要为慈禧太后扩建梯云山馆建筑群落的行为。一是迎合慈禧太后奢华的喜好，二是同年光绪皇帝在接触康有为等维新志士后眼界大开，有意通过此举适时向慈禧太后推崇变法救国的思想之举。当然最终没有实施相应的添建计划，既与国力衰败、资金挪用其他处有关；也可能与光绪二十二年（1896 年）后时事的动荡及维新变法触怒慈禧太后有一定的联系。

3　小结

3.1　梯云山馆变迁分析

通过此次对比性研究，解析出位于静宜园外垣的梯云山馆地处西山晴雪碑东部坡下，原为五间的洁素履殿，殿东西两间为重檐亭，中间三间为单檐卷棚顶，造型独特。洁素履是清代舫式建筑的代表，与同在静宜园的绿云舫、避暑山庄中的云帆月舫、知鱼矶等建筑造型逻辑有相似之处，但也许因为和绿云舫造型相近等原因，嘉庆十三年（1808 年），最终被改为了五间带抱厦的歇山敞厅，取名梯云山馆。综合梯云山馆的变迁历史，从洁素履到梯云山馆，这座建筑经历了两次改建，光绪二十二年（1896 年）八月光绪帝为迎合慈禧太后来此晚膳出现了三版方案，曾计划添建寿膳房、点景值房等以后勤保障为主的建筑，后未实施。民国时被改为私人别墅，改硬山顶，其南出抱厦不存，改为门廊至今。

由此可见，国家图书馆藏静宜园梯云山馆的相关图档，虽绘制时间、目的和绘图人不同，但比对历史档案，它们所绘内容十分真实可靠，是研究静宜园最珍贵的资料。

3.2 梯云山馆研究的其他发现与价值体现

通过此次研究，发现在编号 343-0689 的《静宜园梯云山馆地盘样》中所绘的梯云山馆周边环境道路清晰，与现状基本相符。图档中共标记树木 7 棵，均为松树，经实地查看，确认现存古树 6 棵，其中一级古树 2 棵，二级古树 4 棵。样式雷图纸中的树木，对部分二级古树的重新断代也有推动作用，这对香山古树研究具有历史意义。

梯云山馆作为静宜园内仅存的清代建筑之一，从乾嘉时期的观景之所，再到光绪时期的后勤服务型园林景观，它正通过样式雷图档这种特殊的图形记录形式，将自身百年的建筑史与静宜园的兴衰荣辱紧密相连，它既是静宜园样式雷图档判断的依据之一，也是静宜园历史最好的见证者。只有加深对梯云山馆的保护和修缮利用，才能更好地保护和挖掘它的文化、历史价值，这才是对静宜园历史文化最大的保护。

图 20　光绪时期《香山路程图》及其中的梯云山馆
（清内府舆图 如意馆 1891—1895 年）

参考文献

[1]　杨菁 . 静宜园、静明园及相关样式雷图档综合研究 [D]. 天津：天津大学 ,2011.
[2]　杨菁，王其亨 . 解读光绪重修静明园工程：基于样式雷图档和历史照片的研究 [J]. 中国园林，2012（11）：117-120.
[3]　李江，杨菁 . 样式雷图纸上的修建计划：解读晚清香山静宜园重修方案 [J]. 景观设计 ,2020(2):30-37.
[4]　国家图书馆 . 国家图书馆藏样式雷图档·香山玉泉山卷 [M]. 北京：国家图书馆出版社，2019.
[5]　香山公园管理处 . 清・乾隆皇帝咏香山静宜园御制诗 [M]. 北京：中国工人出版社 , 2008.

作者简介

孙齐炜 /1968 年生 / 女 / 北京人 / 学士 / 北京市香山公园管理处
牛宏雷 /1984 年生 / 男 / 北京人 / 学士 / 北京市香山公园管理处

从“样式雷”图档看香山静宜园中宫建筑的变迁

The changes of Middle Palace in the Yangshi Lei Archives

梁 洁 孙亚玮

Liang Jie Sun Yawei

摘 要： 静宜园中宫前身是康熙的香山行宫，坐落在静宜园内最大的一片平岗上，是清帝驻跸的寝宫所在。目前在国家图书馆藏有六张静宜园中宫（学古堂）的样式雷图，反映的中宫建筑形制不尽相同。再加上三张静宜园全图上的区别，中宫组群成为鉴别静宜园历史变迁的关键组群。文章结合历史档案，对九张图中的中宫组群进行研究，既有历史变迁的探讨，也涉及组群布局、建筑形式、院落空间的分析。

关键词： 皇家园林；香山静宜园；中宫；样式雷图档

Abstract: The Middle Palace of Jingyi Garden, formerly known as a temporary imperial palace of Kangxi in Fragrant Hill, is located on the largest flat hill in Jingyi Garden, where the emperors stayed. At present, there are six Yangshi Lei Archives of the Middle Palace (Xuegutang) in Jingyi Garden in the National Library, which reflect the different architectural forms of the Middle Palace. In addition to the differences in the three complete maps of Jingyi Garden, the Middle Palace group is the key point to identify the historical changes of Jingyi Garden. Combined with the historical archives, this paper studies the middle palace group in nine pictures. It not only discusses the historical changes, but also involves the analysis of the group layout, architectural form and courtyard space.

Key words: royal garden; Jingyi Garden in Fragrant Hill; Middle Palace; Yangshi Lei Archives

1 中宫建筑群概述

1.1 中宫的历史沿革

静宜园中宫位于香山半山腰一处方形平岗上，自康熙十六年（1677 年）修建香山行宫起，便作为清帝游览西郊的休息之所。乾隆十年（1745 年），仅用九个月便在原香山行宫的基础上扩建为一座九组院落的大规模寝宫建筑，就此奠定了中宫建筑群的基本格局。此后在嘉庆十六年（1811 年）有过一次改建，将西路的旷真阁改成单层的延旭轩。

1860 年英法联军侵华，将西山众苑劫掠一空。光绪二十年（1894 年）曾对中宫进行重建方案设计，但种种记录表明重建方案未能得到实施。民国时期，熊希龄在香山创办慈幼院，在中宫基址上新建了慈幼院女校。20

世纪 80 年代，在原中宫基址上修建了香山饭店，原有遗迹不复存在。

1.2 中宫建筑群位置

中宫建筑群位于勤政殿和丽瞩楼序列的南面，四周被虎皮石墙环绕，北墙外有河沟，南北东三面为直墙，西面为弧形墙。四面各有宫门一座，南北东皆为三间，西宫门为一间。院落可分为中、西、东三路，其中中路包括了学古堂和虚朗斋两处重要建筑。

乾隆十一年（1746 年），中宫内的重要建筑同时也是香山二十八景[1]（图 1）之一的虚朗斋建成，在乾隆所作《虚朗斋》诗序中概括了中宫的整体景象："由丽瞩楼而南，度石桥，为北宫门。沿涧东行，折而南，为东宫门。中为广宇回轩，曲廊洞房，密者宜燠，敞者宜凉，宋棁不雕，楹槛不饰。砻石周庑之壁，书兹山旧作，与摹古帖参半。南为曲水，藤花垂蔓覆其上。向南一斋曰虚朗。"[2]

2 中宫样式雷图概述

目前国家图书馆所藏样式雷图档中，有三张反映静宜园全貌的图样，成图年代各不相同；另有六张反映中宫建筑群的图样，其中两张成图年代在嘉庆十七年（1812 年）后，四张成图年代在光绪二十年（1894 年）。

2.1 静宜园全图中的中宫

国家图书馆藏静宜园中宫样式雷图，见表 1。国 111-0010 香山全图，是一张反映嘉庆十三年（1808 年）洁素履改为梯云山馆前的静宜园的图样，绘制范围东至外买卖街东牌楼，南、西至静宜园大墙，北至碧云寺。图中除了贴签标出建筑组群、南北方向外，还标出了各段围墙尺寸，且出现了多处类似"长三丈一尺赔修"的标签，

图 1 《张若澄绘静宜园二十八景图卷》局部

表 1 国家图书馆藏静宜园中宫样式雷图

图纸编号	图纸名称	时间	责任人
111-0010	香山全图	嘉庆五年（1800 年）之前	雷家玺
125-0001	静宜园地盘画样全图	道光五年（1825 年）到咸丰十年（1860 年）	雷景修
356-1923	静宜园地盘图样全图	光绪二十年（1894 年）	雷廷昌
111-0038	香山静宜园内中宫学古堂地盘样	嘉庆十七年（1812 年）之后	雷景修
125-0002	香山静宜园内中宫学古堂地盘样	嘉庆十七年（1812 年）之后	雷景修
339-0236	谨拟改修静宜园内中宫各殿座游廊等图样	光绪二十年（1894 年）	雷廷昌
339-0265	静宜园中宫各殿座游廊地盘样	光绪二十年（1894 年）	雷廷昌
343-0646	静宜园内中宫各殿座游廊等图样	光绪二十年（1894 年）	雷廷昌
350-1390	静宜园中宫全部地盘样	光绪二十年（1894 年）	雷廷昌

1 勤政殿、丽瞩楼、绿云舫、虚朗斋、璎珞岩、翠微亭、青未了、驯鹿坡、蟾蜍峰、栖云楼、知乐濠、香山寺、听法松、来青轩、唳霜皋、香嵓室、霞标磴、玉乳泉、绚秋林、雨香馆、晞阳阿、芙蓉坪、香雾窟、栖月崖、重翠崦、玉华岫、森玉笏、隔云钟。

2 《清·乾隆皇帝咏香山静宜园御制诗》，香山公园管理处编。

可判定其与大墙修缮有关，推测为嘉庆五年（1800 年）修缮静宜园大墙时所绘，绘制人可能为雷家玺。中宫区域绘制完整，无文字标注。

国 125-0001 静宜园地盘画样全图，反映了嘉庆十七年（1812 年）几项拆改完成后的静宜园面貌，绘制范围东至外买卖街中段，南、西至静宜园大墙，北至碧云寺，图中除了贴签标出建筑组群外，还有直接书写在图上的部分单体建筑名字。通过与几代样式雷所绘其他图样及笔迹的对比，该图绘制时间在道光五年（1825 年）到咸丰十年（1860 年）之间，绘制人为雷景修。中宫区域绘制完整，有黄签两张标注“学古堂”“中宫北宫门”，另有墨笔直接写于图上标注各主要建筑名称。

国 356-1923 静宜园地盘图样全图，反映了嘉庆十三年（1808 年）洁素履改为梯云山馆前的静宜园的图样，仅绘出静宜园大墙内建筑最集中区域，未绘外买卖街和内垣墙以西、以南部分。推测该图是光绪年间为重修，参考静宜园嘉庆时期的全图所绘，绘制人为雷廷昌。图中对中宫区域的绘制与前面两张图基本一致。图 2 为静宜园全图中宫区域对比。

2.3 光绪朝重建中宫方案图样

国 339-0265、国 339-0236、国 343-0646 和国 350-1390 是四张反映光绪朝中宫重建方案的地盘图，对照《重修颐和园工程清单》可知，该方案时间应在光绪二十年（1894 年）前，责任人为雷廷昌。

国 339-0265 静宜园中宫各殿座游廊地盘样，是一张方案设计底图，以贴页的方式在底图基础上进行修改。贴页用红笔绘制，图上贴黄签标注了各单体建筑名称以及游廊、踏跺、月台。底图基本是嘉庆十七年（1812 年）后的面貌。

国 339-0236《谨拟改修静宜园内中宫各殿座游廊等图样》，是一份完整的方案设计呈样，与国 339-0265 图面表现基本一致，红笔绘制了建筑增改的部分，图上贴黄签记录原有建筑的名称和详细尺寸，贴红签记录增改建筑的名称和做法，绘制工整。

国 343-0646《静宜园内中宫各殿座游廊等图样》与国 350-1390《静宜园中宫全部地盘样》图面表现基本一致，反映了同一版重建方案的设计。国 343-0646 图上贴有

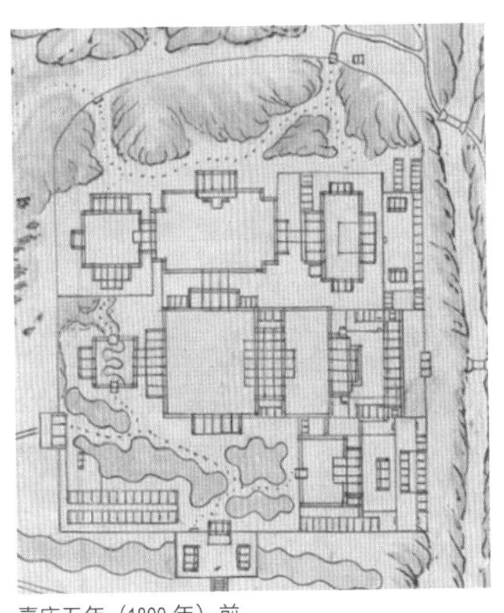

嘉庆五年（1800 年）前

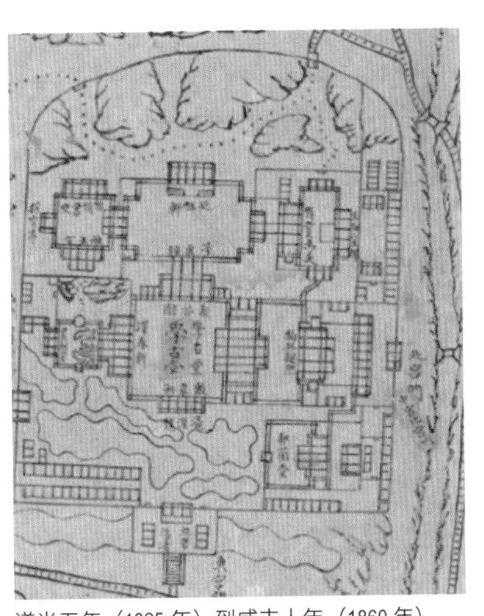

道光五年（1825 年）到咸丰十年（1860 年）

光绪二十年（1894 年）

图 2　静宜园全图中宫区域对比

2.2 早期中宫图样

国 111-0038《香山静宜园内中宫学古堂地盘样》与国 125-0002《香山静宜园内中宫学古堂地盘样》图面表现基本一致，均反映了嘉庆十七年（1812 年）旷真阁改为延旭轩后的中宫面貌，绘制人是雷景修。国 125-0002 图上贴黄签标注了十余处建筑名称，而国 111-0038 图上除标注各单体建筑名称外，还详细标注了各种尺寸，对数处山石踏跺、流觞曲水的描绘也较为详尽。

黄签、红签详细标记了各主要建筑名称和做法，国 350-1390 图中无贴签，墨笔除标注各建筑名称外，还详细标注了各处尺寸。

3 中宫样式雷图辨析

结合样式雷图与相关档案记载，可判断嘉庆十六年（1811 年）曾对中宫部分区域进行了改修或加建，但整

1　详见《内务府活计档·乾隆十年·七月木作》。

体格局没有大的变动。光绪二十年（1894 年），重修方案在嘉庆朝格局的基础上增加了部分院落。

3.1 嘉庆时期变化

中宫西路的第二进院落在国 111-0010 和国 356-1923 中主体建筑为五间二层的旷真阁，北为三间二层的伫芳楼，南为三间二层，南出抱厦一间的挹翠楼，而在国 125-0001 中则标明为延旭轩。根据对相关档案的梳理，可知嘉庆十六年（1811 年），中宫建筑群发生了变化，乾隆年间的旷真阁改为了单层的延旭轩，旷真阁南北各二层的配楼均改为单层。

此外，由国 125-0001 中还看到，嘉庆十六年（1811 年）的改建在画禅室南添加了三间转角房，并分割出一进新的院落。其他区域基本维持乾隆时期原貌，图 3 为嘉庆朝中改建部分。

3.2 光绪重建方案变化

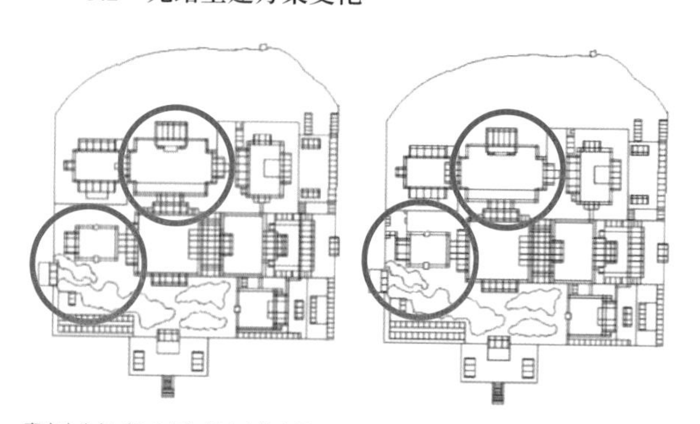

嘉庆十六年（1811 年）前中宫地盘图　　嘉庆十六年（1811 年）后中宫地盘图

图 3　嘉庆朝中宫改建部分（据国 110-0010、国 125-0001 绘）

国 339-0265 是一张方案设计底图，增改的部分主要在东路和中路，在郁兰堂南增加了两座配殿，又在东路南端增加了一进完整的院落和垂花门，和郁兰堂院落的垂花门相对；在学古堂北侧增加了两座配殿。国 339-0236 在国 339-0265 的基础上，又改建了郁兰堂北进的院落，改为一排南房和一排北房相对的形式；将元和宣畅南的戏台改为抱厦，更改了配殿的平面形制，在元和宣畅北进院落增建了七间南房。

国 343-0646《静宜园内中宫各殿座游廊等图样》与国 350-1390《静宜园中宫全部地盘样》图面表现基本一致，反映了同一版重建方案的设计，在上一版重建方案的基础上，又增加了画禅室南的南房、北宫门东西的值房，将采香亭旁的两座值房改为三间。元和宣畅北进院落改为东西厢房和正房结合的院落形式，郁兰堂北进院落改为东西厢房和正房及两旁顺山房结合的院落形式。

《重修颐和园工程清单》记载，光绪二十年（1894 年）六月初一到七月二十，中宫等处出运渣土；光绪二十年（1894 年）七月廿一到廿五，中宫等处渣土清理完竣。之后就没有中宫重建的记载了，《清实录》中也未见帝后临幸中宫一带的记录，初步判断中宫重建方案没有实施，图 4 为光绪朝中宫改建方案。

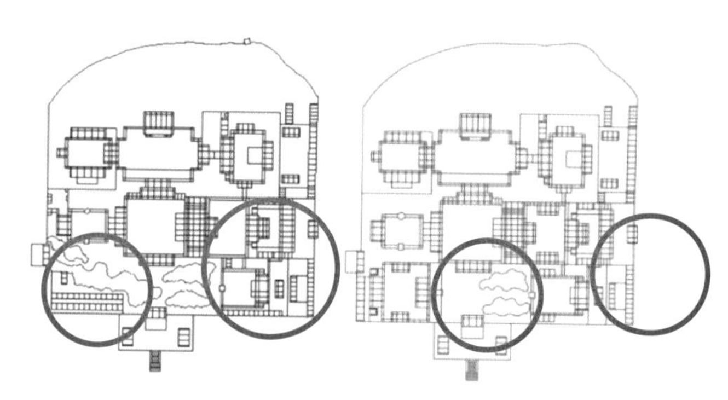

嘉庆十六年（1811 年）后中宫地盘图　　光绪二十年（1894 年）中宫重建方案

图 4　光绪朝中宫重建方案（据国 339-0236、国 343-0646 绘）

4 中宫组群及建筑研究

4.1 中宫组群布局

东宫门名涧碧溪清，东侧有南北值房两座，均为三间。由东宫门进入中宫东路院落，东南角有膳房等服务用房两列，北侧为五间的郁兰堂院落和其后的数座附属建筑。东路中部山石树木众多，在其间径中可通向濠濮想和南宫门。

中路大致由三进院落组成，从南到北依次为虚朗斋院、学古堂院和物外超然院。虚朗斋实际是其北侧建筑泽春堂的南抱厦，面阔三间。院落东侧为一垂花门，西侧有一八角露香亭，南侧为三间的画禅室，之间有游廊相接，院落正中藤萝架下为流觞曲水。画禅室是乾隆用于欣赏书画的专室，取名自明代书画大家董其昌的《画禅室随笔》。泽春轩北侧学古堂院落近似方形，各殿也以游廊相接，正殿学古堂是一七间殿，南出抱厦五间北出抱厦三间，东侧濠濮想和西侧聚芳图均为五间，聚芳图又出西抱厦三间，名凌虚馆。出学古堂北抱厦，则依次是物外超然及其北抱厦三间、九间殿，最后到达北宫门。

西路地势高于中、东两路，由四进院落组成，南端为一方亭名采香亭，西侧怡情书史面阔五间，东侧披云室面阔五间东出抱厦三间，各殿座以游廊相连。向北经过挹翠楼，爬山游廊左右拱卫着的两层的旷真阁（嘉庆时改为延旭轩）坐落于高台之上，面朝东方。通过伫芳楼和清赏为美进入北端院落，迎面是一重檐大戏台，其后殿名为元和宣畅，从西配殿出即达西宫门。最北端院落进深较短，面阔十数间，或为服务性用房。图 5 为《清桂、沈涣绘静宜园全貌图》局部，图 6 为《张若霭静宜园图画册》局部，图 7 为中宫复原鸟瞰图。

图 5　《清桂、沈涣绘静宜园全貌图》局部

图 6　《张若霭静宜园图画册》局部

4.2　虚朗斋

据《内务府活计档 · 乾隆十年 · 七月木作》记录，乾隆十年“七月十四日交御笔‘敷翠轩’……‘虚朗斋’匾文……于十一年三月十八日将虚朗斋、韵琴斋二匾安挂”，[1] 此后对作为香山二十八景之一的虚朗斋，乾隆皇帝曾留下御诗八首。他在《虚朗斋》诗序中写道，“虚则公，公则明，朗之为义，高明有融。异夫昭昭察察之为者，要非致虚极不足语此。”[1] 虚朗斋的命名，体现了乾隆皇帝对道家“虚极静笃”的理解。

虚朗斋位于中宫中路的第一进院落，是泽春轩建筑的南抱厦，虚朗斋前是流觞曲水，南侧与画禅室相对，院落东西分别为一垂花门和一八角露香亭，各座以游廊相接，围合成一长方形庭院，南北院当六丈八尺一寸，东西院当四丈六尺八寸。

在反映嘉庆朝拆改前的香山全图中，泽春轩只有后廊而无前廊，虚朗斋也仅有南侧前廊而无东西两边廊。而根据光绪朝重修时的样式雷图档记载，“泽春轩一座七间，内明间面宽一丈二尺，二次间各面宽一丈一尺四寸，四梢间各面宽一丈五寸进深一丈六尺三寸，前后廊各深四尺二寸，随前抱厦三间，进深一丈二寸，三面廊各深四尺二寸，檐柱高一丈四寸”。结合其他晚期图档，可见虚朗斋最终形成了三开间带三面廊的平面形式，泽春轩则为七开间带前后廊。在张若澄绘静宜园二十八景图卷、董邦达画静宜园二十八景轴及张若霭静宜园图画册中，虚朗斋屋顶形式则均表现为灰瓦卷棚歇山顶。图 8 为复原模型虚朗斋局部，图 9 为国 111-0038《香山静宜园内中宫学古堂地盘样》局部，图 10 为国 339-0236《谨拟改修静宜园内中宫各殿座游廊等图样》局部。

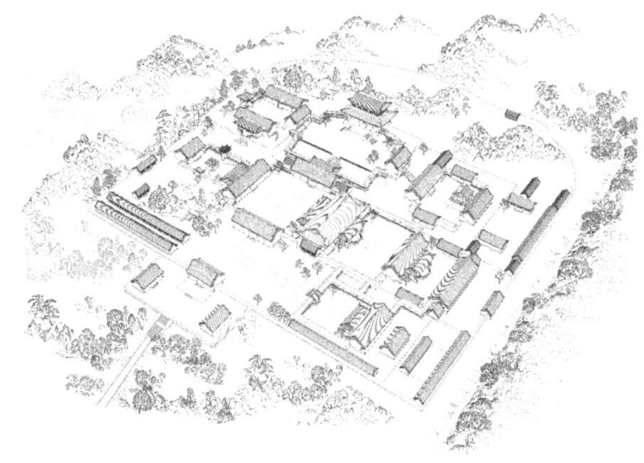
图 7　中宫复原鸟瞰图

图 8　复原模型虚朗斋局部

1　《清 · 乾隆皇帝咏香山静宜园御制诗》，香山公园管理处编。
2　《清 · 乾隆皇帝咏香山静宜园御制诗》，香山公园管理处编。

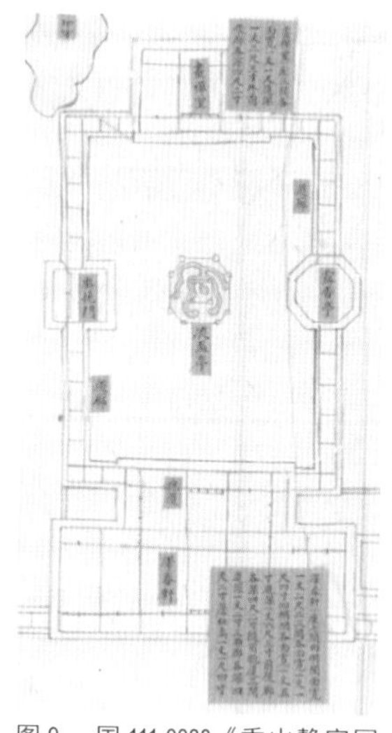

图 9 国 111-0038《香山静宜园内中宫学古堂地盘样》局部

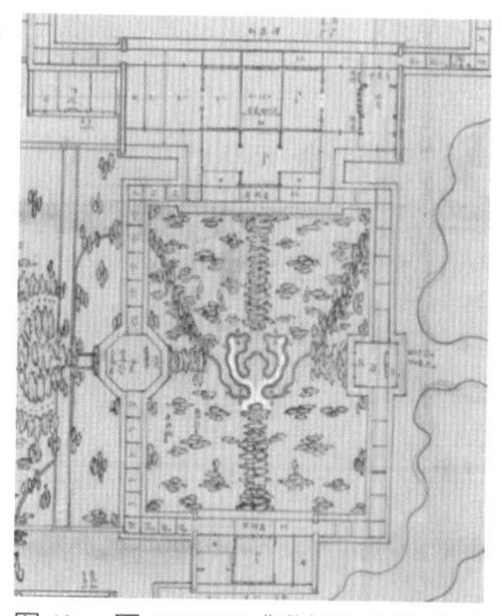

图 10 国 339-0236《谨拟改修静宜园内中宫各殿座游廊等图样》局部

4.3 画禅室

虚朗斋对面的画禅室是乾隆皇帝贮藏名画之处，据《内务府活计档·乾隆十年·七月木作》记录，乾隆十二年（1747 年）正月二十二日安挂“画禅室”匾文。明末书画家董其昌著有《画禅室随笔》，是涉及明代书法、绘画理论的著作，“画禅室”的命名便是借用董其昌画室之名。乾隆皇帝来香山时，往往将《石渠宝笈》中的四套名画——《女史箴图》《蜀江图》《九歌图》《潇湘卧游图卷》，贮藏于画禅室，并称之为“四美具”。乾隆有《画禅室》诗：“室名原借董香光，四美具随来此藏。漫道所为太着相，舍兹画孰称山香。”[2]

在成图于嘉庆十七年（1812 年）后的样式雷图国 111-0038 和国 125-0002 中，画禅室为面宽三间，进深一间，带前廊的形制。但在光绪朝重修时的样式雷图档记载“画禅室一座三间，各面宽一丈一尺，进深一丈二尺三寸，外前后廊各深四尺二寸”。又根据董邦达画静宜园二十八景轴、张若霭静宜园图画册及静宜园全图所绘，画禅室为三开间带前后廊，卷棚歇山顶建筑。图 11 为复原模型画禅室局部。

图 11 复原模型画禅室局部

1 《清·乾隆皇帝咏香山静宜园御制诗》，香山公园管理处编。

2 详见《钦定日下旧闻考一百六十卷》。

4.4 学古堂

“学古堂”早先是康熙皇帝为承德避暑山庄题写的斋名。乾隆皇帝用“学古堂”作为自己香山寝殿之名，有效法皇祖勤政勤学之意。乾隆皇帝一生在学古堂题诗二十二题二十三首，多次记述了香山学古堂仿避暑山庄学古堂命名之事：“避暑山庄有学古堂，皇祖所题额也，兹堂乃仿而名之。”[1] 但避暑山庄学古堂已随清舒山馆湮灭，现仅存遗址。

作为中宫建筑群中起居活动最为频繁的寝殿，学古堂形制特别，宽阔高大。样式雷图档记载“学古堂一座七间，内明间面宽一丈三尺，六次间各面宽一丈一尺三寸，进深二丈九尺六寸，周园廊深五尺，随前抱厦五间，进深一丈六尺三寸，后抱厦三间，进深一丈六尺三寸，三面廊各深五尺”。在宫廷绘画和部分样式雷图档中，还可见学古堂东西两侧南北相对的茶房两间。综上所述，可知学古堂是面阔七开间，进深三开间，带周围廊，前抱厦五间，后抱厦三间带三面廊，东西带茶房的平面形制。在现存的宫廷绘画中，学古堂及抱厦均表现为卷棚歇山的屋顶形式，茶房则是卷棚硬山形式。

学古堂门口、抱厦等处悬有“稽古佩文”“长春书屋”“正谊明道”“坐春风中”“见天心处”等众多乾隆御书匾额、横披，殿内有贵重家具、珍宝陈设、古籍名画、文房四宝。据《日上旧闻考》记载，“学古堂前周廊嵌御制静宜园二十八景诗石刻”[2]，充分体现了学古堂在中宫建筑组群中的重要地位。图 12 为国 111-0038《香山静宜园内中宫学古堂地盘样》局部，图 13 为国 339-0236《谨拟改修静宜园内中宫各殿座游廊等图样》局部，图 14 为复原模型学古堂局部。

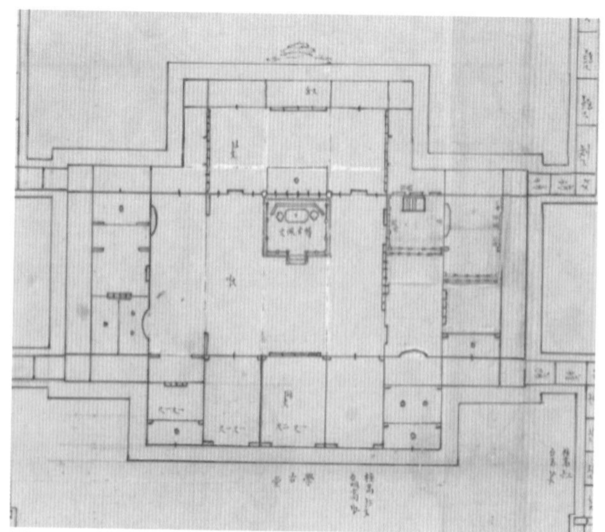

图 12 国 111-0038《香山静宜园内中宫学古堂地盘样》局部

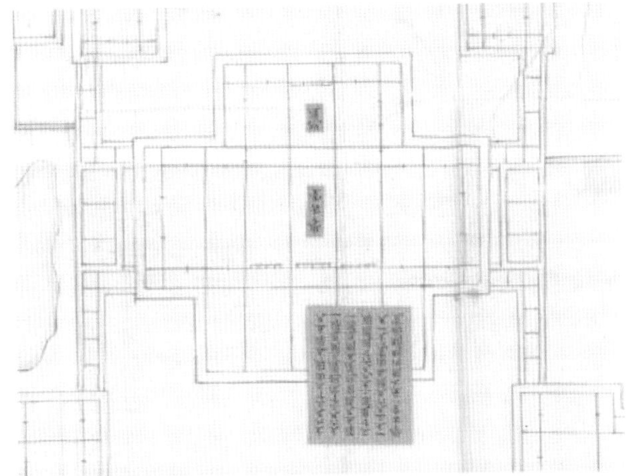
图 13　国 339-0236《谨拟改修静宜园内中宫各殿座游廊等图样》局部

图 14　复原模型学古堂局部

4.5　旷真阁

据《内务府活计档 · 乾隆十年 · 七月木作》记录，乾隆十二年正月二十二日，中宫西路的“旷真阁”牌匾正式安挂。中宫西路地势原本便高于东部，旷真阁更坐落在约三米高的高台上，占据了整个中宫组群最高的位置，视野辽阔，取陶渊明“旷真”之意，颇得其妙。乾隆四十四年（1779 年），皇帝作《旷真阁》一诗，抒发了对此处风景与意境的喜爱：“层阁据崇椒，开窗骋目遥。风披夏犹冷，意与境俱超。旷矣大公付，真哉幻化消。题名恒绎义，理趣自因昭。”[1]

在嘉庆十六年（1811 年）前的样式雷图中，旷真阁院落的布局包括了坐落于台上的五间两层的旷真阁、北边三间两层的仁芳楼、南边三间两层南出抱厦的揖翠楼，以及三座建筑间相接的爬山游廊。东侧中央以山石踏跺与中路院落相接。在张若澄绘静宜园二十八景图卷中，可以清楚地看到当时的建筑面貌，卷棚歇山顶、两层五开间的旷真阁雄踞高台之上，左右配楼的拱卫更加强了建筑的突出地位。

在成书于道光之后的样式雷图国 125-0001《静宜园地盘画样全图》中，原旷真阁位置标注了“延旭轩”的字样。又结合光绪时期中宫图档记录，可知嘉庆十六年（1811 年）中宫建筑群发生了变化，乾隆年间的旷真阁改为了单层的延旭轩，旷真阁南北各两层的配楼也均改为单层。图 15 为《张若澄绘静宜园二十八景图卷》局部，图 16 为复原模型旷真阁局部，图 17 为 国 1111-0038《香山

图 15　《张若澄绘静宜园二十八景图卷》局部

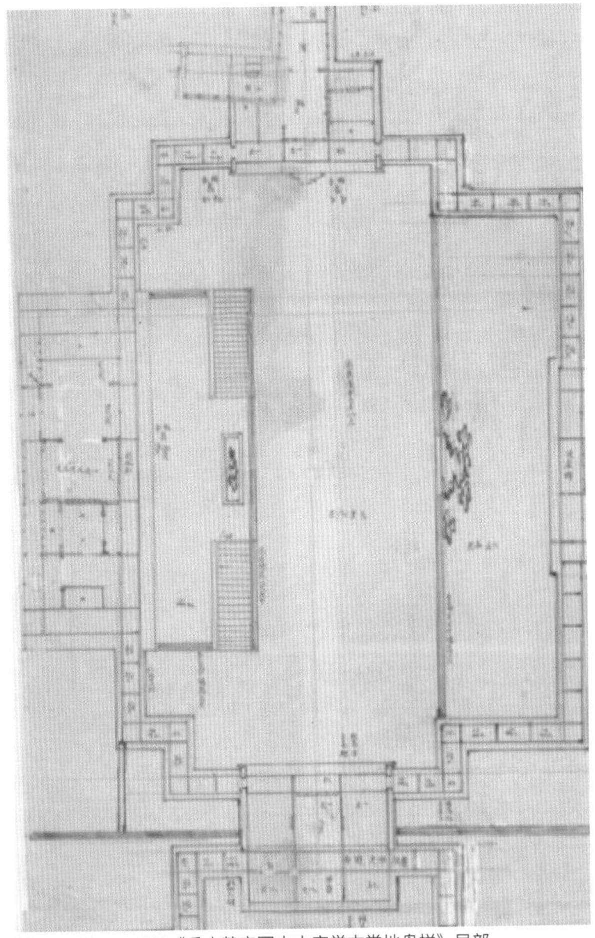
图 16　国 1111-0038《香山静宜园内中宫学古堂地盘样》局部

1　《清 · 乾隆皇帝咏香山静宜园御制诗》，香山公园管理处编。。

图 17　复原模型旷真阁局部

静宜园内中宫学古堂地盘样》局部。

5 总结

康熙十六年（1677 年），在因附香山寺而形成的永安村基址上，开始修建香山行宫，作为游览西郊的休息之处，此时建筑风格简朴，不为帝王留宿使用。康熙旧行宫是静宜园进行改造的基础，它成为日后该园中皇帝寝宫——中宫的基址。乾隆十一年（1746 年），对静宜园中宫的建设结束，就此形成了完整的中宫建筑组群，此后虽有小规模修改或加建，但基本格局未变。

国家图书馆馆藏九张含中宫的样式雷图档，清晰地反映了各个时期，中宫建筑群布局的真实样貌，为判断中宫建筑的变迁过程提供了详实可靠的依据。再结合相关档案记载与宫廷绘画作为参考，整个中宫组群的面貌与变迁便跃然纸上。1860 年静宜园多数建筑毁于英法联军战火，中宫建筑群也未能幸免于难。但样式雷图档详尽地展示了光绪二十年（1894 年）对中宫的重建方案设计，包括对院落和单体建筑尺度的记录，为中宫建筑的研究提供了珍贵的资料。

自康熙行宫起，历经乾隆朝的大规模建设、嘉庆朝的改建直至 19 世纪末被毁，中宫建筑群经历了近百年的岁月。静宜园和其所在的香山因自然地理特点，曾是整个西郊离宫群和北京城市的底景，中宫组群也成为清代皇家行宫建筑的早期代表之一。而中宫作为皇帝主要起居活动的生活空间，其营建意向、功能布局、建筑命名也体现着皇帝本人的审美兴趣和哲学思想，宫中院落构思精巧，空间多变，是一处极为优秀的皇家园林寝宫建筑群。

参考文献

[1]　杨菁 . 静宜园、静明园及相关样式雷图档综合研究 [D]. 天津：天津大学，2011.

[2]　杨菁，王其亨 . 解读光绪重修静明园工程：基于样式雷图档和历史照片的研究 [J]. 中国园林，2012（11）：117-120.

[3]　国家图书馆 . 国家图书馆藏样式雷图档·香山玉泉山卷 [M]. 北京：国家图书馆出版社，2019.

[4]　香山公园管理处 . 清·乾隆皇帝咏香山静宜园御制诗 [M]. 北京：中国工人出版社，2008.

作者简介

梁洁 /1987 年生 / 女 / 山西长治人 / 硕士 / 研究方向为建筑历史与理论 / 北京市香山公园管理处（北京 100091）

孙亚玮 /1997 年生 / 女 / 山东滕州人 / 在读研究生 / 建筑学院建筑历史与理论方向 / 天津大学

香山慈幼院中的近代建筑
——《香山静宜园地图横幅》简析

Modern architecture in Xiangshan kindergartens
—A brief analysis of the map banner of Xiangshan Jingyi garden

李 蓓

Li Bei

摘 要： 北京艺术博物馆馆藏《香山静宜园地图横幅》采用中国传统地图立体形象的画法，直观地描绘出 20 世纪 20 年代静宜园中香山慈幼院院址的建筑和使用情况。本文通过文献记录、测绘舆图和照片的对比，分析香山慈幼院时期静宜园地区近代建筑的格局、用途和形制。

关键词： 慈幼院；静宜园；舆图；近代建筑

Abstract: *The map banner of Xiangshan Jingyi garden* collected by Beijing Art Museum uses the three-dimensional image drawing method of traditional Chinese maps to visually depict the construction and use of the site of Xiangshan kindergartens in Jingyi garden in the 1920s. Through the comparison of literature records, mapping maps and photos, this paper analyzes the pattern, purpose and shape of modern buildings in Jingyi garden area during the period of Xiangshan kindergartens.

Key words: Xiangshan kindergarten； Jingyi garden; Map; Modern architecture

北京艺术博物馆馆藏有一幅手绘地图横幅，长 130 厘米，宽 63 厘米（图 1）。此图采用中国传统地图立体形象的画法，图中没有题跋，也未标明比例尺和图例，但建筑绘制精细。细读图中标识的香山慈幼院、静宜女校等建筑，可以确定此图所绘为 20 世纪初期北京香山静宜园，描绘的是静宜园作为香山慈幼院校址时期的景象。

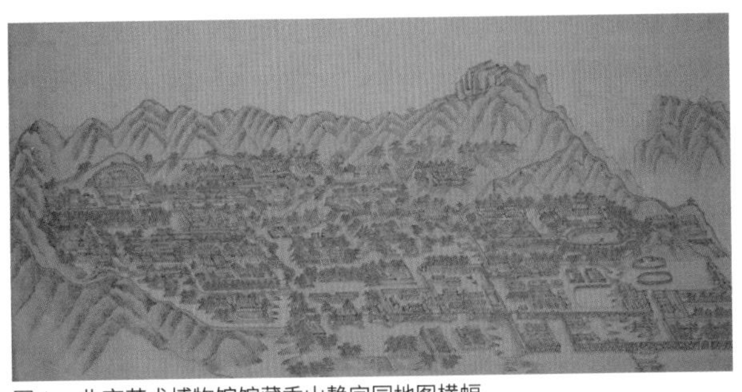

图 1 北京艺术博物馆馆藏香山静宜园地图横幅

静宜园位于北京西北郊西山东麓，是一座以山景名胜著称的行宫御苑，为清代三山五园之一。香山地区山峦起伏，树木繁茂，为自辽金以来的历朝皇室所钟爱，在此兴建寺院园林乃至离宫别院，作为皇家游幸驻跸之所。清乾隆十年（1745 年），乾隆皇帝下令扩建香山行宫，次年完工后，为其赐名“静宜园”，并亲题“静宜园二十八景”诗。静宜园建筑格局基本形成。

随着清朝末年国势衰微，西山园林无力保全，屡遭破坏，1860 年和 1900 年，静宜园两次遭到外国侵略者的焚掠破坏。被损毁后的静宜园建筑被烧毁，多数建筑只剩地基。

清朝灭亡后，静宜园地区逐渐被用作学校、别墅、工厂等，建立了一批近代建筑。1912 年，英敛之等人在静宜园内设立了静宜女子学校。1917 年，直隶、京畿地区发生水灾，当时负责督办京畿水灾河工善后事宜的熊希龄在北京设立慈幼局，聘请英敛之任局长，收养灾童千余人。1918 年水灾平息，剩余二百多名灾童无人认领。熊希龄于水灾河工督办处选定香山静宜园为基址创建慈幼院。1919 年 2 月 17 日，香山慈幼院工程开工，校区分为男、女两校，另有共用的理化馆、图书馆等建筑，1920 年建成开学，1926 年改两校制为总院五校制，扩大校区，总院及第一、二、四校仍在香山静宜园内。

在此期间，为满足香山慈幼院的学生和教职员工生活、学习、工作等目的，静宜园中兴建了许多近代建筑。此后又有工厂、公寓、医院、别墅在香山地区渐次兴建。这些近代建筑延续了原有的建筑分布格局，与古典山地园林空间相结合，创造出独具特色的历史文化景观。由于时代的变迁，很多当时的建筑今天已不复存在。如今的静宜园作为香山公园对公众开放，园区内各个时代保留下来的建筑均根据开放的需要进行了修整，不复当年形制。现存的描绘静宜园的照片、舆图和笔记等，可以帮助后人还原这一时期静宜园地区的建筑格局。

1920 年印行的陈安澜测绘《香山静宜园全图》（以下称“香山静宜园测绘图”），比例 1 ∶ 2500，等高线距 10 米。该图详细记录了民国初年静宜园旧貌，对道路、石墙、砖墙、遗址、河流等都有专门的图例标识，简练详尽，标注清晰。

1934 年出版的《香山名胜录》记录了香山及附近地区名胜古迹。书中概述从金世宗建永安寺至清乾隆建静宜园的香山历史沿革，详细描绘了 20 世纪 30 年代静宜园二十八景的状况和变迁。书中引用了大量诗文楹联，所述内容多为作者亲自踏勘所得，并以清高宗皇帝题咏相印证，考证精细，内容丰富，书首附照片 20 余幅，是了解香山及其附近名胜的鲜活史料。

1993 年印行的《北京香山慈幼院院史》由北京市立新学校、北京香山慈幼院校友会编印。书中梳理了北京香山慈幼院建院始末和教育思想，记录了自 1917 年香山慈幼院创办至 1967 年立新学校成立的历史沿革。收录照片 75 张，各类地图 6 张，全面反映了香山慈幼院的发展历程。

此外，故宫博物院藏清张若澄所绘《静宜园二十八景图》卷（以下称“静宜园二十八景图”），以《御制静宜园二十八景诗》为主题，描绘了乾隆时期香山静宜园的 28 个景点。二十八景各有小字榜题，详尽地交代出每一处景点的位置布局，是研究静宜园的重要资料。本文以此图代表清代静宜园建筑格局景致，与民国舆图进行对比，分析各建筑变化情况。

北京艺术博物馆所藏《香山静宜园地图横幅》（以下称“香山静宜园地图横幅”）采用中国传统地图的立体形象画法，用细腻的笔触绘制山水、园林、道路、建筑，描绘了建筑位置与外观，色彩柔和，生动有趣。通过与上述《静宜园二十八景图》卷、《香山静宜园全图》以及《北京香山慈幼院院史》《香山名胜录》的记载对比，由校区、建筑的名称和外观综合推断，该图绘制于 1920 年香山慈幼院建成至 1926 年分院制实施之间。图中建筑位置基本准确，所描绘的建筑细节与现存历史照片可一一对应。现将其中院区主体建筑部分略叙如下：

1 香山慈幼院男校

慈幼院男校坐落在静宜园的东北处（图 2），北面紧邻静宜女子学校，原是一片空地，慈幼院院部（即采用分院制后的总院）、蒙养园和院内工厂也在这个区域(图3)。

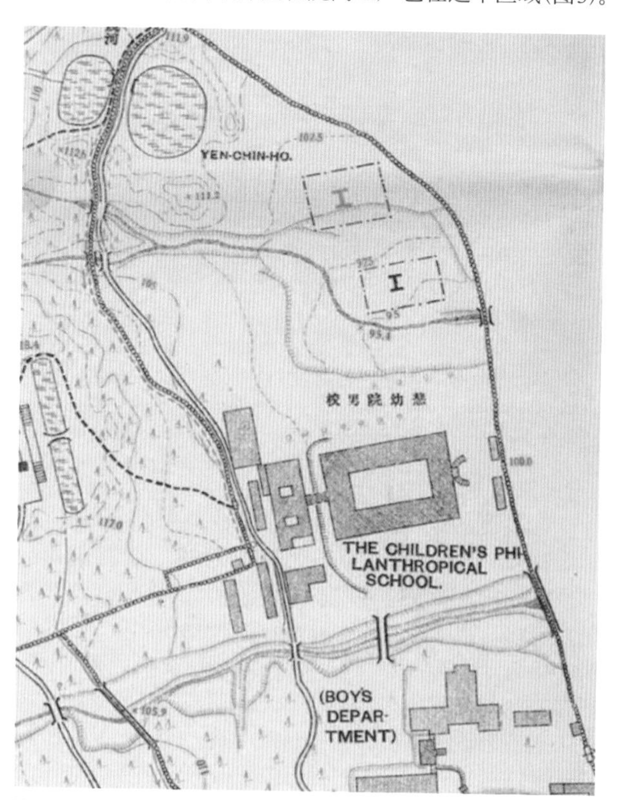

图 2　慈幼院男校，香山静宜园测绘图（局部）

校区最南端为慈幼院院部（图4）。院门位于静宜园正门（今香山公园南门）北侧，包括校门、镇芳楼、香山市政所、总务科、香山农工银行和邮局等建筑。镇芳楼西侧为体操场，也称风雨操场。

根据曾于1927—1933年在该校学习的赵竞存老师回忆，“大门坐西朝东，由四根经过雕饰的水泥立柱建成，中间为铁栏式大门，两旁为小边门”“马路尽头是一座别致的小楼，题名‘镇芳楼’。”地图（图5）所绘镇芳楼、香山市政所与院史所录照片位置、外观均完全一致。邮局、市政所均为学生自治机构，以培养儿童的社会活动能力。香山农工银行则作为学校职业教育场所，也为附近居民提供低息贷款，发展农业。

院部向北为男校校区（图6），主体建筑为一座两层回字形大楼，也称“口字楼”（图7），楼下为勤村，楼上为谦村，均为男生宿舍，从楼上穿过楼筒子（楼道）向西行，过了天桥可到厨房食堂。从楼下穿过楼筒子向西行，上几十步台阶，也可达坡上厨房食堂。1926年3月14日因学生做试验不慎，引发火灾被烧毁。后原址重建，改为一层，今已改建为香山别墅。

回字楼向北为俭村、恕村（图8），是年纪较小的男生宿舍，被称为“兄弟楼”（图9）。男校东侧为信村、义村（男）和醒村，信、义两村专住半工半读生，醒村由尿床的孩子居住。以上七村与女校仁、义（女）、公、平四村以校训“勤谦俭恕仁义公平”命名，均为学生宿舍。

男校西侧为蒙养部，1923年后改称蒙养园，收录未到学龄的幼儿。该部主体建筑为南洋华侨黄泰源捐款所建，称为“泰源堂”。地图中标注为“太源堂”（图10），应为笔误。地图中该处建筑外观与传世相关照片、记载均不符（图11），应为建国初期建筑，后期曾经改建，具体时间和事件待考。

男校校区再向北为眼镜湖。眼镜湖东侧为铁工厂、木工厂（图12、图13）和陶工厂（图14、图15），归院职业股管辖，负责职业教育，铁工厂、木工厂、陶工厂均属工科部分。1926年分院后划归属第四校。

2 慈幼院女校

慈幼院女校位于静宜园虚朗斋基址上，原为清圣祖康熙时所建香山行宫，后为高宗乾隆驻跸之所，俗称中宫（图16），为静宜园二十八景之一。斋南有石渠，做流觞曲水，院中原有画禅室、学古堂、郁兰堂、宁芳楼、物外超然等建筑，后皆无存。1920年在原址上建成女校（图17）。

校内分为南北两个部分。北部中间偏东部分建有两座楼房，外观与男校的俭村、恕村一致，称为“姊妹楼”（图18），作为女生宿舍，1932年改为第一校婴儿教保园。根据文献记载，女校宿舍分为仁、义（女）、公、平四村，对照男校宿舍俭村、恕村被称为“兄弟楼”，地图中可见外观相同的两栋楼房应为“姊妹楼”，对应女校四村中的两村。

女校宿舍四村中的另外两村应位于女校北部西侧，其建筑格局在地图中表现为带回廊的日字形建筑（图19、图20）。

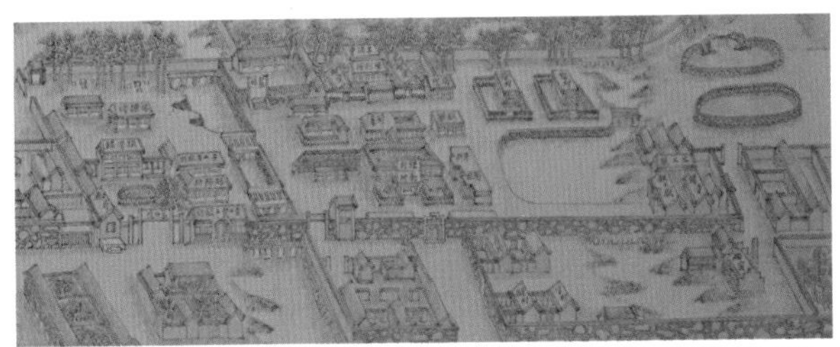

图3　慈幼院院部、男校、蒙养部及工厂，香山静宜园地图横幅（局部）

图4　慈幼院院部，香山静宜园地图横幅（局部）

图5　镇芳楼及慈幼市政所，引自《北京香山慈幼院院史》

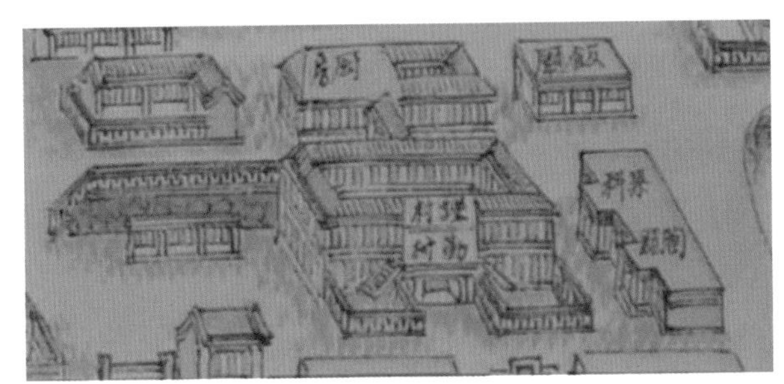

图6　男校校区，香山静宜园地图横幅（局部）

图 7　男校校舍大楼（建于 1920 年），引自《北京香山慈幼院院史》

图 8　俭村和恕村，香山静宜园地图横幅（局部）

图 9　俭村和恕村（兄弟楼），引自《北京香山慈幼院院史》

图 10　蒙养部，香山静宜园地图横幅（局部）

图 11　蒙养园内的泰源堂，引自《北京香山慈幼院院史》

图 12　铁工厂与木工厂，香山静宜园地图横幅（局部）

图 13　男校铁工厂，引自《北京香山慈幼院院史》

图 14　瓷窑，香山静宜园地图横幅（局部）

图 15　男校陶工厂，引自《北京香山慈幼院院史》

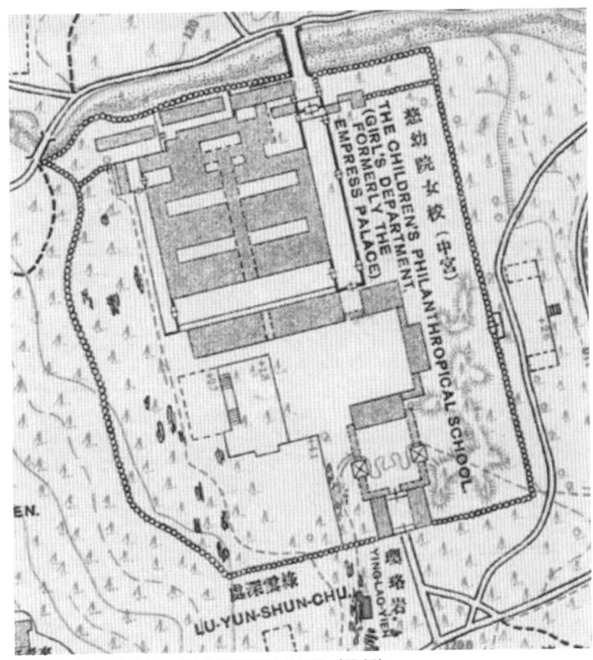

图 16　慈幼院女校，香山静宜园测绘图（局部）

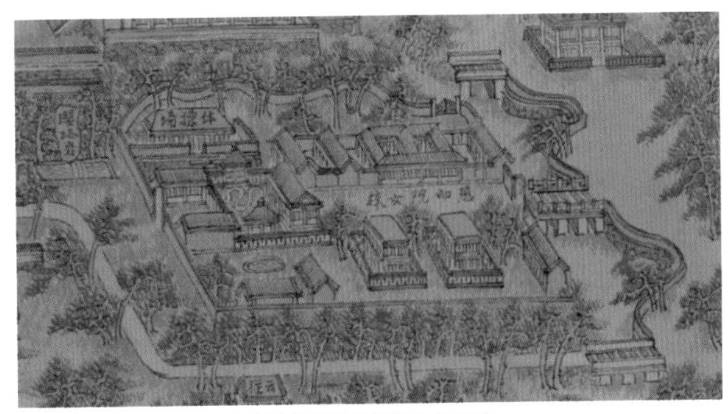

图 17　慈幼院女校，香山静宜园地图横幅（局部）

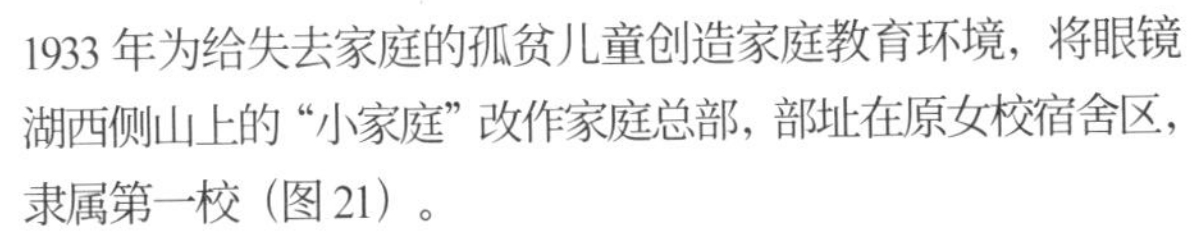

1933 年为给失去家庭的孤贫儿童创造家庭教育环境，将眼镜湖西侧山上的“小家庭”改作家庭总部，部址在原女校宿舍区，隶属第一校（图 21）。

女校南门正对一组建筑（图 22），第一进院内为东西配房，第二进院落中间为正殿坐北朝南，两侧为两座凉亭（图 23），以围墙圈出院落，院中为曲水流觞。此两进院落东侧有一水池和两间房屋（图 24），西侧有一高台（图 25），台上建有体操场，作为女校集会和开展文体活动所用，也称小风雨操场（区别于院部西侧的风雨操场）。上述建筑在地图中与老照片几乎可以完全对应。

3　其他附属建筑

20 世纪 20 年代，除上述两个校区以外，香山慈幼院在香山地区重建或改建了许多建筑，作为院内附属机构工作生活使用。由于静宜园山地园林的独特地理结构，这些新建的近代建筑多建于静宜园残留的基址上，与乾隆年间的静宜园二十八景多有重合。

3.1　丽瞩楼：理化馆

丽瞩楼原为静宜园二十八景之一，在勤政殿后，楼以白石为基，甚为高耸（图 26）。原有静寄楼、多云亭及牌坊等建筑，均被损毁。香山慈幼院在原址上改建理化教室、博物陈列所等（图 27）。

3.2　绿云舫：图书馆

绿云舫原为静宜园二十八景之一，在丽瞩楼后稍南，周围老树参天，绿荫铺地（图 28）。其制仿避暑山庄之云帆月舫而建，前轩后殿，中以回廊相连，极似楼船，故有舫名。香山慈幼院在其基址上重建一栋二层楼房，

图 18 “姊妹楼”，香山静宜园地图横幅（局部）

图 19 女校宿舍，香山静宜园地图横幅（局部）

图 20 第一校校舍外景，引自《北京香山慈幼院院史》

图 21 小家庭，香山静宜园地图横幅（局部）

图 22 女校南部，香山静宜园地图横幅（局部）

图 23 第一校南门内两亭，引自《北京香山慈幼院院史》

图 24 第一校办公室客厅，引自《北京香山慈幼院院史》

图 25　第一校内的曲水流觞，引自《北京香山慈幼院院史》

图 26　丽瞩楼，静宜园二十八景图（局部）

图 27　理化馆，香山静宜园地图横幅（局部）

图 28　绿云舫，静宜园二十八景图（局部）

图 29　绿云舫（图书馆），香山静宜园测绘图（局部）

图 30　图书馆，香山静宜园地图横幅（局部）

图 31　栖云楼，静宜园二十八景图（局部）

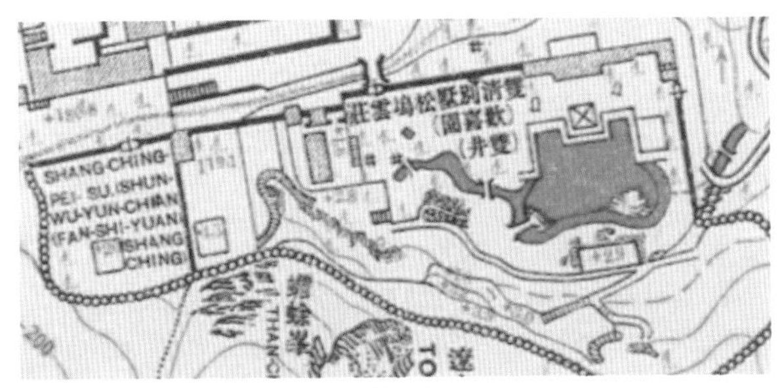

图 32　双清别墅，香山静宜园测绘图（局部）

图 33　双清别墅，引自《香山名胜录》

图 34　双清别墅，香山静宜园地图横幅（局部）

作为图书馆（图 29）。该建筑留存至今，俗称“小白楼”，已不复清时轩舫建筑模样（图 30）。

3.3　栖云楼：双清别墅

栖云楼原为静宜园二十八景之一，清高宗时始建，位于香山南麓山腰，四周山林密布，环境清幽，“疏阴碎地，密翠浮天”（图 31）。后遭焚毁。1920 年香山慈幼院院长熊希龄利用其旧址，营建双清别墅作为居所（图 32、图 33、图 34）。

3.4　玉华岫：玉华山庄

玉华岫在玉华寺南侧，原为静宜园二十八景之一，寺北门外有玉华泉，原为清室培育桂花之所（图 35）。建筑无存，唯遗古树多株。后改建为玉华山庄（图 36、图 37）。

图 35　玉华岫，静宜园二十八景图（局部）

图 36　玉华岫（玉华山庄），香山静宜园测绘图（局部）

3.5　香山寺：甘露宾馆

香山寺即金代永安寺，也称甘露寺，原为静宜园二十八景之一，有钟鼓楼、妙高堂、戒台等建筑（图 38），于 1860 年、1900 年两度遭外国侵略军焚毁，成为废墟，仅存地基、断壁及石幢、石屏、石刻等。1920 年香山慈幼院在此建立轩房，开设甘露旅馆（图 39、图 40）。

3.6　宗镜大昭之庙：女红十字会医院

宗镜大昭之庙在静宜园北隅山麓，建于乾隆四十五年（1780 年）。原有楼殿四层，正殿上覆铜瓦，下以白石为基，崇弘壮丽，其前为五色琉璃牌坊，其后有御碑亭、七级琉璃塔等。该寺为高宗七旬万寿时，西藏六世班禅来朝而建。咸丰、光绪年间被焚毁殆尽。后由慈幼院女红十字会改建为医院（图 41、图 42、图 43）。

图 37　玉华山庄，香山静宜园地图横幅（局部）

图 38　香山寺，静宜园二十八景图（局部）

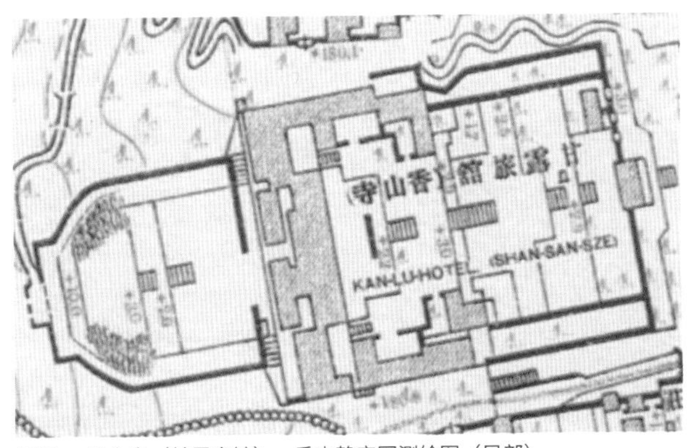

图 39　香山寺（甘露宾馆），香山静宜园测绘图（局部）

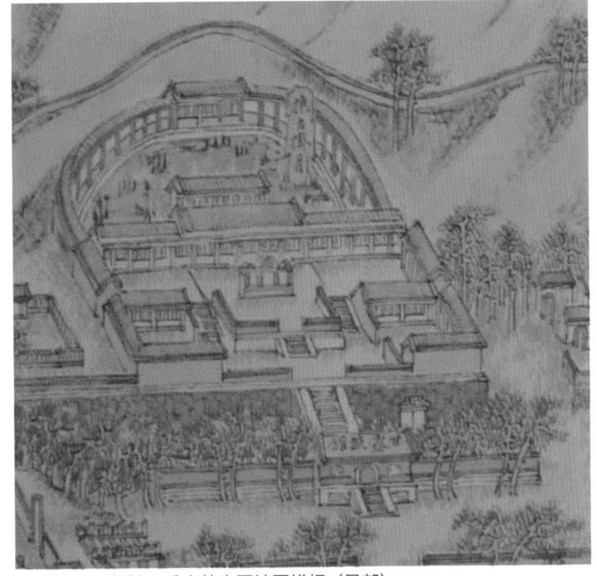

图 40　甘露旅馆，香山静宜园地图横幅（局部）

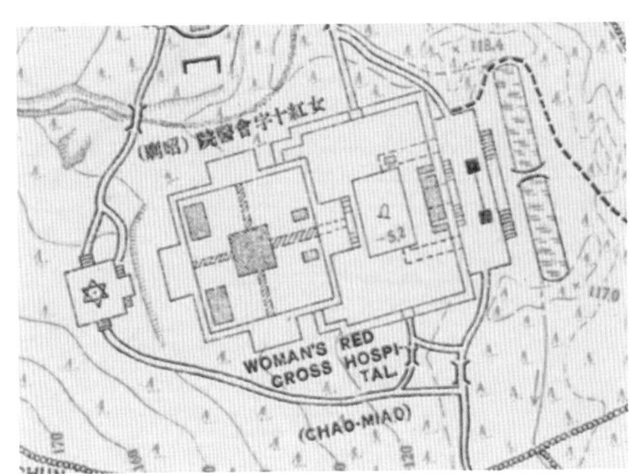

图 41　女红十字会医院，香山静宜园测绘图（局部）

图 42　女红十字会医院，引自《香山名胜录》

4　结语

舆图作为重要的历史文献资料，是研究古代建筑的重要物证。根据不同时期的舆图可以获得园林建筑在不同历史阶段的建筑形制及存留情况，为梳理其历史沿革提供重要的线索。

图 43　医院，香山静宜园地图横幅（局部）

北京艺术博物馆馆藏《香山静宜园地图横幅》采用中国传统地图的立体形象画法，直观地描绘出 20 世纪 20 年代静宜园中香山慈幼院院址的建筑和使用情况，通过与文献记录、测绘舆图和照片的对比分析，为研究香山慈幼院与静宜园地区近代建筑的格局、用途和形制提供了参考。

参考文献

[1]　吴质生 . 香山名胜录 [M]. 北平：北平斌兴书局，1934.
[2]　赵竞存 . 香山慈幼院：记中国近代教育史上的一所独特的平民学校 [J]. 唐山师范学院学报，2001，23（6）：54-59.
[3]　北京市立新学校，北京香山慈幼院校友会 . 北京香山慈幼院院史 [M]. 北京：北京市立新学校，1993.

作者简介

李蓓 /1981 年生 / 女 / 副研究馆员 / 学士 / 北京艺术博物馆业务部（北京 100081）

浅析中国园林博物馆馆藏木窗扇的修复

A Brief Analysis on the Restoration of Wooden Classical Window Collections

马 超 马欣蕾

Ma Chao Ma Xinru

摘 要：中国古典园林建筑选材主要为木材，但木材不宜长存的特性，给木质建筑构件的藏品保护工作带来了一定困难。为确保展出藏品的安全性和展出效果的艺术性，在“窗——园林的眼睛”艺术展开展前，中国园林博物馆对拟上展的馆藏木质窗扇开展修复工作，并通过此次修复，再次思考、总结适合本馆木质类藏品的保护、修复工作的“新形式”与“新技术”。

关键词：木器修复；文物保护；窗扇

Abstract: Chinese classical garden architectures are mainly made of wood. However, the characteristic of wood makes it hard to remain the same after years, which brings some difficulties for the protection of ancient wooden building units. In order to ensure the safety of collections and the artistry of display, before the opening of the “Windows, the Eyes of Garden”exhibition, The Museum of Chinese Gardens and Landscape Architecture has restored wooden classical windows, which would be displayed in the exhibition. Through this restoration work, we can rethink and summarize new methods and techniques to preserve and restore wooden collections in our museum.

Key words: restoration of wooden cultural relics; preservation of cultural relics; classical windows

中国园林中的窗牖被喻为园林中的“眼睛”，在园林中具有极高的审美价值。窗牖不仅沟通和交流园林内外的景致，以有限见无限，大大拓展了园林欣赏的空间、层次和趣味，还以其独特的民族审美意象及自身的千姿万态美化装点着园林，通过捕捉和收摄赏心悦目的“画面”，寓“通”于“隔”等方式，将游园人自然而然地引入幽深的中国哲理和审美之中。

2021年4月在中国园林博物馆举办了“窗——园林的眼睛”展览（图1），出展前按照惯例对预展藏品进行了安全评估，发现部分藏品存在安全隐患，为了保证馆藏窗扇的安全，避免“带病”出展对藏品本体造成的伤害，同时也为更好地向观众展现窗扇的艺术美，出展前藏品保管部在保护的前提下开展了严谨科学的修复工作。

1 现状勘测

图 1 “窗——园林的眼睛”展览现场

中国园林博物馆此次展示的藏品现状虽然不影响保管安全，但未达到展览展示的安全要求，为此馆方决定在“窗——园林的眼睛”开展前对藏品劣化问题进行修复，以实现保护且延长藏品生命周期的目的。

此次甄选出的6件馆藏窗扇多为南方民居建筑构件，木质以杉树、松木为主。窗扇自南方民居拆除后途经多地辗转到北方藏家手中，因雕刻年代久远，长时间使用于民居并无特殊保护，保存环境不佳，且杉木和松木木质较软容易变形，加之南北方气候有异，天气变化、温湿度差异较大，导致它们均存在开裂、变形、局部缺失脱落等微损现象。

在修复工作开展前，工作人员通过比对藏品档案，将 6 件木窗扇，重新拍摄了现状照片，并逐一核对记录损毁情况，脱落部位位置，建立起修复前的现状资料库。

2 准备工作

工作原则：

《中华人民共和国文物保护法》(2002 年 10 月);

《中华人民共和国文物保护法实施条例》（2003 年 7 月)。

事前培训：

对全体工作人员进行藏品保护意识教育、防火安全教育、施工安全教育等，针对新冠肺炎疫情特殊时期，要求入场作业的外协单位人员提供有效期内的核酸证明，统一管理并与其所在所签合同中注明防火、防盗、防疫等条款。

设备准备：

（1）工作台用于整体修复；

（2）雕花机用于选材补配；

（3）锁绳、矫正器用于矫形加固；

（4）摄影机、照相机用于信息记录；

（5）吸尘器、毛刷用于除尘清洁；

（6）每日工作记录本。

3 修复工作要求

以中国传统木器修复指导为原则，合理借鉴西方先进的保护和修复理念，对此次修复项目方案进行了通盘考虑：

（1）对修复藏品进行最低限度干预，避免修复变成“破坏的开始”。严格筛选修复材料，减少新材料的运用，保持与其原有的材料、工艺风格统一。

（2）避免对藏品的不可逆改变，所使用的材料和工艺考虑到将来的可恢复性，具有可逆性。

（3）保留藏品修复前真实的文字记录和照片。翔实记录修复过程，做到一件一案，在保障藏品安全的情况下实施修复方案。加强项目管理人员和修复人员的责任心，避免修复过程中对藏品产生不必要的二次伤害。

4 两种典型案例修复流程

4.1 典型案例一：变形开裂

藏品名称：花鸟纹花窗（图 2）。

年代：民国。

尺寸：每扇长 91.5cm，宽 62cm，高 4cm 。

藏品说明：松柏木制。纹理清晰，以透雕为主，玲珑剔透。主体为喜鹊登枝扇面形图案，四周环以海棠花卉。浮雕的花鸟纹，纹饰华丽，雕工精细。有富贵长寿、多子多福之意，扇子代表惠风和畅之意。该花窗意象繁复，构图巧妙，集艺术及实用性于一体。

存在问题：该藏品窗框与隔心分离，松动严重，隔心局部缺失（图 3）。

图 2 修复前的花鸟纹花窗

图 3 修复后的花鸟纹花窗

4.2 典型案例二：元素缺失

藏品名称：长方形冰梅纹窗棂（图 4）。

年代：民国。

尺寸：每扇长 138.5cm，宽 54.5cm，高 6.5cm

藏品名称：冰梅纹始于清初，常用于江南园林，是建筑装修木构上常用的图案。冰梅纹是在冰裂纹中嵌以梅花而成，冰，是士大夫文人追求人格完善的象征符号，所谓“怀冰握瑜”，象征人品高洁无瑕。梅花的高洁清幽，也是文人所追求的品质。冰梅纹给人高洁剔透之感，寓意着梅花迎寒盛开的文人风骨。

存在问题：藏品整体松散、残损严重，有霉斑、开裂、虫蛀，有胶粘、隔心局部缺失，有脱落件（图 5）。

图 4　修复前的长方形冰梅纹窗棂

图 5　修复后的长方形冰梅纹窗棂

5　修复实施过程

5.1　确定方案

修复人员根据藏品情况，制定初版修复方案，并组织多名修复专家对方案进行事前论证，确保方案所涉及的修复材料、工艺等内容合法合规，满足修复要求。

5.2　信息记录

在进行修复操作前，修复人员对每件藏品的保存现状、病害信息等内容进行详细、准确的文字记录及图像拍摄。在操作过程中也详细记录每一环节，确保项目完成后对修复成果的确认和对修复档案的留存。

5.3　除尘清洁

修复人员主要使用吹风机和特制刷子去除藏品的浮尘积土（图 6、图 7），比较顽固的污渍则使用刀片刮磨的方法进行清除。待看清部件后，对已有修复方案再次确认，确认无误后开展下一修复步骤。

如藏品需拆解，修复人员会使用热水除胶，并在藏品完全阴干后修复。

5.4　矫形加固

使用麻绳打鳔和卡子结合的方式对变形窗框或隔板进行矫形。麻绳具有弹性，捆扎需要矫形的木材时给予了木材一定的释放空间，顺应木性，有利于其校直恢复。

5.5　选材补配

此次修复项目中的窗扇，主要问题是长时间因气候环境因素导致的藏品局部缺失、脱落，所以选材补配是此次修复项目的重要工序之一。在结束校形工序后，挑选与藏品同质、同色、同年代的木材对其进行补配。鉴于窗扇的装饰纹样多为对称、连续图案，为补配工作的准确性提供了重要依据（图 8~ 图 11）。

5.6　随色做旧

这批修复藏品为民居建筑构件，多数原件没有刷漆

图 6　使用吹风机对藏品进行除尘

图 7　使用刷子扫除夹缝处的灰尘

图 9　雕刻补配件

图 10　对补配件细节进一步雕刻

图11 补配工序基本完成

图12 对藏品进行随色处理

工艺。为了保留修复痕迹，避免过度修复，修复人员仅对藏品补配部分进行随色做旧的工序（图12）。使藏品的展示面呈现原有古朴风貌，背面则不做随色做旧处理。随色颜料选用传统矿物颜料，保证随色藏品外观上的稳定性。

6 修复经验总结

6.1 内外资源合作提高修复水平

新建专题类博物馆藏品保护和修复方面的专业人才匮乏。藏品修复是一项技术性很强的工作，藏品的类别不同，修复方法也不相同。由于馆内没有木器修复方面的专业人员，此次窗扇修复工作是借助具有资质的外部专业力量加藏品保管员协助的方式完成的。即专业修复人员动手实操，藏品保管员通过拍照、视频、文字全过程跟踪记录修复步骤，建立科学完善的保护修复档案。

这种半自主修复的方式弥补了新建博物馆缺少开展修复工作的资质和经验，保障了修复工作的合法性和准确性，突破了专题类博物馆修复人才匮乏的瓶颈。

6.2 中西修复理论结合成新趋势

中国传统藏品修复脱胎于文物作伪技术，秉承着“修旧如旧”的修复理念。修复过程中掩盖修复痕迹，力求达到原物和修复部分浑然一体，肉眼难以识别。而西方的修复理论基础源于布兰迪修复思想，以最小干预为修复基础，在实行修复时应遵守“可逆、兼容、可识别”三大原则。突出尊重藏品的年代价值，强调修复过程中对历史信息的保护的现代修复理念。所以，是否保留修复痕迹和如何保留是中西方两种修复理论争论的主要矛盾之一。

近年，随着中西方藏品保护领域的广泛交流，两种理论并非完全对立，国内出现了许多对中西方修复理论进行结合并进行实践的修复项目。

此次修复项目，为了尊重藏品本身承载的历史痕迹，在修复方案制订时参考近年修复案例，并经过专家论证，采用了传统工艺对修复部分进行“内外有别”的可识别修复方案。即在随色做旧环节，将藏品展示的一面做到与周围统一，不易察觉的背面部位不做处理，保留修复痕迹。这一修复理论的新趋势，兼顾了中国传统文化完整性美学和现代藏品保护的求真务实，同时也满足了观众日益提升的审美情趣，履行了博物馆“尊重历史”的社会功能。

6.3 藏品的预防性修复要重视

藏品修复与藏品保养相互结合，“防”“治”结合，才能让藏品焕发风采，延长寿命。为了避免修复时使用的工艺和材料对藏品产生损害，就需要在实际操作和修复材料选择等环节加以注意，采取一些保护性措施，对藏品起到预防性修复作用。

在藏品修复过程中，除尘工序是对藏品的保养，通过物理方式除尘环节对“出展窗扇”进行细致入微的体检，对发现的“病症”，再制订科学的修复方案，或矫正加固、或补配随色。中国古典园林中的窗扇多为木质藏品，其木质属性决定了它自身的特质，即随着环境中温度湿度的变化而发生龟裂、弯曲、变形等。由于每种木质的张力不同，为了保证已修复的窗扇在今后能得到更好的保护，所以在这次补配的过程中，特意选择了与其用材同时期、同材质的木质材料。

7 总结

党的十八大以来，习近平总书记对文物工作做出了重要指示批示，提出的“坚持保护第一”“让文物活起来”“文物保护靠科技”等观点为文物保护工作规划好了蓝图，中国园林博物馆自建馆以来始终秉承这一理念，以立足本馆，服务北京市公园管理中心系统各单位为思路，力争在专业机构的帮助下探索一条科学化、系统化的保护途径，从而达到进一步强化可移动文物预防性保护的目的。

藏品保护和修复是博物馆行业发展不可缺少的一种技术手段，也是博物馆中的一项重要工作，为了博物馆能办出高水平的展览，中国园林博物馆创造了藏品修复必要条件和环境。2021年的窗扇修复作为中国园林博物馆首次在馆内开展的半自主修复工作，为专题博物馆藏品保护修复开创出一种模式。

作者简介

马超 /1979 年生 / 女 / 北京人 / 馆员 / 研究生 / 研究方向文物保护与研究 / 中国园林博物馆北京筹备办公室藏品保管部（北京 100072）

马欣蕾 /1988 年生 / 女 / 北京人 / 助理馆员 / 学士 / 研究方向文物保护与研究 / 中国园林博物馆北京筹备办公室藏品保管部（北京 100072）

“小切口，大内容”展览的策划与实践
——以“恰同学少年——校徽上的大学记忆”展为例

Planning and practice of “small perspective, big content”exhibition—Taking the school emblem exhibition as an example

谷 媛

Gu Yuan

摘 要： 在“恰同学少年——校徽上的大学记忆”展览的策划和实施中，探讨了“小切口，大内容”展览的策划特性和优势，这种类型的展览具有小制作、小投入、小空间的特点，可以节省经费，对空间的要求不高，且契合当今时代人们快捷获取知识的途径，在展览策划上更容易结合行业特点，通过对展品内涵的深刻挖掘，给人以出其不意的喜悦或情感共鸣，更具吸引力，能揭示出深刻的道理或文化的认同感，因此具有很好的应用前景。

关键词： 博物馆；展览；策划；以小见大

Abstract: In the planning and implementation of the exhibition “just classmate youth—University memory on the school emblem”, this paper discusses the planning characteristics and advantages of the exhibition “small incision, large content”. This type of exhibition has the characteristics of small production, small investment and small space, which can save money, has low requirements for space, and is in line with the way for people to quickly obtain knowledge in today’s era, In terms of exhibition planning, it is easier to combine the characteristics of the industry. Through the deep excavation of the connotation of the exhibits, it gives people unexpected joy or emotional resonance, which is more attractive and can reveal a profound sense of truth or cultural identity. Therefore, it has a good application prospect.

Key words: museum； exhibition； planning exhibition； see big things through small ones

引言

“山有小口，仿佛若有光。便舍船，从口入。初极狭，才通人。复行数十步，豁然开朗。土地平旷，屋舍俨然，有良田、美池、桑竹之属。阡陌交通，鸡犬相闻。”陶渊明在一千六百年前就创造了“小切口、大内容”的生活模式，成为无数后人竞相追逐、憧憬、效仿的理想世界。今日，我们依旧可以暗恋桃花源，但谁也不会真去造一个桃花源，它的意义已经远远大于当时当日，指引我们从关注大幅面、大观点，到定格小视角、小话题。本文的立意源于在中国园林博物馆举办的“恰同学少年——校徽上的大学记忆”展（图 1），从一枚枚小小的校徽入手，以小见大，呈现背后的大千世界。

1　何为“小切口”

对于一个展览而言，筛选合适的展品是第一要务，博物馆中通常根据展品的类型、特点、历史、地域等要素来策划展览。如在以秦砖汉瓦为主的藏品丰富的情况下，可策划一部秦汉风尚的宏大主题展览；如果有一张历代名家书画的大单，便可驰骋千年，尽数画论中之种种；如果掌握同一用途、同一式样的一批旧藏，且不具备开膛破肚的体格，那便可寻一小切口下手，循其小肌理摸索，识别共性，分类整理，大学校徽就是这样一类小展品，方寸可现、指尖可承。可见此处的物小不是真的小，不为主流才是真的小。

图 1　展览主题墙

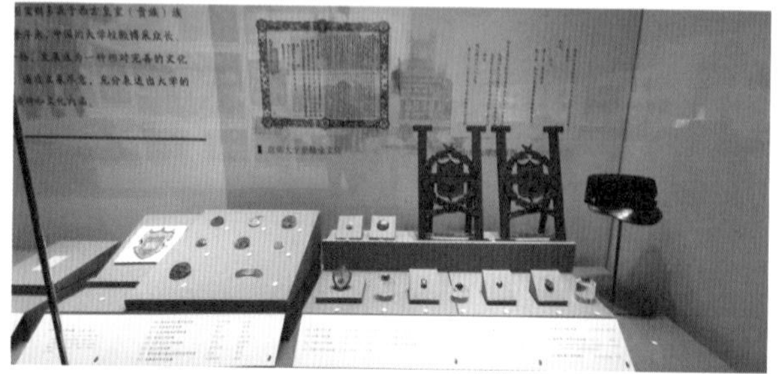
图 3　展示的部分展品

1.1　小身材——大分量

校徽，不外乎三五厘米，或方或圆，或三角或偶有异形，佩戴于胸前，成为校园里独有的师生标志或文化自信的配物。校徽是一所学校的象征与标志，往往蕴含了特殊的意义[1]，特别是一些历史悠久的名校校徽，如北京大学、清华大学。大学校徽的演化，是百年大学文脉的形象展示和生动浓缩，更是生机勃发的青春中国的形象代言（图 2）。

1.2　小图案——大风采

小校徽，图案简洁，设计精巧而有哲理，通过巧妙的构思和设计，将具有象征意义的图像呈现。质地不凡而以稀为贵。金、银、铜、鎏金、珐琅等在当时就价格不菲。再者，校徽方寸之间蕴含的是大学的办学理念、办学特色以及在办学过程中积淀的传统文化精神。大学校徽是一所大学的精神、理念和气质的直观体现，是回忆大学岁月、凝聚校友情感的特殊信物，如同一滴水可以折射太阳的光辉，从一枚校徽也可以窥见大学的风采。这也是最重要的一个展览文化属性的切口（图 3）。

1.3　小展台——高光点

校徽展品在展览中最大的难点就是体积小、数量多，对展具、展示方式要求高，既要满足展品与展览内容的一致，又要考虑展线的分布和观众观展的清晰度。中国园林博物馆举办的“恰同学少年——校徽上的大学记忆”，

图 2　展示的校徽

展示形式根据大纲内容策划，在展品的选择上力争做到大纲的每一个观点都有重点展示和一般展示的展品支撑。因校徽体形较小，故在展示方式上采用重点展示、密集展示、辅助展示等多种展示形式，展品数量达 1919 件。展品的选择上关注三大类型：第一大类是时间跨度百余年的国内外校徽（又可分为证章式样的校徽、纪念式样的校徽、牌匾式样的校徽、实用类式样的校徽）；第二大类是与校徽有关的人物的笔记、校徽设计稿、来往书信等文献资料；第三大类是关于高校的建筑老照片、书籍、毕业证、学生证、奖杯、校旗、年刊、校园生活用品。为更好展示展品的艺术性，考虑了每一枚校徽的展具、展台和展示角度，仅各类异形展台就达一百余种，对于重点展品，有放大镜或放大图片，辅助观展，避免了因展品数量多、类别杂而带来的观展疲劳，反而成为此次展览的高光点。一千多枚校徽展品和其他辅助展品的说明牌如何书写和摆放也是一个难点。团队成员经过整理，一共列出 516 个编号，并分别梳理词条，整合于 66 块说明牌之上，内容涉及展品名称、年代、材质、尺寸和解读等，为观众了解每一件展品，记住重点展品背后的故事提供了可能（图 4、图 5）。

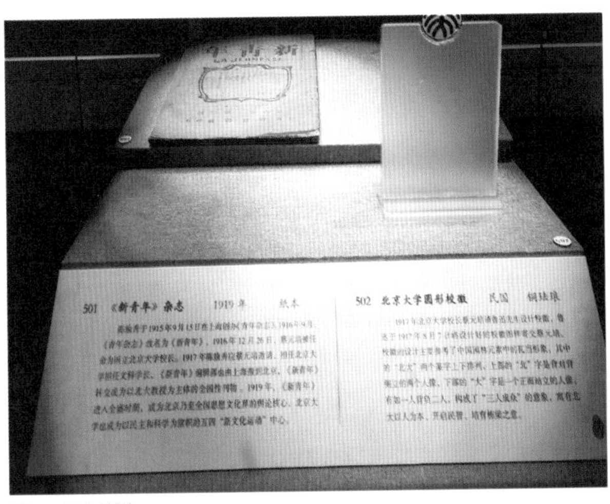

图 4　北大校徽

图 5　观众观看展览

1.4　小校徽——大意蕴

大学校徽是一所大学的精神、理念和气质的直观体现，是回忆大学岁月、凝聚校友情感的特殊信物。尤其是那些百年名校，虽历经时代变迁、风雨洗礼，但校徽上那些不变的标识和符号无声彰显着文脉的传承，不绝如缕，令人感怀。这就是小校徽与大学校之间的血肉联系。意蕴是大学校徽中的意象所蕴含的意思，是大学精神的理性诉求 [2]，校徽中的意象在人脑海中能够激发出审美想象空间，能够让参观者产生一种不一样的审美感受。

2　如何将“小切口”做成大文章

该展览在策划时，首先考虑这样几个问题：拿到这个展览命题，首先考虑的是怎么展，观众怎么看。各大博物馆几乎没有做过类似展品的专题展览，缺乏可借鉴的案例分析和市场数据。其次，考虑的因素有：展览看什么？看看校徽五花八门的热闹？还是材质工艺的考究？抑或是校徽和大学的历史？基于以上的思考，在不断自我否定中渐渐形成了此次展览的主题和思路：那就是通过一个小切口，反映出一段大历史；通过小校徽，反映出大学的变迁；通过小校徽，唤醒爱国的情怀；通过小校徽，反映出大学校园的山水建筑、园林意境。

2.1　时代华章的选题策划

中国近现代以来教育发展的百年，正是中国青年一代又一代接续奋斗、凯歌前行的百年，把这 650 平方米展厅的 1919 枚校徽串联起来，就是一曲以青春之我创造青春之中国、青春之民族的时代华章。

展览凝聚爱国的力量。教育兴则国家兴，教育强则国家强。大学是国力强盛的重要体现，展览充分展现百年来中国大学弦歌不辍的巨大成就，激荡起观众强烈的爱国主义情怀。

展览体现历史的逻辑。在展览中校徽不再是冷冰冰的展品，而是会说话的讲解员，展览通过巧妙的布局和历史脉络的梳理，充分呈现校徽所承载的历史价值和时代价值，让观众对百年文脉绵延不绝、守正创新的雄伟画卷鲜活可感、受益匪浅。

展览抒发文化的自信。对校徽所承载的大学精神的追怀是对大学文化命脉的传承，是迈向文化自信，进而臻于文化自强的一种文化自觉。中国现代大学从诞生之日起，既受西方现代大学制度影响，又与中国古代教育和传统文化紧密相依，中国的大学校徽和校园园林，也因此体现出中西融合、兼容并蓄的特征。展览通过校徽和校园园林这两个载体，形象反映出中国高校面向国际、博采众长的特色发展之路。

展览触摸青春的温度。中国大学发展的百年，正是中国青年一代又一代接续奋斗、凯歌前行的百年。展览不仅展示校徽，还展示大学生活的老照片、老物件，以此来讲述平凡又动人的校园故事，为观众呈现鲜活有温度的青春和凝固的记忆。提醒着今天的莘莘学子：不要因为走得太远，而忘记了为什么出发，传达“青春由磨砺而出彩，人生因奋斗而升华”的主张。

2.2 小中见大的展览定位

“恰同学少年——校徽上的大学记忆”展览突破了以物言物的视角，让它们不因娇小而卑微，将之放诸于历史的长河中，放诸于南北东西的高等学府中，突出以小见大的展览理念。通过校徽、大学、校园园林等载体，展现百年大学发展。在展览立意上，首先将校徽和园林的关系梳理清楚，并成为展览的一条暗线，将大学教育发展的形象见证和信息载体校徽，放置于大学变迁过程中证史、存史、续史的“文化化石”位置，更是莘莘学子的青春坐标和精神家园。而中国园林，恰以“小中见大”“虽由人作，宛自天开”为营造理念（图 6、图 7）。

展览的主题思想通过校徽等大学生必备物品，配以不同历史时期的老照片、视频资料，将爱国主义、文化自信和青春情怀融汇于展览内核中。从展品的规模上，也力争全方位从广度和深度体现展览的主题。展品校徽不仅涵盖国内主要高校，还包括欧美日等国外著名高校早期的校徽。从展品的珍稀度来说，包括清末京师大学堂、部分地方大学堂校徽和其他运动会、学术类徽章，包括北京大学早期校徽（鲁迅先生设计）、武汉大学校徽（闻一多先生设计）、交通大学 1934 届毕业纪念徽章（钱学森先生设计）等（图 8~ 图 10）。

图 6 展览宣传图

图 7 观众观看展览

图 8 展览部分展品

图 10 校徽展示（2）

2.3 见微知著的展品价值

校徽呈现有形的历史。如果把一枚枚校徽串联起来，就是一部具体而微、生动形象的近现代中国高等教育发展史、变迁史。一枚枚校徽散发着坚守木铎的专注和独立精神，提醒着今天的学子乃至教育主管者：不要因为走得太远，而忘记了为什么出发。

校徽承载无声的诉说。那些依然引领着中国高等教育的百年名校，虽历经时代变迁，风雨洗礼，但校徽上那些不变的标识和符号无声彰显着文脉的传承，不绝如缕，令人感怀。透过一枚枚百年名校的校徽，可以看到它们对于自己在岁月长河中积淀的独有风骨和鲜明个性有一种近乎执迷的坚守和弘扬，在大学合并潮、改名潮风起云涌的今天，这种执着格外有一种穿透迷雾的力量，甚至可以说，一枚校徽就是这些大学“校格”的具体展现。

校徽体现凝固的记忆。当人们看到这些睽违的校徽，脑海会像过电影一样，尘封的校园记忆就会立马鲜活起来，回到当年在大学校园的诸般情景，可亲，可感，如在昨日。校徽不仅可以帮你重溯自己的青春记忆，更可追寻父辈甚至再往上祖辈的校园往事。

校徽彰显鲜活的青春。每一枚校徽背后，都是一段有温度的青春。校徽里的青春，是“一寸光阴一寸金”的奋发，是“指点江山，激扬文字”的豪迈，是“面朝大海，春暖花开”的梦想，也是“长亭外，古道边，芳草碧连天”的依依惜别。借一枚小小的校徽，人们可以追随徜徉在象牙塔中的难忘时光，续写未了的青春之缘。

2.4 催人共情的展览文字

一个好的展览一定是全方位的，展品、立意、文字、设计、音乐、灯光，甚至工作人员的着装，讲解人员的共情，都是策展人应该考虑的因素。为了让校徽说话，为了让观众发声，我们在大纲文字内容的撰写上，再次高光展现小展品的带动力，在情感上令人认同和感动。前言的文字充分体现了校徽小物件的大视角，用唯美的文字将观众带入一场怀旧的礼赞。

校徽是一首诗。透过校徽背后的历史风云，我们可以清晰看到百年来中国高校弦歌不辍、自强不息的时代华章；教育强国的强劲脉动，成为文化自信的坚定支撑和重要内涵。

校徽是一座桥。它沟通中外，兼容并蓄，折射出中国高等教育既海纳百川又具有中国特色的发展轨迹，见证着新时代中国高校与时俱进、开拓创新的奋进旅程。

校徽是一支歌。胸前之徽，融汇几许书生意气；方寸之物，伴随多少花样年华。无数个有志青年走出大学校门，不负母校厚望，一个个跃进的青春音符，汇聚成实现中华民族伟大复兴的浩然长歌。

校徽是百年文脉的形象见证和特殊载体，也是莘莘学子的青春坐标和精神家园。就让我们借助这一枚枚校徽，激扬振兴中华的青春之志，展开砥砺奋进的青春之旅吧。

2.5 见物见人的展览内容

展览的开篇以时间轴的形式，追溯大学的前身，从公元前124年，汉武帝在长安设立最高学府太学为起点，讲述了两千多年中国教育史的雏形、滥觞、发展、壮大、繁荣的历程。展览主要以“徽”字为连接点，将展览内容有机串联起来，共分为徽源、徽印、徽簧、徽忆四个部分，其中“徽源”主要讲述了校徽的起源，通过中西方对比，表现百余年来，中国的大学校徽博采众长、自成一格，发展成为一种相对完善的文化现象，通过立象尽意，充分表达出大学的人文精神和文化内涵。“徽印”部分主要通过校徽展示百余年来中国大学发展的历史脉络，以大学校徽为切入点，融会东西方教育文明，全景式展现百余年来中国高等教育弦歌不辍、文脉绵延的时代风貌和人文价值。“徽簧”部分主要以校徽上的园林和建筑图案为载体，呈现中国大学园林中西合璧、自成一格的校园景观。“徽忆”部分主要通过校徽、老照片、老物件的巧妙组合，并设置一面巨大的由千余枚校徽组成的校徽墙，让观众直达曾经的青春现场，重温难忘的大学岁月（图11~图13）。

总之，通过这几个部分的有机组合，做到以小见大，不仅要见物，更要见人，见史，见精神，让观众置身其中，

图11 展览部分展品

图12 观众观看展览

犹如展开一次朝气蓬勃、壮志凌云的“青春号”大学之旅。

2.6 根叶贯穿的形式设计

在展览设计中，以“绿叶对根的情意”作为设计的要素和情感节奏。一者，叶与根的关系正是莘莘学子对母校的眷恋；二者，叶与根的色彩正是大地与生命的融合；三者，叶与根营造的环境正是大学校园里最为浪漫的所在；四者，叶与根的植物学概念正是园林最难割舍的根本。因此有了一棵“校徽树”，有了一片“校徽林”，有了一面叶形留言墙，有了一组大树下，紫藤架、竹篱笆的校园邂逅场景，在展厅中营造出饱满而青春的精神空间。展厅整体色调明亮通透，在中灰、乳白的基调下，绿叶与树根色彩和形象跳跃贯穿其间，简单、纯洁、进步。

3 “小切口，大内容”展览分析

3.1 小型展览的现状

一滴水折射出太阳的光辉，一个小型展览托举起一种伟大的精神。小展览对于非综合类博物馆来说，是一种很好的尝试，甚至当下，一些一级大馆也纷纷推出一些亲民、雅致、活跃、清新的小展，做到大展小展互补、大话题小事件相互动、大手笔小投入相调配。尤其受新冠肺炎疫情影响，博物馆经费紧缩，催生了一批小而精的展览，也得到观众的点赞。近几年园博馆获奖的展览，比如校徽展、古琴与园林、戏曲与园林、园林的多维度——窗等，都谈不上大展、大话题，都是反映某一特定历史时期少数人群的小事件，而恰恰是这些不具有代表性的文化，成为社会关注的层面，也体现出兼容并蓄的时代特色。博物馆临展的“小切口”选题其实也和馆藏文物的结构有关系，必须对藏品的整体构成有个清晰的认识和了解，在研究基础上从中寻找展览选材的切入口，这一点尤为重要[3]。

图 13 展览部分展品

3.2 “小切口，大内容展览”的优势

第一，小切口展览在主题的策划上更容易结合行业特点，精准定位，展品为主题服务的效率最高，言有所指，物有所向。

第二，小切口展览体现展品的独特性，并赋予其时代特征，通过对展品内涵的深刻挖掘，给人以出其不意的喜悦或情感共鸣，更具吸引力。

第三，小切口展览因为展品的单一性和连续性，往往能揭示出深刻的道理或文化的认同感，减少同质化的弊端。

第四，小切口的展览一般都是小制作、小投入、小空间，因此在经费的使用上可以大大节省，对空间的要求不高。

第五，小切口展览适合中小型的主题博物馆，也契合当今时代人们快捷获取知识的途径。

4 结语

中国园林追求诗意栖居的理想，讲究以小见大，曲径通幽，在咫尺之地再造乾坤，小小一处园林浓缩了传统文化的精髓和时代精神，而像校徽、印章等这些体量小的物品中，也体现了艺术布局等方面的内容，透过这一个个窗口，可以看出宏大的主题，通过策划并实施“恰同学少年——校徽上的大学记忆”展，总结了“小切口，大内容”展览的策划特性和优势，这种小型展览契合当今时代人们快捷获取知识的途径，从小处着眼，通过对展品内涵的深刻挖掘，给人以出其不意的喜悦或情感共鸣，能揭示出深刻的道理或文化的认同感，因此具有很好的应用前景，但是也需要进一步探讨该类型展览策划实施中的问题，了解不同层次参观群体对展览的观展体验，更好地完善此类展览的策划和实施思路，以小命题博大主题。

参考文献

[1] 梁毅 . 徽说往事 大学校徽里的旧时光 [J]. 艺术市场，2020（10）：84-87.

[2] 李金桥 . 大学校徽的意蕴与意境 . 现代大学教育，2011（1）：36-40.

[3] 陈杰 . 名人类临展策划的“小切口”：以“司徒雷登在 1946”策展为例 [J]// 中国博物馆协会名人故居专业委员会 .2018 年年会暨学术研讨会论文集，2018.

作者简介

谷媛 /1976 年生 / 女 / 山西大同人 / 副研究馆员 / 学士 / 研究方向为博物馆学和博物馆展览 / 中国园林博物馆北京筹备办公室 (北京 100072)

历史档案在博物馆展陈中的利用途径

Utilization of Historical Archives in Museum Exhibition

孙 萌

Sun Meng

摘 要：档案馆、博物馆馆际融合已成为时代发展趋势，历史档案与博物馆展陈间存在着天然密切的联系，其多元价值也在展陈利用中体现。但历史档案在展陈中的地位功能、表达方式、技术应用等方面还有待优化提升。本文以中国园林博物馆为例，分析历史档案在博物馆展陈中的利用现状、存在问题，并对未来发展提出构想。

关键词：档案利用；历史档案；博物馆；展览展陈

Abstract: The interlibrary integration of archives and museums has become the development trend of the times. There is a natural close relationship between historical archives and Museum exhibition, and its diversified value is also reflected in the exhibition and utilization. However, the status, function, expression and technical application of historical archives in exhibition and presentation need to be optimized and improved. Taking the Museum of Chinese Gardens and Landscape Architecture as an example, this paper analyzes the current situation and existing problems of the utilization of historical archives in museum exhibition, and puts forward some ideas for the future development.

Key words: Archives utilization; historical archives; museum; exhibition

历史档案是档案大家族的重要组成部分，其文化、政治、教育、经济价值易被忽视和遗忘。专业局限性也使历史档案的利用范围止步档案馆内。近些年随着“馆藏活化”等理念的深入，档案馆、博物馆加强了交流合作。历史档案逐渐从“馆舍天地，走向大千世界”，扩大了利用的时空范围。

1 历史档案与博物馆展陈间的关系

1.1 历史档案的特点

历史档案在一些人眼中是“泛黄的故纸堆”，时间似乎掩盖了它们固有的价值。但其具有原真性、唯一性和不可再生性等特点，永远不可被替代和抹去。历史档案形成时间久远，传承着昨日，是古今对话的链条。由于自然和政治原因，宋元以前档案存世稀少，现存明清、民国时期的档案卷帙浩繁，种类齐全；涵盖历史人物、历史事件、政党社团等。主要存放在国家级档案馆内，如中国第一历史档案馆，收藏1000万余件明清档案；民国时期档案大部分收藏在中国第二历史档案馆内，共藏258万余件。相比普通档案，历史档案的利用多局限在专业群体中，如高校、科研院所、档案馆等，一般个人限于主客观因素，鲜有接触利用的机会，所以此类档案往往有传播范围窄、普及程度弱、受众面小、利用价值低等特点。历史档案远离公众视野，在社会文化生活中存在感不强，与自身的价值属性不匹配。

1.2 博物馆展览陈列特点

博物馆集收藏、研究、展示、教育功能于一身，是提供文化服务与产品的综合性机构。博物馆展陈是博物馆核心工作的集中体现，也是其兑现价值的重要途径。馆中陈列多以馆内藏品为基本陈列对象，围绕博物馆性质特点和发展方向，合理定位展览展陈主题内容、艺术设计、观众需求等。在时代的语境下，定期举办特色展览，讲好博物馆、藏品、展览陈列间的故事。可以说博物馆展陈是一个由输入到输出的过程，是一个审美表达的过程，也是一个学科跨界互动的过程。策展人的思想意境融入大纲的编写中、藏品的包装中、空间的设计中。在系统加工后，或以恢宏史诗般的叙事方式讲述，或从细节处入手，见微知著，润物无声。“展”仅仅是展览的一部分，是博物馆功能发挥的开始，观众的“览”才是检验最终价值的试金石。让观众在观展后，有代入感、亲切感、记忆相拥感，实现博物馆——人类共同记忆的载体功能，达成自己的文化使命。

1.3 二者间的相互关系

历史档案不是绝世而立的孤岛，与博物馆有着微妙的关联性。在“馆藏活化”的当下，馆际间加强合作，成为历史档案打破发展壁垒，彰显自身价值的必要条件。首先，历史档案与博物馆展览展陈之间存在着天然的联系。在博物馆展陈策划前期，立意主题、撰写大纲、构思文字等过程，都需要查阅大量文献史料。作为一手资料的档案，还原度、严谨度、可信度可以满足博物馆展陈策划的需求。其次，档案馆档案编研是其工作成果的集中体现。中国第一历史档案馆近年来与北京市颐和园管理处合作出版档案编研著作——《清宫颐和园档案》系列丛书。书中汇编的档案条目，涉及清漪园、颐和园时期政治、外交、营造、陈设、管理等内容，与园林历史、建筑、文化等相互印证，为历史档案在展陈中的多元利用提供了可能。历史档案与展览陈列的基本属性，让二者间产生紧密联系，且相互交叉渗透、互为概括补充，从而衍生出广阔的合作空间。

2 历史档案在展陈中的利用现状

2.1 直接利用

直接利用是历史档案在博物馆展陈中利用的主要途径。拣选符合展陈主题和内容的历史档案，节选全文或部分，以展板或其他设计形式，或独立佐证历史事件，或围绕陈列品补充说明。选取的档案内容一般为原文录入，档案文字不做调整和增删，保持档案的历史原貌。中国园林博物馆在2020年9月举办了“园说Ⅱ”系列展，此展览是为纪念颐和园建园270年而举办的文物特展。展览共分为四个篇章，用园藏文物和档案史料印证了颐和园不同历史时期的发展风貌及时代缩影。展陈中前三个篇章主要讲述清漪园、颐和园时期的园史，为了更好地解读主题和文物，分别选择了政务礼仪中“乾隆帝接见蒙古亲王史料”“六世班禅朝觐史料”“慈禧、光绪接见德国亨利亲王史料”；在园囿管理方面，选择“嘉庆朝大清会典事例”“果郡王永瑹私游清漪园史料”“惩办民人侯义公擅入清漪园史料”等。这些代表性史料大多出自《清宫颐和园档案》系列丛书，用“档案的语言”对展陈主题和内容进行了阐述和印证。最后一个篇章内容涉及民国时期的历史，是颐和园由皇室私产向公众开放的转折点，选取《瞻仰颐和园简章》民国档案全文，观众既能了解禁苑开放初期颐和园的管理方式，又可感悟到民国时期中国社会风云突变的动荡局面，彰显出档案语言客观可信的力度。

2.2 间接利用

历史档案不直接呈现在展陈中，仅作为策展背景资料、原状展陈复原依据等。这些档案如幕后英雄，在展览陈列中虽寻不到踪迹，但确是展陈的原动力与催化剂。2020年8月，在中国园林博物馆举办“恰同学少年——校徽上的大学记忆”展，展览在新冠肺炎疫情期间举办，以校徽为切入点，选取代表大学的校史文化、发展变迁等进行深度梳理解读，展现了中国大学百年发展历程，增强了观者的道路自信、理论自信、制度自信、文化自信，在观展中重温社会主义核心价值观。展览甄选的1000余件校徽，年代跨度大，浓缩着国内高校百年发展历程。徽章小中见大，在见物、见人、见精神的背后，是大量档案史料的支撑。清华大学档案馆、北京理工大学档案馆、北京交通大学档案馆、北京联合大学档案馆等高校档案馆，为展览提供了丰富宝贵的档案史料，让历史档案以校徽为载体，走出校园、走出档案馆，链接生活、链接时代。

跨界合作拓宽了历史档案的利用维度，历史档案的利用也不再仅限于馆际之间，原状展陈也让历史档案有了“用武之地”。2020 年 12 月，颐和园耕织图景观历史文化展，在升级改造后重新开放。主要展示清漪园时期中国传统的农耕蚕织文化、颐和园时期水操学堂的办学始末。在原址上复建有 7 个展室，其中第三展室按照清漪园时期延赏斋陈设清册，进行局部陈设的复原展示，尽可能呈现耕织图景观的历史风貌。档案在原状展陈中由平面文字演变成直观立体的空间，提升了阅读性、审美感和普及度。

3 历史档案在利用中的问题

3.1 地位相对被动

历史档案走进博物馆、公园等公共文化空间，在展览陈列中凸显其独特的魅力。观众通过展览，对历史档案的理解愈发清晰深入，陈知故念逐渐褪去；档案的社会认可度和文化参与度也显著提升。但在展览陈列中，历史档案仍处于从属地位，多以辅助说明的身份出现，单纯围绕历史档案为中心的展陈凤毛麟角。其实，档案研究并不缺少丰硕的成果，但如何让成果转化落地，直接“移植”到博物馆展陈中，成为独当一面的“主角”，在展陈中独立自主地讲好故事，还需要经验的大量积累、馆际间的精诚合作、专业人士间的思想碰撞等。只有多方努力，才能在展陈实践中合理定位历史档案的价值，逐步转变历史档案的配角地位。

3.2 表现手法相对单一

历史档案在博物馆展陈中有直接、间接两种利用途径，这尊重了档案的原真属性，保持了档案的历史原貌，提升了档案的社会功能。但在博物馆展陈中，在故事的叙述中，无论是展板上的档案史料，还是原状复原的场景，静态模式的单方面说教占了很大比重，缺乏人与物、人与人之间的交流互动，沉浸感不强。观众只是在读文字、看场景中被动地获取信息。这种表现手法对一些观众尤其是年轻群体，黏着度不高，他们更关注故事的讲述方式、传播途径、衍生产品。所以要满足新口味、新需求、顺应文化发展新趋势，让历史档案与观众“对话”，新技术、新媒体的加入必不可少。中央电视台在 2021 年春节期间，推出了两部纪录片“典籍里的中国”和“书简阅中国”，通过加入影视、戏剧、文艺、动画等表现元素，共同演绎出传统文化的视觉盛宴。让典籍书信里相关的人、事、物都“活起来”，再现文字中的那些年、那些事、那些人，引发观者的情感共鸣。古籍、书信与档案有很多共通点，都可在文字信息中寻找逝去的历史线索。纪录片中知、情、意、形相融合的表现手法，对历史档案在博物馆展陈中的创新表现有很大启示。

4 历史档案利用的构想与展望

4.1 充分利用网络数字资源

历史档案借助博物馆展示平台，走出档案馆，建立起与外部世界的联系。但历史档案现阶段可搭乘的载体较少，并没有真正和公众生活融为一体，亟待开拓利用空间和延伸渠道，让历史档案不再局限于一场展览、一本著作、一项课题中，持续焕发新鲜的生命活力。互联网信息时代，档案馆和博物馆要整合两馆资源，打造互联网＋档案馆＋博物馆模式，充分开发云端资源，实现馆际间数据资源的无缝对接。历史档案在线下展览结束后，通过网络媒体平台，开启线上资源共享新篇章，服务更广大群体。既可丰富博物馆线上教育的形式和内容，又延长了历史档案的利用周期 。

4.2 开发历史档案文创产品

近年，博物馆文创产品成为公众热议的话题，如故宫博物院推出的文创系列产品，宣告着文创产业开发进入了 2.0 时代。各大博物馆文创产品成为网络热搜的常客，掀起了公众关注的阵阵热潮。商业宣传、产品文案、IP 形象打造等紧贴主流消费痛点。“多管齐下”的营销模式，刺激着人们对文化消费的欲望与需求。在国内主流博物馆发展建设中，文创产品的设计开发已成为重要的环节。博物馆文创是博物馆教育功能的延伸，其目的绝不仅是销售文创产品，而是让博物馆中文化资源的价值得到更广泛的传播和认可。历史档案可凭借博物馆文创产业的东风，融合研究、实践成果，开发一系列符合文化属性、创意属性、市场属性的产品，提升历史档案文创产品的质感和深度，同步文化类创意产品发展新趋势。

5 结语

历史档案是先人留给我们的重要记忆遗产、时代凭证。我们在保护好、传承好的同时，更要挖掘它们的价值属性，彰显其内在魅力。博物馆具有文化整合的天时地利条件，用好博物馆广阔天地，在深入研究历史档案的基础上，联系周边学科，充分开发更多元的利用途径，不断提升历史档案在展陈中的地位。在文旅融合、档企结合的时代语境下，以历史档案为切入点，多渠道借鉴表现手法，打造具有传统审美感、历史厚重感、数字时尚感等创新理念展览，让人们在观展中感受先人的智慧与情怀，缩小历史档案与现实生活的距离，让公众走近档案，让档案贴近生活。

参考文献

[1] 王春法 . 什么样的展览是好展览：关于博物馆展览的几点思考 [J]. 博物馆管理，2020（2）：4-16.

[2] 郑慧，林凯 . 英国国家档案馆文化休闲服务研究与启示 [J]. 档案与建设 ,2020(1):42-45.

[3] 周时 . 档案工作跨界合作的发展趋势探析 [J]. 档案天地，2020（6）：46-49.

[4] 中国第一历史档案馆，北京颐和园管理处 . 清宫颐和园档案 [M]. 北京：中华书局，2017.

[5] 陈兆祦，和宝荣，王英玮 . 档案管理学基础 [M]. 北京：中国人民大学出版社，2006.

作者简介

孙萌 /1982 年生 / 北京人 / 馆员 / 学士 / 研究方向为档案和博物馆 / 中国园林博物馆 （北京 100072）

“燕京八绝”之园林文化浅析

A brief analysis of Eight Traditional Palace Handicrafts in Yanjing and the garden culture

夏 卫 马欣蕠

Xia Wei Ma Xinru

摘 要: 以牙雕、玉雕、景泰蓝、雕漆、花丝镶嵌、金漆镶嵌、京绣、宫毯八大工艺门类为代表的国家级非物质文化遗产“燕京八绝”与中国古代园林文化联系密切，都是我国灿烂文明、辉煌历史和古人非凡创造力的集中体现和智慧结晶，探讨两者之间在美学、技法上的共通之处，发掘“燕京八绝”与园林文化内涵，将进一步增强公众对非遗的全面保护意识和对中华优秀传统文化精髓的认识。

关键词: “燕京八绝”；中国园林；园林文化

Abstract: The national intangible cultural heritage “Yanjing Bajue” (Eight Traditional Palace Handicrafts in Yanjing), represented by the eight craft categories of tooth carving, jade carving, cloisonne, carved lacquer, filigree inlay, gold lacquer inlay, Beijing embroidery and palace carpet, is closely related to the ancient Chinese garden culture, it is the concentrated embodiment and wisdom crystallization of the brilliant civilization, glorious history and the extraordinary creativity of the ancients in our country. Discuss the similarities between the two in aesthetics and techniques, and excavates the connotation of the “Yanjing Bajue” and the garden culture, it will further enhance the public awareness of the comprehensive protection of intangible cultural heritage and the essence of the fine traditional Chinese culture.

Key words: “the Eight Traditional Palace Handicrafts in Yanjing”; Chinese gardens; garden culture

1 “燕京八绝”历史溯源

北京工艺美术分两大类型，一类是以“燕京八绝”为代表的宫廷工艺；另一类是以“民间九珍”为代表的民间工艺。“燕京八绝”一词产生于20世纪70年代，先是借用京剧名词“四大名旦”，指当时工艺美术品出口创汇最多的牙雕、玉雕、景泰蓝、雕漆这四大名品。后来北京的地毯、花丝镶嵌等品类也相继成为出口大户，于是就又借用北京“燕京八景”一词，将牙雕、玉雕、景泰蓝、雕漆、花丝镶嵌、金漆镶嵌、京绣、宫毯统称为“燕京八绝”。因为独特的地域优势，北京自元代起便汇集了各方能工巧匠为皇室服务。到明代，“燕京八绝”初具规模。及至清代，“燕京八绝”盛极一时，开创了中华传统工艺的新高峰，并逐渐形成了“京作”特色的宫廷艺术。[1]“燕京八绝”的材料选用、制作技艺、工艺特点，是多民族融合、多元文化滋养的结晶，精雕细琢中展现手工匠人的智慧与情感。其用料珍奇，选材考究，技艺精湛，造型雍容，多用于皇家御用珍品。“燕京八绝”是汇聚民间手工艺之精华，经宫廷博采众家之长，融合并升华的集大成之作，是中华传统文化艺术历史长河中璀璨夺目的一组明珠。

2 “燕京八绝”中的园林要素

中国园林兼收并蓄，博采众长，具有很强的文化包容性和创新性。园林中的山形水系、植物造景、园林建筑等元素是“燕京八绝”创作中的重要题材。通过“燕京八绝”器物中运用的动植物纹饰、反映文人山水的园林题材及其与园林造景之法上的互通互鉴，可以看到“燕京八绝”与园林文化的紧密联系。青山秀水，花卉灵木，鸟兽游鱼，亭台楼阁，这些园林中的精粹由匠人移植于“燕京八绝”器物之上，使之得以蕴含自然之灵秀，与园林之景更相得益彰，于品啜之间增添清雅生机，并向人们展示寄情山水的生活理想及文人雅客的审美情趣。

2.1 动植物吉祥纹饰

植物、动物纹饰自原始社会开始使用，是原生态向艺术形态的不断转化，广泛而密切地与宗教、哲学、社会文化融合，并产生形态上的衍变。[2]明清时期，伴随多民族融合的历史背景，“燕京八绝”器物中所运用的植物、动物纹饰也呈现多元化发展，吸收了西洋装饰风格及纹饰图案。

许多人类早期出现的装饰纹样，不仅是古人对器物美观的要求，也包含了与生存相关的神圣目的以及广义的“吉祥”概念。在随后的纹样演进岁月中，任何一种形式的出现，人们都有意或无意地将它们与“吉祥”寓意相联，如龙、凤、龟、鹿、象等动物纹，松、竹、梅、兰、菊、桂、桃、石榴、茱英（茱萸）等植物纹，盘长纹、波纹、如意纹等几何纹。以植物纹为例，从彩陶上寓意玄奥的史前植物纹样，到春秋两汉的莲纹、嘉禾纹，再到隋、唐的宝相花、卷草纹，以及宋、元、明、清类型完备的植物纹样，不难看到，追求生存繁衍、幸福安康的吉祥寓意一直是植物纹样存在的精神动脉。[2]这一类运用植物、动物等园林要素的纹饰，通过象征、寓意、谐音等方式表达了文人君子追求品性高洁、仕途飞黄腾达、子孙繁衍、福寿绵长的吉祥含意。（表1）

表1 动植物纹样寓意

纹样	寓意（象征意义、吉语谐音）
牡丹、金银花	富贵
灵芝	如意
萱草	忘忧
艾、菖蒲、桃木、柳木	辟邪
松、竹、梅	人品高洁
石榴、莲蓬、葡萄、葫芦、藤蔓	子孙繁衍
瓜、蝴蝶	瓜瓞绵绵
喜鹊、梅花	喜上眉梢
鸬鹚、鹿、芦苇、莲	一路连科
葫芦	福禄
鹌鹑、菊	安居乐业
蝈蝈、菊	官居一品

2.2 文人山水园林题材

古代文人的山水情怀多见于传统器物之上，同时也浓缩于运用“燕京八绝”技艺的器物之中。山水园林题材的应用，表达了古人寄情山水、托物言志的文人情怀，并在不断发展中将园林雅集这一文化活动的场景囊括在内。文人山水园林伴随魏晋时期隐逸文化萌芽，兴盛于唐宋，在明清时期继承并达到了极盛之局面，其风格一时成为社会上品评园林艺术创作的最高标准。[3]在古代陈设用器中，亦不乏人物楼阁、园林景致的纹样出现。正如 Derek Clifford 对宋元雕漆人物楼阁纹样的总结，尽管布局和场景表现或有出入，但无不涵盖以下构图因素：山石小景、繁荫佳木、曲苑风塘、亭台水榭[4]（图1）。

“燕京八绝”器物中山水园林题材的大量运用是文人园林在艺术上的另一种表现形式。栖迟园林、寄情山水、啸吟风月，表达了文人抒发政治受挫的愤懑，享受精神的怡然闲适与心灵的虚融清净，是托物言志的再创造。[4]

另一方面，山水园林题材中亭台楼阁的纹饰应用，是文人雅集文化的一种表达。

1 郭强．传统工艺的科学性传承与创新 [C]// 张立珊，张旗，王洪瑞．北京工艺美术学术研讨会论文集．北京：知识产权出版社，2013.

2 张晓霞．中国古代植物装饰纹样发展源流 [D]. 苏州：苏州大学，2005.

3 周维权．中国古典园林史 [M]. 北京：清华大学出版社，2005.

4 DEREK CLIFFORD.Chinese Carved Lacquer[M]. London:Bamboo publishing Ltd, 1992: 46-47.

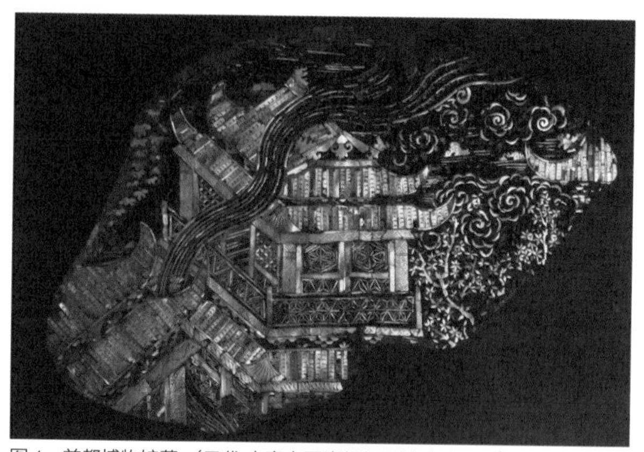

图 1 首都博物馆藏（元代 广寒宫图嵌螺钿黑漆盘残片）[3]

图 2 故宫博物院藏（清乾隆 青金石御制诗山子）[5]

故宫博物院藏青金石御制诗山子（图 2），正面山路崎岖，水道蜿蜒，苍松奇石，小院丛竹。近山顶处为一绝壁，上刻隶书填金乾隆皇帝御制诗："观象为乾数合阳，奇形古貌郁苍苍。摄山拟作香山唤，九老居然会会昌。"背面悬崖更为陡峭，林间疏影深处隐见双鹿。下承青玉镂雕松石座。乾隆所云"九老居然会会昌"是一个历史典故。唐代会昌五年（845 年），诗人白居易与当时的文人士大夫等九人宴游其晚年居住之地——香山（今河南洛阳龙门山之东），史称"香山九老"或"会昌九老"，九位老人或聚坐论事，或游山看水，或赏画观棋，各具情致。此典故常为后人描绘，李公麟亦作有《会昌九老图》。青金石御制诗山子将"雅集"和"园林"这两个中国古代文人活动的重要元素融为一体，文人雅集图最直观地呈现了文人集会时的场景，也将文人的无限情思微缩凝聚于玉石之中。谁不爱南山相伴，采菊东篱的世外桃源，雅集图是文人心中的理想体现，也是文人对于此世的超脱以及理想性生存画卷的承载。[4]

2.3 园林构景与"燕京八绝"的工艺技艺互鉴

中国古典园林艺术与"燕京八绝"器物的装饰艺术，在共同的时代和人文背景下有着密切的联系。园林艺术中的"框景"与"燕京八绝"装饰中的"开光"便存在着技艺互鉴的情况。所谓"框景"（图 3），是中国古典园林中的一种处理空间的艺术手法，应用频繁，旨在透过空窗、漏窗、洞门等构造，来欣赏外界景物的方式，以艺术的匠心手法，采取"佳则收之，俗则屏之"的原则，

图 3 园林框景（拍摄于中国园林博物馆）

并在文人追求淡泊、恬静、悠闲生活的语境下，营造出具有生活情趣的画意框景，达到虽出人工之手，却宛若浑然天成的艺术效果，是人工美与自然美的高度融合。[5]

所谓"开光"，即在器皿上或以底色、或以密集的图案挤出各种形状的空白画面，或者说在色地、图案地上开出空白作为画面。[6]"开光"式的艺术表现手法，使可移动化的视角在器物表面得到了随性的发挥，从而打破了时空的维度，将现实世界与幻想世界置于方寸之间。

北京工艺美术博物馆馆藏现代铜胎雕漆木兰从军瓶（图 4），为仿青铜器造型，瓶体光漆二百五十道，在瓶臂、瓶肚开光内，采用剔红工艺雕刻"木兰坐织""替父从军""冬夜巡营""饮马黄河""班师回朝""巾帼本色"等 8 幅图像。木兰从军瓶的开光很好地表现了绘画的叙事性效果，采用了连环画式的展开方式，将故事的各个阶段放映式地描绘于开光之内，从空间的概念转换到了时间的概念，以观赏绘画的层面过渡到了品读绘画的层面，在移动旋转器物的过程中，涉猎了历史的多重时间维度。

1 引自阿帕比数字资源平台方正图片库中国美术馆 http://202.106.125.14:8000/Usp/nlc/pub.mvc?pid=picture.picinfo&metaid=sa.00000000000120000069&cult=CN.

2 张淑娴 . 明代文人园林画与明代市隐心态 [J]. 中原文物 ,2006（1）：58.

3 故宫博物院官网，https://www.dpm.org.cn/collection/jade/232571.html.html.

4 赵慧平 . 中国古代文人雅集图的内涵诠释 [D]. 南京：南京艺术学院 ,2019.

5 杨式斌 . 藏在园林框景艺术中的：陶瓷"开光"装饰 [J]. 陶瓷艺术研究 ,2019（12）：64.

6 孔六庆 . 传统古彩的装饰类型与构图角度：一 [J]. 景德镇陶瓷，1993（3）：17-26.

图4 北京工艺美术博物馆藏（现代 雕漆铜胎木兰从军瓶[2]与局部）

园林艺术中的“框景”手法，与“燕京八绝”中的“开光”艺术，两者在共同的社会风尚和审美情趣下互相借鉴与观照，形成独具特色的时代风格，可谓是两种不同背景下的“姊妹艺术”。[2]

3 中国古代园林之中的“燕京八绝”

“燕京八绝”工艺在中国古代园林当中应用广泛，厅堂廊屋乃至陈设家具，使人们在居园生活中随处都可以感受到“燕京八绝”的精湛技艺。园林建筑装修及园林陈设等园居要素是园林景观不可缺少的一部分，一花一瓶，一炉一钟，均以丰富的内容、多彩的形式呈现着中国古典园林人文居住理念。精妙绝伦的“燕京八绝”工艺品置身于皇家园林之中，一方面展现了工匠博采众家之长的智慧与高超技艺，另一方面成为皇家园林价值与风范的重要组成部分。

3.1 园林建筑装修

中国古代园林建筑，不仅满足人的园居需求，还在造园过程中与自然景致相融合，形成亭、台、轩、榭等多种建筑形式。装修是建筑的细部装饰性工艺，古代称“装折”，装修后的古建，是园林中亮丽的风景线，引人驻足静观，流连忘返。明代计成认为，园林建筑营造得体已难能可贵，装修合宜就更加不易。园林装修要在曲折、繁复的装修中显现条理之美、工艺之精与人文之情，并将建筑装饰美协调于园林的自然大美之中。明清时期，随着建筑技艺的高度成熟，园林装修穷其工巧、丰富多彩。装修与结构有机结合是中国古建的一大特点，建筑节点往往是装修的“点睛”之处。[3]“燕京八绝”元素在园林建筑内檐装修中的应用，是历代工匠在承袭前人基础上的探索、创造，将金漆镶嵌、雕漆、景泰蓝、织绣等工艺发展至炉火纯青的地步，在建筑的结构界面上各显其能，形成各具特色的风格流派。

故宫乾隆花园主体建筑符望阁就是“燕京八绝”工艺与园林建筑结合的一大例证，其内檐装修别具匠心，使用了髹漆、织绣、珐琅等多种“燕京八绝”装饰工艺，符望阁首层西次间的岁寒三友百宝嵌迎风板（图5），使用和田玉、碧玉、染色骨头、象牙、紫檀木、鸡翅木、螺钿、蜜蜡等材料，以螺钿平脱作为背景镶嵌剔彩雕漆，用料考究，工艺精湛。板心米色漆地，漆地上阳识堆起梅花图案，梅花上绘有浅色花蕊线条，梅花之间以描金工艺绘制的冰片纹相连，松竹梅的枝干遒劲有力，松球蓬松葱郁，竹叶飘逸轻灵，梅花俊秀晶莹，整理画面静谧而亮丽，加之置于园林，给人以清新淡雅的感受。[4]

园林建筑当中的“燕京八绝”装修题材内容广泛，并使原本常见于小件器物的装饰工艺运用到建筑构件当中，极尽奢华，将丰富的文化内涵注入其间，全面烘托园林的文化氛围，给予人更多的精神享受，是艺术与技术相结合的产物。

图5 故宫符望阁一层米色描金百宝嵌迎风板[1]

1 北京工艺美术出版社．北京工艺美术博物馆馆藏珍集萃 [M]. 北京：北京工艺美术出版社，2005.
2 杨式斌．藏在园林框景艺术中的：陶瓷“开光”装饰 [J]. 陶瓷艺术研究，2019（12）：64.
3 蓝先琳．中国古典园林 [M]. 南京：江苏凤凰科学技术出版社，2014.
4 闵俊嵘．符望阁漆器髹饰工艺初探 [J]. 湖南省博物馆馆刊，2008（1）：501-509.

图 6 颐和园藏《景泰蓝天鸡耳饕餮纹兽足尊》

3.2 园林陈设

陈设指陈列、摆设，是园林景观及建筑中不可或缺的组成部分，其功能大致如下：一是满足园居生活日用之需，二是装饰点缀空间，三是营造清雅意境，四是烘托文化氛围。[2]“燕京八绝”技艺以丰富多样的园林室内陈设形式向人们呈现具有中国传统人文意识的室内陈设理念。陈设使园林可游、可赏而且可居，是中国传统文化的精华所在。中国园林陈设受地域、历史、文化和所属关系等因素的影响，呈现多姿多彩的风貌。

“燕京八绝”工艺品作为皇家园林陈设之用的记载见于大量清代宫廷档案，涉及景泰蓝、玉器、雕漆、花丝镶嵌和金漆镶嵌等工艺技艺。如颐和园《嘉庆十二年乐寿堂等处陈设清册》载：“西里间……仙楼下面南安楠柏木包镶床一张……上设紫檀诗意嵌三块玉如意一柄、填漆有盖痰盆一件……床上设……铜掐丝珐琅双耳三兽足环尊一件……”。[3]（图 6）这些多以花卉、建筑等园林要素为题材的“燕京八绝”工艺精品，常体现在园林殿堂厅馆的陈设与装饰之中，尤以清代皇家园林为最，不但著录于陈设档案，而且多有经典藏品文物传世，是包括颐和园在内的“三山五园”等古典皇家园林原状陈列和展示不可缺失的内容，是园林价值与皇家风范的重要组成部分，同时也表达着中国传统文化的艺术交融。

图 7 香山勤政殿宝座

4 “燕京八绝”与园林文化传承

在历史的递嬗演变中，代表“皇家工艺”水平的“燕京八绝”曾一度遭遇手艺失传的危险境况。当今，随着《传统工艺美术保护条例》《北京市传统工艺美术保护办法》《中华人民共和国非物质文化遗产法》等各项政策法规的相继出台，“燕京八绝”在社会各方合力推动下，逐步形成了北京“燕京八绝”文化传播平台，致力于恢复传统手工艺，推陈出新，成效显著，这项古老的传统手工技艺重新焕发出勃勃的生机，中华文明厚植的传统文化土壤续写着新时代文化传承与创新的辉煌篇章。

4.1 现代公园中的文物保护、复制

“燕京八绝”的精湛技艺薪火相传，在现代公园中的原状保护与陈列工作中得到了合理应用。

北京西郊的香山公园，其前身是清代“三山五园”中的静宜园。勤政殿位列静宜园二十八景之首，始建于清乾隆十年（1745 年），是乾隆皇帝来园驻跸临时处理政务，接见王公大臣之所，取“勤政务本、勤于思政”之意。于咸丰十年（1860 年）被英法联军焚毁。2002 年 7 月至 2003 年 7 月香山勤政殿复建竣工。[4]

香山勤政殿宝座（图 7）是一组大型皇家礼制专用家具，包括屏风、宝座、足踏、地台等主件和宝扇等配件，形制复杂而宏大，总质量 4 吨。宝座复制大量运用了北京金漆镶嵌的各种技艺，如木雕装饰，采用镂雕、圆雕、

1 闵俊嵘．乾隆花园髹饰工艺的保护与修复 [J]. 紫禁城，2014（6）：96-97.

2 蓝先琳．中国古典园林 [M]. 南京：江苏凤凰科学技术出版社 ,2014:311.

3 中国第一历史档案馆，北京颐和园管理处．清宫颐和园档案·陈设收藏卷 [M]. 北京：中华书局，2017：1286-1287.

4 谭烈飞．对三山五园复建的思考 [C]// 北京三山五园研究院 2013 年学术研讨会，2013：366.

图 8 “御苑瑰宝 匠心用传——园林文化与燕京八绝”展览现场

浮雕等多种技法；髹漆工艺，采用传统“一麻五灰十八遍”的繁复工艺；各种镶嵌装饰，采用了百宝镶嵌工艺；皇家专用金饰，采用贴金工艺，24K 金箔用料 3 万余张；最后罩透明的笼罩漆。其整体造型设计、局部装饰雕刻和金饰设计，选材严格，工艺制作精良。殿内宝座复制的成功，是对北京金漆镶嵌工艺技术实力的一次检阅。

勤政殿的复建及殿内陈设的复原，再现了静宜园作为皇家园林的宏丽规模和在中国古代园林中的历史地位。复建陈设的开放不仅是非遗技艺的传承，也展示了中国博大深厚的皇家园林文化，是首都园林建设、文化建设、文化保护的重大成果，对西山一带风景园林的开发利用，具有重要的战略意义，实现了香山公园融自然、人文景观为一体的皇家园林的历史定位。[1]

4.2 “燕京八绝”与园林文化的弘扬

近年来，在非遗活态传承与“让文物活起来”的文保理念下，不少非遗传承者、博物馆及文化遗产单位陆续开展了有关“燕京八绝”的专题展览与文化活动，如首都博物馆“匠心筑梦烁古今——燕京八绝”、安徽博物院“北京燕京八绝宫廷艺术特展”以及北京工艺美术博物馆、北京燕京八绝博物馆等处的固定展览等。中国园林博物馆于 2019 年 6 月 6 日至 9 月 1 日举办“御苑瑰宝·匠心永传——园林文化与燕京八绝”展览（见图 8），结合历史文献、图片等资料，从“燕京八绝”的历史源流入手，着眼于非物质文化遗产与古典皇家园林的契合点，通过展示“燕京八绝”的材料、工艺特征、技法、应用等，反映其传承有序的精湛技艺，体现其在工艺领域追求精严完美的工匠精神，从而诠释“燕京八绝”与古典园林文化相辅相成的联系。

此次展览由中国园林博物馆主办，北京工美集团有限责任公司、北京工艺艺嘉贸易有限责任公司、北京市颐和园管理处协办，精选文物及典藏精品 156 件，珍贵文物 26 件套，包括白玉《巾帼英雄》花熏、牙雕《文苑图》、雕漆黄花梨黑漆螺钿砚屏、明代玉雕四足白玉鼎、清代铜胎掐丝珐琅天鸡耳饕餮纹兽足尊、清光绪铜胎掐丝珐琅九桃天球瓶、清乾隆耕读白玉山景等 8 件 / 套重点展品（图 9、图 10）。展览形式新颖、内容丰富，广受

图 9 颐和园藏（明代 四足白玉鼎）

图 10 园博馆藏（景泰蓝玉石盆景）

1 勤政殿和香雾窟复建工程于 2002 年 7 月动工，历时一年有余，经过立项、勘查、复建、布展等环节，于 2003 年 8 月 6 日竣工，正式向游人免费开放。复原后的勤政殿位于香山公园东宫门内，景区占地面积 8000 平方米，由正殿、南北配殿、朝房、假山、月河、牌楼等组成，是中华人民共和国成立以后，在京西“三山五园”中复建的等级最高、单体建筑最大的一组被帝国主义侵略者焚毁的宫殿型园林建筑。北京香山文化博客 . 北京静宜园二十八景之首：勤政殿：http://blog.sina.com.cn/s/blog_59780a4e0100at03.html.

社会各界好评。

此次展览是将园林文化与中国传统非遗工艺——“燕京八绝”相结合开展的一次文化活动，有力地展现了中国园林审美意蕴与“燕京八绝”艺术创作的高度契合，在展示“燕京八绝”奇巧工艺的同时，向公众普及传统园林文化知识，提高文化遗产的保护意识。

5 结语

“燕京八绝”的八大工艺门类历史悠久，充分汲取了各地民间工艺的精华，在明清时期逐渐汇入宫廷，形成了“京作”特色的艺术风格。帝制解体后，“燕京八绝”又从宫廷走向民间，迎来了新的历史阶段。“燕京八绝”作为“京作”特色文化脉络传承下的传统工美作品正经历着传统与现代、古老与时尚、装饰与实用各种元素的碰撞与交融，不断创新发展并符合现代人的审美观念。

“燕京八绝”与园林文化是我国灿烂文明、辉煌历史和古人非凡创造力的集中体现和智慧结晶，是历史发展和人类社会进步的永恒记忆，是后人传承历史、继往开来的文化源泉，更是全人类共同的宝贵精神财富。相信以“燕京八绝”为代表的非物质文化遗产将与园林文化一道，在一代代人的努力下，开启更加璀璨的篇章，使“燕京八绝”与园林文化在文化的历史长河中闪光。

此次展览是将园林文化与中国传统非遗工艺——“燕京八绝”相结合开展的一次文化活动，有力地展现了中国园林审美意蕴与“燕京八绝”艺术创作中的高度契合，在展示“燕京八绝”奇巧工艺的同时，向公众普及传统园林文化知识，提高文化遗产的保护意识。

参考文献

[1] 冯朝晖，张俊梅．匠心筑梦烁古今 [N]. 中国文物报，2016-8-16（008）.
[2] 李徽．梦烁古今燕京八绝·匠心筑 [N]. 中国书法报，2017-4-25（004）.
[3] 朱家溍．清代造办处漆器制做考 [J]. 故宫博物院院刊，1989（3）：3-14.
[4] 高潮．燕京八绝：精制艺术品当代大师作品集 [M]. 北京：文物出版社，2016.
[5] 徐爽．燕京八绝：花丝镶嵌 [M]. 南京：江苏凤凰美术出版社，2018.
[6] 孙喻．裁月镂云话牙雕 [J]. 上海工艺美术，2017（03）：65-67.
[7] 王伟丽．当今牙雕技艺的创新 [J]. 上海工艺美术，2009（03）：102-103.
[8] 王彦雯．“燕京八绝”之首的景泰蓝色彩研究 [J]. 流行色，2018（10）：8-12.
[9] 张莉，郑君玲．清末民国景泰蓝工艺的兴盛与衰落 [J]. 兰台世界，2013（13）：84-85.
[10] 孙祺童．“燕京八绝”之雕漆技艺的新光彩：专访北京工美高级技工学校雕漆大师李志刚 [J]. 职业，2017（35）：7-9.
[11] 刘海燕．浅谈元明清雕漆工艺风格比较 [J]. 文艺生活（艺术中国），2012（04）：134-135.
[12] 颜建超，章梅芳，孙淑云．“花丝镶嵌”概念的由来与界定 [J]. 广西民族大学学报（自然科学版），2016（02）：30-38.
[13] 徐中海．浅析明清时期的北京花丝镶嵌 [J]. 群文天地，2012（05）：258.
[14] 章永俊．北京金漆镶嵌史略 [J]. 北京文博文丛，2015（03）：23-28.
[15] 张濯清．“燕京八绝”话京绣 [J]. 东方收藏，2011（09）：102-103.
[16] 张晓蒙．柏群走进燕京八绝领略非遗技艺之芳华 [J]. 时尚北京，2019（05）：32-35.

作者简介

夏卫 /1991 年生 / 女 / 北京人 / 学士 / 中国园林博物馆北京筹备办公室 (北京 100072)
马欣薷 /1988 年生 / 女 / 北京人 / 学士 / 中国园林博物馆北京筹备办公室 (北京 100072)

基于世界遗产“多学科研究成果”理念下的园林解说框架研究

——以颐和园玉澜堂为例

A Study on Garden Interpretation Framework Based on the Concept of “Multidisciplinary Research Results” of World Heritage

—A Case Study of the Hall of Jade Ripples

刘京平

Liu Jingping

摘　要：国际古迹遗址理事会（ICOMOS）在《文化遗产阐释与展示宪章》（以下简称《宪章》）中明确提出世界遗产的解说应以对遗产地详尽的多学科研究为基础。本文通过对园林类遗产地现场讲解的实地调查以及解说词文本分析，指出目前园林解说内容的结构存在单一化的趋势，以及可能由此导致的误导游客，形成认知偏差等问题。本文尝试依据《宪章》所提出的“多学科”方法，以颐和园玉澜堂为例做了研究成果的梳理。通过将现场解说内容与“多学科研究成果”进行对比分析，指出基于多学科视角做出的文化诠释更能充分展现园林类遗产的丰富内涵，对提高园林解说的质量具有重要意义。同时，这一方法还可能对园林解说、讲解评价、解说员、导游员教育等方面具有变革性的意义。

关键词：世界遗产；园林；颐和园；玉澜堂；解说

Abstract: The International Council on Monuments and Sites (ICOMOS) clearly proposed in the ICOMOS Charter for the Interpretation and Presentation of Cultural Heritage Sites that the interpretation of heritage should be based on a well-researched,multidisciplinary study of the sites. Through the field investigation of the interpretation of garden heritage sites and the analysis of the commentary text, this paper points out that there is a trend of simplification in the structure of garden interpretation content, as well as the problems that may mislead tourists and form prejudice. This paper attempts to sort out the research results by taking the Hall of Jade Ripples of the Summer Palace as an example according to the “multidisciplinary” method proposed by the Charter. By comparing the content of on-site interpretation with the “multidisciplinary research results”, it is pointed out that the cultural interpretation based on the multidisciplinary perspective can more fully show the rich connotation of garden heritage, which is of great significance to improve the quality of garden interpretation. At the same time, this method may also have revolutionary significance for garden interpretation, interpretation evaluation, commentator and tour guide education.

Key words: world heritage；garden；the Summer Palace；Hall of Jade Ripples；interpretation

1 园林解说内容的现状与问题

1.1 现场解说内容的现状调查与分析

为了调查园林景区解说内容的基本情况，2021 年 6 月至 7 月中旬对北京颐和园玉澜堂景区做了现场调查，玉澜堂是世界文化遗产颐和园中最重要的景观之一，清早期是乾隆皇帝的书房，颐和园重修后，这里作为光绪帝的居所，与慈禧皇太后的乐寿堂，隆裕皇后的宜芸馆共同构成了“帝后生活区”，地理位置极佳，是观光游客，特别是团队游客在颐和园中最重要的观光点，具有很高的代表性（表 1）。

笔者在玉澜堂院落随机跟随了 89 名正在讲解的解说员、导游员，记录其所讲解的内容，归纳整理如下（注：此次调查的玉澜堂院落包括玉澜门外、玉澜堂院落内以及玉澜堂院后的夕佳楼与假山景观，不包括宜芸馆院落）：

根据表 1 可以清晰地看出，除了介绍基本的景观建造时间、布局以及功能外，绝大多数讲者（约 95%）在讲解时，主要是围绕历史故事展开叙述的，特别是戊戌变法前后的相关历史情况讲解得更为细致。而非历史故事内容，整体上看只有 20%~40% 的解说员会触及。即使是历史文化内容，涉及颐和园早期的信息，即清漪园时期的也很少。这给游客形成了“找到导游就是听故事”，“解说员的工作就是讲故事”的印象。

1.2 文本解说词的内容分析

解说员主要是通过有关解说词图书来进行相关信息的参考、归纳并创作形成自己的解说词的，因此，以各种解说词图书为载体的文本类解说词是现场讲解的基础材料。为了更为完整地了解解说词的内容结构，本文选择了几篇有一定影响力和知名度的玉澜堂文本解说词做结构分析，并与现场解说词做比较分析（表 2）。

通过表 2 的对比分析，可以清晰地看出，现场解说的内容结构与文本类解说词相差不多，只在非历史故事类的内容上，文本类解说词略多一些。而在讲解内容的

表 1 玉澜堂院落现场解说内容结构分析

研究类别与方向		现场解说员解说要点	占比
与方向	政治史	1. 戊戌变法的经过 2. 光绪被囚禁的经过 3. 戊戌变法和藕香榭、霞芬室隔墙的关系	95.5（85 人） 95.5（85 人） 93.26（83 人）
	人物研究	1. 慈禧与光绪的关系 2. 隆裕与光绪的关系 3. 光绪死因 4. 李莲英与慈禧逸事	84.27（75 人） 65.17（58 人） 64.04（57 人） 25.84（23 人）
园林艺术与建筑类	建造时间、布局与功能	1. 建造时间与功能 2. 院落基本布局 3. 院落主人	95.5（85 人） 61.8（55 人） 100（89 人）
	植物	园中植物的名称及含义	42.7（38 人）
	室内陈设	风篁成韵匾额及含义	20.22（18 人）
	室外陈设	院后假山与狮子林的关系	5.62（5 人）
文学类		1. 玉澜堂名字的来历 2. 野史故事	77.53（69 人） 39.33（35 人）

表 2　玉澜堂院落现场解说与文本类解说词的解说内容分析

研究类别与方向		现场解说员解说要点	文本类解说词解说要点	经归纳整理后的解说词要点
历史类	政治史	1. 戊戌变法的经过 2. 光绪被囚禁的经过 3. 戊戌变法和藕香榭、霞芬室隔墙的关系	1. 戊戌变法的经过 2. 光绪被囚禁的经过 3. 戊戌变法和藕香榭、霞芬室隔墙的关系	1. 戊戌变法的经过 2. 光绪被囚禁的经过 3. 戊戌变法和藕香榭、霞芬室隔墙的关系
	人物研究	1. 慈禧与光绪的关系 2. 隆裕与光绪的关系 3. 光绪的死因 4. 李莲英与慈禧逸事	1. 慈禧与光绪的关系 2. 隆裕与光绪的关系 3. 光绪的死因 4. 李莲英与慈禧逸事	1. 慈禧与光绪的关系 2. 隆裕与光绪的关系 3. 光绪的死因 4. 李莲英与慈禧逸事
园林艺术与建筑类	建造时间、布局与功能	1. 建造时间 2. 院落基本布局与功能 3. 院落主人	1. 建造时间 2. 院落基本布局与功能 3. 院落主人 4. 各单体建筑的规制 5. 玉澜堂院落与北京四合院的关联	1. 建造时间 2. 院落基本布局与功能 3. 院落主人 4. 各单体建筑的规制 5. 玉澜堂院落与北京四合院的关联
	植物	园中植物的名称及含义	园中植物的名称及含义	园中植物的名称及含义
	室内陈设	风篁成韵匾额及含义	1. 风篁成韵匾额及含义 2. 概述玉澜堂内的主要陈设	1. 风篁成韵匾额及含义 2. 概述玉澜堂内的主要陈设
	室外陈设	院后假山与狮子林的关系	院后假山与狮子林的关系	院后假山与狮子林的关系
文学类		1. 玉澜堂名字的来历 2. 野史故事	1. 玉澜堂名字的来历 2. 匾额的含义及对异体字的解释 3. 帝后逸闻	1. 玉澜堂名字的来历 2. 匾额的含义及对异体字的解释 3. 帝后逸闻

细节上，文本解说词相比以口语为主的现场解说词来说细节更丰富一些，表述更严谨一些，特别是野史类的信息在解说词中很少会出现。

由于这两类解说词都反映了解说员所能传递给游客的信息，对这两类解说词做了归纳和整理。通过分析，可以发现，两类解说词的内容结构反映了解说员讲解以“历史事件”“人物故事”为主的结构特征，而这样的结构则折射出更为深层的问题。

首先，讲解内容是否“以偏概全”。颐和园玉澜堂的文化内涵十分丰富，远非历史故事这一类内容，也就是说以“戊戌变法”为代表的政治史和以慈禧、光绪为代表的宫廷生活史是否等于“玉澜堂”的全部内容？在讲解过程中是否遗漏了更为重要的信息？除了历史文化，在园林学、文学、建筑学等诸学科是否还蕴含着更为丰富的文化信息呢？

其次，是否在误导游客。根据表 2 的统计，可以看到游客在听完讲解后对玉澜堂留下的主要印象就是“历史事件”和“宫廷争斗故事”，这样是否会在游客的心里打上玉澜堂就是“宫斗剧的发生地”这样的印象呢？颐和园作为皇家园林登峰造极之作可否有更多的艺术美、建筑美、文学美、风景美留给游客呢？

最后，是否仅仅在“投游客之所好”。很多解说员在提到“讲故事”的时候都认为这是游客所喜爱听的，对其他所谓“高深的”“科学的”“审美的”，游客并不感兴趣。这可能会引申出另一个问题，即讲解是否仅仅为了迎合游客的猎奇心，还是没有注意到讲解本身所具有的“引领游客”的功能，即引领游客对所讲的目标有更深层次的理解和关照。

从以上分析来看，解说员在构思自己的讲解内容时是会做一定的选择的，但这种选择可能存在一定程度的偏见，其结果会或多或少地对游客产生误导，而其深层原因是解说者并没有一种选择内容的方法和能力，无论在解说专业的学历教育上，还是导游取证的考试大纲中，或是各类导游解说大赛中，这种选择内容的方法和能力都很少被提及，有时只是简单做了原则性的介绍。而这种选择的方法在世界遗产的理论中是有明确而具体的要求的。

2 世界遗产“多学科研究成果”理念下解说内容的重构

2.1 世界遗产“多学科研究成果”的内涵

2008 年 10 月 4 日，ICOMOS 在第 16 届大会上通过了《文化遗产阐释与展示宪章》，该《宪章》旨在“制定明确的理论依据、标准和广泛认可的专业准则……”[4]，并提出了一系列有关阐释与展示的具体原则。

《宪章》在解释有关公众对文化遗产“理解”这一问题时，明确提出：“阐释与展示应鼓励个人和团体反思自身对遗产地的认识，帮助他们建立有意义的联系。”这就意味着，解说员对文化遗产的讲解是要帮助游客在了解文化遗产之后还要做出反思，这种反思是要与游客自己的人生经验相联系。因此，听讲解绝不等于“听故事”，讲解要有启发、启示、启迪的功能在其中。

《宪章》还明确指出了文化遗产的阐释要“促进（公众）对文化产地的理解和欣赏” 。而理解就意味着全面而深入，片面的解说只能给游客的理解带来误导。

由此，《宪章》提出了促进这一理解与欣赏的具体做法。《宪章》第 2.2 章明确指出，“阐释应以对遗产地及其周边环境所进行的详尽的多学科研究为基础。”这就意味着在对一个景点做解说时要综合这个景点的各个门类的研究成果，并且要基于这个研究成果做解说词的创作。而这个对研究成果的搜集过程应是“详尽”的，也就是尽最大可能全面地搜集相关的学术研究文献。而为了避免出现不严谨和遗漏，《宪章》还专门提出了具体的方法，即“阐释和展示应以通过公认的科学和学术方法以及从现行的文化传统中搜集的证据为依据”。也就是说，搜集文献信息也要遵循科学方法。“信手拈来”“随意翻览” “东拼西凑”显然不符合科学阐释的要求。

2.2 世界遗产“多学科研究成果”方法的实践与分析

通过知网及有关著作搜集与颐和园玉澜堂相关的文献，研究内容涉及历史、建筑、园林、文学、美学、科技等多个学科，经归纳整理与“当前解说员解说内容”一起列示如下，见表 3。

从表 3 的对比分析可以明显看到，基于世界遗产“多学科研究成果”视角所提炼出的解说内容要远多于现有的讲解内容，并具有以下特点：

表 3 世界遗产“多学科研究成果”理论下的解说内容结构分析

研究类别与方向		当前解说员解说要点	基于“多学科研究成果”的解说要点
历史类	政治史	1. 戊戌变法的经过 2. 光绪被囚禁的经过 3. 戊戌变法和藕香榭、霞芬室隔墙的关系	1. 从清代帝后的驻跸情况探究颐和园之于国家意义的变迁 2. 玉澜堂在戊戌变法前后在国家政治生活中所发挥的作用 3. 戊戌变法的历史经过以及藕香榭和霞芬室隔墙的功能
	生活史	无	清代帝后在院内的生活起居情况
	人物研究	1. 慈禧与光绪的关系 2. 隆裕与光绪的关系 3. 光绪的死因 4. 李莲英与慈禧逸事	1. 光绪与隆裕的关系 2. 光绪死因探究
园林艺术与建筑类	园林艺术	无	1. 从“题名匾”与景观的建造次序探究“意在笔先”的造园原则 2. 从“匾额”的寓意探究皇家园林庭院空间构成的特征 3. 夕佳楼在万寿山东部建筑组群中的美学价值 4. 植物对园林意境的营造 5. 玉澜堂在营造园林美学中所起到的作用 6. 玉澜堂是如何营造园林虚景的，如光影、天籁、云霞、香气以及四季等
	建造时间、布局与功能	1. 建造时间 2. 院落基本布局与功能 3. 院落主人 4. 各单体建筑的规制 5. 玉澜堂院落与北京四合院的关联	赏冰室的建筑功能探寻与赏湖山盛景现场与体验
	植物	园中植物的名称及含义	1. 玉澜堂院落植物的构成、布局及象征意蕴 2. 玉澜堂植物历史景观探究与变迁的意义
	装修	无	内檐棚壁的破损原因及裱糊制作技术探究
	室内陈设	1. 风篁成韵匾额及含义 2. 概述玉澜堂内的主要陈设	紫檀嵌杏木心御案的艺术价值与象征意蕴
	室外陈设	院后假山与狮子林的关系	1. 露陈座的陈设、布局 2. 露陈座的空间艺术与装饰艺术与象征意蕴

续表

研究类别与方向	当前解说员解说要点	基于“多学科研究成果”的解说要点
文学类	1. 玉澜堂名字的来历 2. 匾额的含义及对异体字的解释 3. 帝后逸闻	1. “玉澜”题名与乾隆心斋观念的呼应 2. 各处匾额楹联的内容、解释与意义 3. 与玉澜堂有关的诗文 4. 与玉澜堂有关著名游记，如沈从文的《春游颐和园》 5. 与玉澜堂有关的口头文学，如光绪题金匾、子母石等传说
科技与保护类	无	1. 院内铺地、交通及植物作为排水系统的作用 2. 彩画的现状、主要病害及防护措施
比较学类	无	1. 玉澜堂与承德避暑山庄的差异比较 2. 玉澜堂与西方园林的差异比较 3. 玉澜堂与日本园林的差异比较

（1）“多学科研究成果”可以更全面地反映景观的文化内涵

“多学科研究成果”的方法提供了一个全景式的视角来考察一个景观的文化内涵，特别是对于世界遗产景区。在玉澜堂的案例中，宫廷生活史、园林艺术、建筑装修、科技保护以及比较学等方面的内容在现场讲解中完全没有被提及，像“赏冰室”“植物历史景观的演变”“室外陈设的露陈座”等也在常规的讲解中没有提及。然而，作为世界文化遗产颐和园重要组成部分的玉澜堂在诸多学科中都有自己独特的研究领域和价值，这些研究成果是游客有机会更深刻地理解其文化内涵的基础材料。因此，如果仅仅依照目前讲解的内容欣赏玉澜堂，则意味着对景观的认知将出现很大程度的缺失。例如，在解说的内容结构中，玉澜堂似乎仅仅是一个历史事件和宫斗故事的发生地，其园林美学价值和丰富的文化信息完全没有被诠释给游客。这样的解说结构显然是存在重大缺失的。

（2）“多学科研究成果”可以更全面地反映景观的文化深度

从表3可以看到，目前的解说讲解主要是在陈述基本事实和基本关系，如玉澜堂名称来历、建造的时间功能、主要人物之间的关系，但从学科研究成果角度来看，专家学者已经对诸多问题做了十分深入而细致的研究。如玉澜堂的名称除了基本的释意以外，还结合乾隆帝造园的理念探讨其有关“心斋观念”的形成与强化。再如，解说员在讲解玉澜堂时往往仅围绕玉澜堂本身展开，而多学科的视角让我们把视野扩展到其他皇家园林，如避暑山庄，乃至东亚园林、西方园林，这种对景观的深度比较分析，将带领游客进入更广阔的园林视域中，引发思辨，启迪智慧。因此，引入多学科研究方法将会极大地提升对文化内涵挖掘的深度，加深游客对景观文化的理解。

（3）“多学科研究成果”使颐和园的世界文化遗产价值得以彰显

1998年，颐和园之所以被列入世界遗产名录，正是由于其把人造的景观和天然的美景艺术而完美地融合在一起。但从目前的讲解内容看，对于颐和园的这一价值基本没有被提及。换言之，解说员所着力讲解的历史事件和人物逸事尽管很重要，但并非颐和园作为世界遗产的最大价值。反观多学科的研究成果，如夕佳楼的建造与东岸美学景观的营造；如何巧妙地利用地形和植物布局来实现排水；露陈座的陈设、布局及其文化意蕴等都是“人造”与“天然”艺术融合的完美体现。因此，只有通过多学科的研究及成果挖掘，讲解玉澜堂及颐和园才能将其世界遗产的价值彰显出来。

3 世界遗产“多学科研究成果”理念对园林解说的启示

3.1 “多学科研究成果”理念是阐释世界遗产的基本要求

解说世界遗产景观时，“应以对遗产地及其周边环境所进行的详尽的多学科研究为基础。”这是《宪章》的基本要求，具有规范与标准意义。

3.2 基于“多学科研究成果”的方法将提高解说员的解说质量

解说员在准备讲解内容时，若能将多学科的研究成果作为自己讲解素材的来源，将显著提高园林文化讲解的广度和深度，园林景观的内涵将更加全面地被展示给游客。相反，由于目前没有注意到运用这一方法，讲解普遍存在讲解内容浅显、思想性和艺术性不足的问题。因此，这是切实提高当前讲解质量的重要途径。

3.3 基于“多学科研究成果”的方法将满足更为多样的游客需求

近年来，游客对于解说的要求呈现高标准、差异化、定制化的趋势，特别是研学类、科普类的讲解要求更高，尤其在学术性和严谨性方面。因此，原有解说的内容结构已经不适应当前的要求。而多学科的方法将为解说员在讲解素材上带来丰富的“养料”。以玉澜堂为例，丰富的研究成果可以满足解说员根据游客的需要分别设计成5分钟、10分钟，甚至30分钟以上的深入讲解内容。对于研学类、科普类解说服务，则可以根据学校的要求、学生的学段等条件设计出不同的研学主题，如以彩画修复、排水等为主题的科技类课程；以匾额楹联、诗词、民间故事等为主题的文学类课程；以造景法、园林植物、园林意境营造等为主题的园林艺术类课程等，满足当前游客以及学校多样化的需求。

3.4 “多学科研究成果”的方法将重构解说职业能力的评价标准

基于这一方法，能够开展多学科文献资料的搜集、整理、归纳、提炼等文化研究能力，就成为一名解说员必备的职业能力。而这一能力在以前的解说员或导游员评价体系中是很少被提及的，即使谈到此能力也普遍要求不高，很少会评估解说者是否具备广泛阅读的经历和开展学术文献研究的能力。

3.5 解说职业能力的重构驱动解说教育体系的改变

解说员职业能力以及评价标准的改变将带来重新审视目前的解说及导游教育体系。目前的教育很少要求学生广泛阅读学术文献，基本还是以少量的专业与科普书作为其信息的主要来源。因此，无论是学历教育，还是面向导游群体的资格考试大纲，抑或是导游、解说类教材、教学方法等都需要随之发生改变。

4 结语

基于“多学科研究成果”理念下的园林解说除了满足《宪章》的要求以外，更重要的是可以切实在广度和深度上提高园林讲解内容的质量，从而可以更好地提升游客欣赏园林的层次，满足其日益增长的文化与精神需求。此外，这一方法的推广和应用还将影响既有的解说职业能力、评价体系和教育体系。

参考文献

[1] 国家旅游局 . 走遍中国：中国优秀导游词精选：综合篇 [M].2 版 . 北京：中国旅游出版社，2001.
[2] 张志强，徐堃耿 . 北京经典导游词 [M]. 北京：中国旅游出版社，2017.
[3] 洪华 . 北京旅游景点与文化 [M]. 北京：北京燕山出版社，2009.
[4] 国际古迹遗址理事会（ICOMOS）. 文化遗产阐释与展示宪章 [R]. 华沙：国际古迹遗址理事会，2008.
[5] 阚跃 . 颐和园导览 [M]. 北京：中国旅游出版社，2008.
[6] 北京市颐和园管理处 . 颐和园文化研究 [M]. 北京：中国矿业大学出版社，2000.
[7] 钟里满，耿左车，李军，国家清史纂修工程重大学术问题研究专项课题成果：清光绪帝死因研究工作报告 [J]. 清史研究，2008（4）：7-18.
[8] 北京市颐和园管理处 . 颐和园建园 250 周年纪念文集 [M]. 北京：五洲传播出版社，2000.
[9] 高大伟，孙震 . 颐和园生态美营建解析 [M]. 北京：中国建筑工业出版社，2011.
[10] 北京市颐和园管理处 . 颐和园志 [M]. 北京：中国林业出版社，2006.
[11] 《颐和园论文集》编辑委员会 . 颐和园研究论文集 [M]. 北京：五洲传播出版社，2011.
[12] 赵丹苹，朱利峰 . 颐和园的露陈座 [M]. 北京：清华大学出版社，2015.
[13] 史元海 . 山湖清韵：颐和园匾额楹联浅读 [M]. 北京：中国文史出版社，2016.
[14] 梁雪 . 颐和园测绘笔记 [M]. 北京：生活·读书·新知三联书店，2015.
[15] 北京颐和园管理处 . 颐和园故事 [M]. 北京：中国文联出版社，2014.
[16] 颐和园管理处 . 北京颐和园遗产监测报告（2004—2008）[R]. 北京：颐和园管理处，2009.
[17] 耿刘同 . 御园漫步：皇家园林的情趣 [M]. 北京：中国国际广播出版社，2013.

作者简介

刘京平 /1980 年生 / 男 / 北京人 / 讲师 / 硕士 / 研究方向为导游学、解说学、园林文化 / 首钢工学院（北京 100144）

虚拟现实与园林的碰撞
——以中国园林博物馆“云园林”数字平台为例

The Collision between VR Technology and Gardens
—Taking the “Yun Garden” Digital Platform of the Museum of Chinese Gardens and Landscape Architecture as an Example

刘明星　常福银　于京京

Liu Mingxing Chang Fuyin Yu Jingjing

摘　要：本文以中国园林博物馆“云园林”数字平台为例，分析了 VR（虚拟现实）（以下简称“VR 技术”）技术在博物馆行业、园林行业和中国园林博物馆中的应用，并用实例列举了 VR 技术在进行园林展示方面的优势和最终效果。将园林知识、园林文化与园林意境以当代的创新技术方式来展现，能够吸引更多年轻人关注这个领域，提高园林行业的影响力，促进园林知识的广泛传播。

关键词：云园林；虚拟现实；数字平台；中国园林博物馆

Abstract: This paper takes the “Yun Garden” digital platform of the Museum of Chinese Gardens and Landscape Architecture as an example, analyzes the realization of VR technology in museum industry, gardens industry and the Museum of Chinese Gardens and Landscape Architecture and lists the advantage and final effect of VR technology in garden display with examples.Displaying garden knowledge, garden culture and garden artistic conception in contemporary innovative technology can attract more young people to pay attention to this field, improve the influence of the garden industry and promote the wide spread of garden knowledge.

Key words: Yun Garden; VR Technology; Digital Platform; the Museum of Chinese Gardens and Landscape Architecture

“云园林”数字平台是中国园林博物馆开发的基于园林知识和中国园林博物馆实体而打造的以虚拟漫游为主的线上展示平台。致力于为广大用户提供线上游览园林的服务。其中的“漫游导览”栏目是其重点栏目之一，使用 VR 技术将中国园林博物馆的实体景观进行数字化展示，让广大游客可以不受时间、空间的限制，尽情在虚拟园林中游览，感受深厚底蕴的园林文化和情景交融的园林意境。

1　VR 技术

1.1　VR 技术的概念

VR 技术是 20 世纪发展起来的一门涉及众多学科的高新技术，是使用三维图形生成技术、多传感交互技术和计算机技术等前沿技术所模拟出一个虚拟环境，从而带给人沉浸式体验的技术[1]。它可以调动人体的听觉、视觉等多种感官，让人们身临其境地感受虚拟技术模拟出的现实的世界。当下，虚拟现实技术作为一种较为先进的技术应用在影视娱乐、教育、设计、医学、军事等诸多行业[2]。

1.2 VR 技术在博物馆中的应用

博物馆承担着收藏、陈列和研究自然和人类文化遗产的使命，但受限于时间和空间的限制，还原当年的一些真实场景往往比较困难，或是想象中的场景过于宏大而难以囊括，或是场景较为袖珍而无法深究细节。但是利用虚拟现实技术，我们便可以跨越这些限制，恢复不同文物、不同展品之间的相互关系，还原各种原因导致的被打乱的原貌，将不同时期、不同维度的场景在虚拟世界中再现。[3]

近年来，随着网络的普及，“让博物馆活起来”成为一股风潮，各大博物馆都跟上了时代的步伐，争相使用新技术作为载体，将博物馆的特点进行深度诠释。由此来吸引社会更多的目光，将博物馆中的大量知识进行广泛传播，提升全民的整体素质。

而虚拟现实技术正是这样一种适合博物馆行业使用的技术，能够以更加生动、形象的方式拉近与观众的距离，激发人们的兴趣，实现知识传播的最终目的。

1.3 VR 技术在园林行业的应用

近年来，随着信息技术、网络技术的迅猛发展，越来越多的新技术融入了各行各业，包括园林行业。园林是人类文化的载体，承载着人们对美好生活的向往与追求，将园林进行深度的还原，既可以将园林文化进行传承，也可以分析当时的人们对于美的鉴赏水平和对生活向往的目标，从而了解园林的发展脉络。

将园林景观使用虚拟现实技术进行数字化展示，不仅能供人们查看使用，更能够以新的形式吸引更多其他行业的人了解园林、学习园林，方便分享给更多行业内与非行业内的人，为园林行业的未来储备、培养人才，发扬园林学科。

1.4 VR 技术在中国园林博物馆的应用

中国园林博物馆是一家以园林为主题的国家级博物馆，既属于博物馆行业，又属于园林行业。因此，将园林知识、园林文化进行推广是中国园林博物馆的责任。而纵观各种新技术，最适合当下的技术发展，又是中国园林博物馆暂时缺乏的展示方式的 VR 技术成为了优选。

2020 年受到新冠肺炎疫情影响，让线上的各种展示形式被公众所接纳，中国园林博物馆在对局势进行分析后，做出重要决定，根据《中国园林博物智慧化建设总体规划（2016—2020 年）》，筹备“云园林”数字平台的实施。依托于中国园林博物馆实景，把园林与 3D 建模、VR 技术等新技术相融合，将中国园林博物馆的建筑、山石、植物等要素进行了实景可视化虚拟 3D 建模，以数字形式将中国园林搬上“云端”，在虚拟现实中打造中国园林数字“空中花园”。

2 园林使用 VR 技术展现的原因

2.1 园林知识复杂多样

园林是一个复杂多样的知识体系，涉及园林建筑、园林植物、园林动物、园林山水等要素与园林文化的有机结合，囊括了诸多学科与知识领域，想要详细了解园林知识，对于非专业的人们来说比较困难。

但园林是我们中华民族发展多年的重要文化宝库，蕴藏了中国民族文化发展的重要见证，将园林文化进行传播与发扬是义不容辞的使命。因此将各方面的园林知识汇集到一起，并以创新的方式进行展示，吸引大家的注意力，并引导其进行学习是一种较为妥当的方式。

数字“云园林”平台使用的 3D 建模的方式以虚拟漫游的形式来展现园林，除了可以将线下的所有景色精致地绘制于其中供人线上游览，还为今后的拓展功能中将园林知识镶嵌入内提供了可能，让专业的、非专业的游客们各取所需，随心学习，不仅有利于园林知识的传播，更有利于发展园林文化、赓续园林精神。

2.2 园林欣赏角度不同

不识庐山真面目，只缘身在此山中。园林相对面积较大，中国园林博物馆的线下展览着 6 个固展、3 个室内展园、3 个室外展区和 4 个临时展览。游客在线下进行游览时往往是站在其中，观赏的重点有时只在眼前能看到的几处景色，忽略了整体的大面积美景；有时只顾观赏大面积美景，而忽略了眼前的小景。

“云园林”数字平台可以让游客在观赏过中国园林博物馆的美景回到家中后，在线上继续身临其境地游览虚拟中国园林博物馆，补充当时“身在此山中”时所忽略的园林景观。可近观小景，远眺大景，随意切换，不受时间、地点的限制，带给人们持续的观赏体验。

园林的魅力体现在大大小小各个方面，如果忽略了其中一部分，将会是所有来馆游客的一种遗憾。于是“云园林”应运而生，不仅可以让来过馆内的游客可以随时进行线上游览，更可以让未来过的、世界各地的广大园林爱好者免受地理位置的限制，线上无障碍提前观赏园林美景。

2.3 园林意境展示困难

清风明月本无价，近水远山皆有情。咫尺山林、以小见大，园林中的意境是人文与自然的结合，是精神与实景的碰撞，是非常主观的，体现了园林主人的人生态度，蕴含了造园者无穷的智慧。但是后人想要完全分析出园林主人想要表达的思想内涵、造园理念，理解园林主人要表达的人生哲理，往往需要诸多方面的知识，结合主人的生平、作品等综合理解。

数字“云园林”平台正是这样一个可以将多个维度的知识串联起来，通过文字、图片、语音等形式全方位展现，将园林的意境描绘出来。把人们在线下难以感受到的园林意境在线上进行渲染，让人们体会到造园主人的心境，理解园林意境对于园林人的重要意义。

将复杂多样的园林知识进行梳理、分析后，结合中国园林博物馆实际情况，收录进线上的虚拟漫游平台，可以让公众从远、近、前、后、上、下等各个角度全面观赏园林，学习园林知识，品读园林所表达的意境，深刻理解传统园林文化，提升公众的获得感。

2.4 与园林空间的特点相符合

园林相比建筑的空间要更加灵活、复杂，常常是变化多端、分隔随意，互相流通的。[4] 园林空间同时是一种外部空间，是指在人们的视线范围内由山水、地形、植物、建筑等要素所构成的景观区域。[5]

因此，使用传统手法来展示园林空间的特点难度较大，很难将所有的细节都体现出来。而通过 VR 技术形式，便可以自由增加各种要素，丰富展览所展示的内容，将园林空间尽情展示，让大家能够更容易体验到园林的意境，提升园林知识的传播效果。

3 虚拟漫游的形式

3.1 自动漫游（视频漫游）

在中国园林博物馆数字“云园林”平台中有“自动漫游”模式，可以使用自动漫游的方式，跟随镜头漫游整座中国园林博物馆。在自动漫游功能中，用户不需要亲自动手就可以一边聆听着老师的讲解，一边游览中国园林博物馆，在方寸之间学习园林知识，了解园林文化，感受园林意境（图 1）。

该功能在电脑端、手机端均可观看，效果都比较好，可以按各展厅、展园、展区单独进行漫游，对不同时期、不同特色、不同风格的园林知识进行详细的学习了解，跟随讲解老师迅速构建园林知识的框架，勾勒出园林发展脉络，沿着镜头画面的缓缓移动，详细了解园林的发展、分布、技艺、文化等，扩充自己的知识储备。

3.2 手动漫游（自助 VR 漫游）

在“手动漫游”模式下，用户可以选择自己感兴趣的方向，点击对应方向地上的小圆圈，就可以切换到新的场景，领略不同角度下中国园林博物馆的美景了。在这里，可以随心畅游，不受任何时间或空间的限制，可以查看任一远景、近景的园林景观，细致地查看每一处美景（图 2）。

该功能在电脑端和手机端也都可以使用，移动鼠标、拖动屏幕后可以查看不同角度的园林景色或园林展厅，人们可以跟随自己的节奏或者兴趣爱好，选择对应的展厅或场景，详细欣赏每一株植物、品味每一处美景。

3.3 VR 眼镜沉浸式漫游

在数字“云园林”平台中，还有一个 VR 模式。在 VR 模式中，用户可以借助专业的 VR 设备查看中国园林博物馆，模拟出更为真实的中国园林博物馆场景，用户仿佛置身其中（图 3）。调整观赏角度至下一个点后还可以切换观赏地点，互动的过程中就走遍了整座中国园林博物馆，对于没有到过中国园林博物馆的用户来说，这是非常有吸引力的。这种模式非常有利于中国园林博物

图 1 数字“云园林”平台中半亩轩榭的视频漫游截图

图 2 数字“云园林”平台中塔影别苑的手动漫游截图

图 3 数字“云园林”平台中让下山房的 VR 漫游截图

馆的宣传，游客在线上游览后便会想要到实地探访中国园林博物馆，于是通过这种方式，扩大了中国园林博物馆的影响力，也扩大了园林的影响力。

该功能由于需要借助VR设备，目前只支持手机端，用手机端调整到VR漫游模式，将手机放入VR设备后戴上VR眼镜，便可将园林场景直接放在自己的周围，转身、抬头，调整各种角度进行观赏，将优美的园林景观与身体的互动进行结合，像在做游戏一样，带给人们印象深刻的观赏体验（图4）。

图4　游客现场体验数字“云园林”平台中的VR漫游

通过自动漫游、手动漫游、VR眼镜沉浸式漫游等形式，帮助公众尽快了解园林、感受园林、学习园林，成为热爱园林的人。虚拟现实技术这个对于大部分人来说比较“新”的技术，与传统的园林相碰撞，才诞生出了“云园林”数字平台，将园林在线上推到全世界人民面前进行体验、感受。中国园林博物馆的这一创新，让园林借助电子设备又带动了一批新时代的人们关注、热爱园林，为园林事业埋下了一颗颗种子，静待数年之后生根发芽，培养出更多优异的园林行业人才，将园林文化传播得更远。

4　“云园林”虚拟漫游未来的发展

虽然虚拟现实技术理论已经基本完备，逐渐走向成熟并产生了很多应用级产品，但在实际的应用过程中，目前虚拟漫游的功能仍然处于发展阶段，预计还将有很大的发展空间，会逐步产生更多适合人们使用的产品。而未来的虚拟漫游功能，将可能从以下几个角度进行发展。

4.1　显示效果越来越好

目前“云园林”数字平台的分辨率已经可以达到1920×1080、总比特率达到2870 kbit/s，考虑到建模逼真度和绘制实时性的矛盾及人眼的观赏舒适度，目前已经是经过均衡考虑后相对较好的显示效果。未来随着采集设备的升级迭代、后期技术的发展、后期软件的逐渐完善，或许能做出更加精细的画面，同时兼顾逼真度、实时性与人眼观赏的舒适度。那么未来虚拟漫游的园林景色将更加真实、更加生动，带给人们更加震撼的体验。

4.2　展示形式更加多样

由于“云园林”数字平台采用了3D建模的方式建设，给未来的多样展示形式留下了充足的空间。未来，“云园林”可能在漫游的过程中，弹出展品的文字介绍、展品的720°展示，同时有虚拟讲解员为大家讲解，讲解的过程中如果涉及其他展品也能进行展品切换，如果涉及展品的内部结构，也可以对展品进行电子式的拆解，便于观赏者细致地查看展品纹理，将一次虚拟漫游变成一次奇妙的数字园林之旅。将来随着展示技术的多样化发展，“云园林”也将会紧跟时代的脚步，引用更多先进技术，为园林爱好者提供完善的服务，更有趣的观赏感受。

4.3　展示内容更加丰富

当下数字“云园林”平台的虚拟漫游主要基于中国园林博物馆实体，未来随着中国园林博物馆的发展，影响力越来越大后，将会收藏更多的藏品、举办更多的展览、有更多的科研成果、产生更多活动内容、与更多公园进行学习交流，这些都将是未来展示内容的发展方向，将这些博物馆内核心的内容以一种数字化的方式进行聚合，产生一个内容更加丰富的平台，让数字“云园林”成为一个真正的线上虚拟游览大平台，为公众提供更加全面、丰富的内容，让人们在虚拟漫游中能够“不虚此行”。

参考文献

[1] 李良志 . 虚拟现实技术及其应用探究 [J]. 中国科技纵横，2019（3）：30-31.

[2] 石宇航 . 浅谈虚拟现实的发展现状及应用 [J]. 中文信息，2019（1）：20.

[3] 周子杰，朱岩，张凯 . 虚拟现实技术在博物馆的应用 [J]. 才智期刊，2011（20）：82.

[4] 衣学慧．园林艺术 [M]．北京：中国农业出版社，2006.

[5] 王建伟，魏淑敏，姚瑞，等 . 园林空间类型划分及景观感知特征量化研究 [J]. 西北林学院学报，2012，27（02）：221-225+229.

作者简介

刘明星 /1980 年生 / 女 / 北京人 / 高级工程师 / 研究方向为科学传播 / 中国园林博物馆北京筹备办公室 (北京 100072)

常福银 /1980 年生 / 女 / 北京人 / 高级工程师 / 研究方向为博物馆信息化与智慧化 / 中国园林博物馆北京筹备办公室 (北京 100072)

于京京 /1993 年生 / 女 / 北京人 / 中级工程师 / 研究方向为数字化 / 中国园林博物馆北京筹备办公室 (北京 100072)

关于博物馆疲劳的思考与探讨

Reflection and discussion on museum fatigue

周 博

Zhou Bo

摘 要：“博物馆疲劳”的概念20世纪30年代就已被提出，直到今天仍然存在，这在很大程度上影响了博物馆的教育质量和欣赏效果，使博物馆教育作用的发挥打了折扣。本文就引起博物馆疲劳的原因、解决方法和这一问题存在的发展趋势进行简要分析，并对博物馆疲劳问题进行辩证探讨，旨在引起博物馆业界对此问题的重视，从而采取措施提高参观者在博物馆中的舒适度。

关键词：博物馆疲劳；原因；方法馆

Abstract: The concept of “museum fatigue” was put forward in the 1930s and still exists today, which greatly affects the quality of museum education and the effect of appreciation. This paper makes a brief analysis of the causes of museum fatigue, the solutions and the development trend of this problem, and makes a dialectical discussion on the problem of museum fatigue. The aim is to arouse the attention of the museum industry to this problem, so as to take measures to improve the comfort of visitors in the museum.

Key words: museum fatigue; cause; method

博物馆是人类精神文明的高度集中，是人类文化的殿堂。人们把去博物馆参观当成给精神充电，几乎每个人都带着崇高而美好的愿望走进博物馆，希望通过看展览提升自身素养，开阔眼界。然而，走进博物馆后人们不一定能如愿以偿地满足进入之前的期许。

参观博物馆是体力和精神的双重考验，参观者往往热忱满满地走入博物馆，琳琅满目的展品、目及满眼的文字，不得不费尽精力瞪大眼睛在昏暗的光线下用力阅读，随着展品越来越多，陌生的信息量越来越大，腿脚也越来越酸，心情也随之躁动不安，于是参观的初衷渐渐开始迷失……以上症状，便是博物馆疲劳。

早在1933年，学者梅尔顿在美国的博物馆中开展了一项心理学研究，第一次描述了这个非常普遍并广为人知的现象——博物馆疲劳。他这样形容：“脑袋像塞满棉絮一般昏沉，腿仿佛铅锤一般沉重，脚踝又酸又疼。”[1]弗朗斯·斯考滕于20世纪80年代正式提出“博物馆疲劳”

（Museum Fatigue）的概念，即指观众在参观博物馆过程中逐渐出现的精力耗竭、注意力涣散、认识活动机能衰退的现象。[2] 由此可见，博物馆疲劳具有历史性和普遍性，直到今天仍是博物馆界讨论的课题。

造成博物馆疲劳的因素是多方面的，主观客观、个性共性并存。博物馆疲劳现象至今困扰着参观者，疲劳的后果是严重打击了观众的求知欲和看展积极性，影响对知识的吸收效果，严重的会造成对博物馆展览的排斥。博物馆人有责任将此问题重视起来，进行深入思考。

1 造成博物馆疲劳的原因

1.1 博物馆展览的自身客观原因直接造成参观者疲劳感

1.1.1 视觉体验不到位会造成审美疲劳

文字说明不合理，文字过多、过少、过小、过密、色彩使用不当等，都会引发视觉疲劳。此类现象在博物馆展览中很常见，在留言簿中，时常会看到观众反映文字过小、过密，色彩太浅等问题。

1.1.2 展品密集度过高会产生审美疲劳

人对事物感知序列应符合适度原则，过量过密集的排列，人的心理会本能产生排斥感，以至于渐渐缺乏耐性和新鲜感，感觉越来越无聊。

1.1.3 展厅空间的密集会造成精神疲劳

展厅观众过多，观展体验必然变差。这是知名博物馆或热门的大展在所难免的情况。时逢旅游旺季或是难得一见的展览，通常是一票难求，在摩肩接踵的展厅里拥挤，在人头攒动的缝隙里艰难寻找展品，再精彩的展览也会让人的好心情迅速冷却。当然，在后疫情时代，各博物馆均全方位采取了限流预约制度，展厅拥挤这一现象明显得以缓解。

1.2 个人的主观因素，造成看展疲劳

1.2.1 参观者个体由于认知匮乏而引起认知焦虑

博物馆专题展览对于没有接受过专业培训的普通观众来讲，初次接触而不知所以，这是普遍现象，也是隐性因素。参观者本就是抱着学习目的而来，不懂是正常的，但如果展览设计在给予观众接受程度上产生了偏差，内容、表述过于深奥、抽象，如太多专业名词，或理论过深，必然会引发观者知识接收困难，看不懂的认知疲劳便显现出来。

1.2.2 体力消耗

逛博物馆是体力活儿，参观者在体力达到一定消耗后，缺乏适度的休息调节，必然导致疲劳。某些展览展线设计得不够合理，观展过程中缺乏阶段性休息设施，也是造成观众疲劳的客观原因。

2 造缓解博物馆疲劳的方法

2.1 人性化理念需要体现于博物馆各方面

2.1.1 服务设施的人性化

提供适度的厅内休息椅。国内很多展厅（特别是临时展览）内没有设置休息椅，部分只有在展览视频观看处设置座椅，远远不能满足公众在参观过程中的休息需求；针对展览的理解，提供多种讲解方式和设备是必须的——人工讲解、讲解器、扫码解读等，目前国内大部分博物馆都有普及；适度的展厅温度，过冷或过热都不宜观众久留，因此在保证展品文物温湿度安全的前提下，需调节好展厅内适宜观众的温度和良好的通风，确保体感舒适。

2.1.2 展陈设计的人性化

确保阅读文字的大小、色彩、疏密程度的人性化设计，不要为了形式而牺牲功能性。展厅内灯光满足人的适应度，很多展览为了营造展厅氛围或突出展品亮点效果，采用厅内大环境昏暗，集中光线照亮展品的方法，这在形式上的确突出了展品的位置，吸引了眼球，但忽亮忽暗地频繁更替，过于强烈的明暗对比，参观者眼睛极易产生疲劳，自然会降低阅读的能力。在展厅中采用人工照明与自然光线结合的方式，可以减轻观众的心理负担和长时间集中精力的疲乏及单调感。适度的光线和色彩有助于降低人眼的疲劳度。

展览空间和环境也是决定观者感受的重要因素，过于拥挤狭窄、空气不流通或布展施工气味没有散尽，都对观者心理和生理反应有极大的负面影响。

2.1.3 内容解读的人性化

展览是为大众服务的，对于没有过多过深专业背景知识的大众来讲，通俗普及性的语言是最有效，也是最接地气的表达方式，摒除艰深晦涩的专业，才能避免大众因曲高和寡产生的距离和疲劳感。增强趣味性表达，采用互动模式吸引观者的注意力，增加新鲜度，这些都可以缓解长时间看展带来的疲劳。

2.1.4 展品布局的人性化

有目的性地将展品按照类别、形状、大小、质地不同分类展出，避免外形雷同千篇一律的展品排列在一起长时间出现。若根据主题或内容需要同时展出，则应该在展览形式、展台设计等方面突出新意，在不变中寻求变化，避免视觉上雷同带来的审美疲劳。同时要注重展品陈列密度，避免信息量过载。采用“不连续性”陈列方式，即把不同种类的展品随观赏路线以合适的密度做分段陈列，可以增加观众的新鲜感。[3]

2.1.5 展览展线的人性化

展线的清晰明确是帮助观者顺利理解展览内容的重要因素。展览每个单元的重点明确，逻辑思路清晰是前提。在实际观展中，运用展线导向，为观众设计好明确的行走线路，是交代清晰主题的保障。展陈设计要根据展厅空间情况做好规划，除非特殊要求否则切不可出现散点参观式的选项路线，观众失去了先后的逻辑性，自然会晕头转向一头雾水。

2.1.6 科技手段的运用

将更多科技手段运用到博物馆展览中，大力发展数字展览、云端看展、云体验等方式。人们参观博物馆将不再受到时间、地域的限制，将新媒体技术运用在展览中能够大大提高历史文明传播的广度和效率，观者自主调节观看时长、内容等，自然会减轻看展疲劳，特别是体力消耗引起的劳累。

2.2 自我认知程度对参观者自身的重要性

展览类型不同，主题不同，针对的人群不同，参观者应该根据自身的兴趣点来选择展览。逛博物馆是普世教育，不同于学校学习，不要给自己限定过于严苛的学习目标，应以放松的心态走进博物馆。面对疲劳要学会调整参观方式，自主学习。可以事先做一些背景知识储备带着问题看展，这是获得知识最高效的方式。学会借助博物馆的辅助手段学习，展览宣传页、知识手册、展厅内视频、多媒体互动等都是丰富认知、缓解疲劳的媒介。多关注博物馆的社教活动，知识讲座、动手活动等也都是丰富知识的好方法。

针对于过于火爆的展览，参观前应该有足够的心理准备，可以选择非周末或非高峰时段参观，尽量避免参观人流过大。在后疫情时代，利用好数字化网络手段，是免除身心双重疲劳的好方法。

3 博物馆疲劳的应对

3.1 博物馆疲劳问题推动了博物馆数字技术的发展

博物馆疲劳问题加快了博物馆数字技术的提升。毋庸置疑，减少体力支出是避免身体疲劳的有效办法。足不出户的线上展览满足了这一需求。与此同时，数字技术解决了时间和空间上的障碍，不必担心在有限的时间内参观不完，更不必遗憾外省甚至外国的优秀展览无缘得见。新媒体技术使观众在博物馆中获得了高度自选性，体力、脑力、时间、空间，对个体的差别化观展成为可能。未来，数字媒体技术势必会更加广泛、全面地应用在博物馆展览中，为博物馆疲劳问题提供更多的解决方案。

3.2 博物馆疲劳促进了博物馆周边消费服务领域的提升

面对疲劳问题，无论是身体上的还是心理上的，最有效的解决方法就是休息、转换视角。因此，博物馆相关的休闲娱乐设施及周边服务便会面临更多需求。身体疲乏必然会找地方坐下来休息，到一定的时间必然会饥饿口渴，这便为餐饮、咖啡、书店、文创商店、小剧场等服务在无形中拉动了消费，成为博物馆创收很重要的组成部分。有需求就要有关注，有关注就会有提高，博物馆周边消费服务领域是观众体验的很重要组成部分。“休息好，才能工作好。”观众得到了阶段性的修整，身心都得到了放松，才能更好地开始接下来的参观旅程。优质的周边服务，缓解了博物馆疲劳，同时为观众在博物馆中停留更多时间提供了可能。既得到了休息缓解，又增加了消费体验，这对于观众和博物馆都是双赢的，值得馆方给予更多的关注。

3.3 博物馆疲劳能帮助人们更加主动地学习，改变认知和学习方式

从观众自身角度分析，在博物馆参观过程中，人会面对自己知识领域外的诸多认知空白，无知会引发好奇，好奇则会促进人对知识的探索和渴求。学然后知不足，主动学习成为参观博物馆的延伸行为。获取知识的方式多种多样，在经历过疲劳参观后，人本能会选择更为省力的方式去达到目的，从某种意义上看，这也可以说是博物馆疲劳带来的附加价值，那就是，改变学习方式，这一点在老年群体中表现得尤其明显。诚如上文所言，数字新媒体技术愈加广泛地运用在博物馆领域中，这对于青年一代是驾轻就熟了，然而对于才接触网络数码手机不久的老年观众，很多都是陌生和有距离的。据笔者在工作中以及通过观察身边人观展的行为发现，不少老年人正是由于参观疲劳而“被迫”解锁新的数字媒体使用技能的，例如如何扫二维码、关注公众号、参与互动、浏览官网等行为学习。新的方式打破了老人们的固有思维，便捷、舒适且无界的体验有目所及地改变了一些老人的观念，特别是对于走出博物馆后的延伸性学习以及

持续性关注行为，都令自主学习成为新的可能。基于一个行为，改变一个方式，这才是更具意义的。

4 结语

博物馆疲劳难以完全杜绝，但可以缓解。博物馆疲劳取决于博物馆和参观者两方面。

就参观者角度而言，个体主观感受、接受能力千差万别，是无法完全满足和标准化的。博物馆是知识的百科全书，里面涵盖的内容浩如烟海。以著名的大英博物馆为例，馆藏800多万件展品，占地56000平方米。俄罗斯冬宫博物馆展览路线总长30千米，一个成人如果按正常走路速度走完全程，需要4个多小时，如果在每件展品前停留1分钟，按每天8小时计算，需要11年！由此可见，在如此震撼的艺术宝库中持续参观，即使精力非常旺盛、体力极好的人也难以一直保持高度热情。因此，从观者角度讲，体能、心态等主观因素难以控制，但想要减低观展疲劳度，提高满意度，明确自己的定位和需求是尤为重要的。俗话说，罗马不是一天建成的。参观博物馆也是如此，审美水平的提高、知识含量的增长、思想认知的维度、看待问题的角度不可能通过一次观展得到质的飞跃，那都是通过积累形成的。

作为博物馆，虽然难以完全杜绝博物馆疲劳这一长久现象，但博物馆不能以此为由推卸自身责任，对此问题馆方要高度重视起来，多方面不断改进。改进除了上文提到的展览策划等方向以外，还有赖于博物馆方提升自身的主动意识。多同参观者交流，听从观众的心声，用好观众调查、互动等反馈手段，及时了解受众的行为、心理才能发现问题，最终有针对性地提高博物馆服务的观众满意度。

总结上述分析，博物馆疲劳是诸多综合因素造成的，既微妙又复杂，需要多角度全面思考。博物馆疲劳之于任何人都是不可避免的，它将永远和博物馆共存，但博物馆疲劳并不可怕，更不是博物馆方推卸责任的借口。作为博物馆人应该辩证地看待这一问题，分析把握利弊，最大化地减少外在造成因素，开动脑筋从深层次分析博物馆疲劳问题，化害为利，这才是研究本命题的意义所在。

人类对美好的追求不会停下脚步，人们对博物馆的认知需求会越来越高，为了让更多的观者更少地在博物馆中“疲劳”，博物馆人仍需不断努力。

参考文献

[1] 弗朗斯·斯考滕.心理学与展览设计简述[J].许杰，译.中国博物馆，1988（1）：85.

[2] 陈蓉.关于市场经济中博物馆经营问题的思考[J].科协论坛，2012(12):134.

[3] 金和天.博物馆观众行为与心理研究：故宫钟表馆案例分析[D].长春：吉林大学，2006.

作者简介

周博/北京/馆员/硕士/研究方向为博物馆展览教育/北京中轴线遗产保护中心（北京100120）

浅谈不同立地条件下园林植物的病虫害防治策略

——以中国园林博物馆为例

Preliminary Analysis of Pest Control Strategy for Garden Plant under Different Site Conditions

—Taking the Museum of Chinese Gardens and Landscape Architecture as an Example

李大鹏

Li Dapeng

摘　要： 园林植物的病虫害防治工作应注重对植物的健康管理和科学养护，通过精准化、精细化和精确化的养护管理措施，充分发挥和利用植物自身的抗逆性、植物群落的调节性以及生态系统的稳定性，将有害生物的数量控制在一定的经济阈值范围内并实现对其科学有效的防治。精细化养护管理的开展和实施要以植物的立地条件为前提和依据，在详尽调查和充分掌握影响植物生长能力和生长势的地貌、土壤、光照、水分和气候等立地因子特点和规律的基础上，尤其是土壤质地结构类型、土壤养分本底值水平以及养分有效供给能力，才可能制订出科学合理的精细化养护管理方案，进而实现因地制宜、适地适树的目标，并为后期的养护管理，尤其是病虫害防治工作打下坚实基础。

关键词： 园林植物；立地条件；病虫害；防治策略

Abstract: Scientific maintenance and management of garden plants should be the primary and fundamental task. Through the accurate, elaborate and targeted conservation, the population density of pests were effectively controlled under the economic threshold level, depending on the plant resistance, community regulation and ecosystem stability. According to the specific site conditions of garden plant, in which the site factors key to plant growth such as fields topography, soil, light, water and climate were thoroughly investigated and confirmed, especially the soil texture and nutrient content, scientific program of garden plant maintenance could be carried out, laying a solid foundation for the future maintenance task and pest control.

Key words: garden plant; site condition; disease and insect pests; control strategy

中国园林博物馆位于北京市丰台区永定河西岸，是全国首家以园林为主题的国家级博物馆，旨在展示中国园林悠久的历史、灿烂的文化、辉煌的成就和多元的功能。中国园林博物馆以“中国园林——我们的理想家园”为建馆理念，浓缩展示了博大精深的中国园林体系，在场馆布局和展览陈设方面，采用“馆-园”结合的博物馆模式，既有展示以岭南、苏州为代表的南方私家园林的室内展园，又有展示北方山地园林、平地园林和水景园林的室外展园[1-2]。

作为中国传统造园中不可或缺的元素，园林植物既是博物馆重要的展陈内容，也是营造博物馆生态环境的重要因素，充分彰显了“有生命的博物馆”的建馆目标和行业特色。这种高度浓缩，在相对有限的空间范围内集中展示不同立地条件（包括海拔、土壤、坡度、光照、温度、湿度和生物等立地因子）园林景观植物的布局方式，势必要求在园林植物的日常养护管理，尤其是病虫害防治要因地制宜、因“园”制宜，甚至因“树”制宜地制订精准化、精细化和精确化的管护方案。鉴于此，本文以中国园林博物馆为例，对不同立地条件类型的园林植物病虫害防治工作进行梳理，并就防治策略方面提出思考。

1 中国园林博物馆园林植物立地条件简要分析

1.1 立地条件的重要性

在园林景观中，立地条件指园林植物生存需要的土壤、水分、气候、空间等因子组合而成的综合外部环境[3]。通过研究园林景观立地条件和立地类型，能够对不同的立地条件的地块进行科学分类和设计，选择适生性强的园林植物种类，实现因地制宜、适地适树的基本原则，并且为后期的养护管理，尤其是病虫害防治工作打下坚实的基础。

1.2 中国园林博物馆园林植物立地条件的特点

1.2.1 类型多样，差异显著

从大类上分，中国园林博物馆园林植物的立地条件大体上可分为室内和室外两种类型。室内展园展示的苏州畅园、广州余荫山房和扬州片石山房为仿建的南方古典园林，考虑到园中种植的南方植物在北京地区的适生性问题，室内展园利用空调系统调节温度，常年保持在15~30℃的范围，利用玻璃幕顶的方式进行采光，并使用营养土栽培，由此可见，室内展园在人工干预下形成了类似于温室的立地条件。室外展园展示的染霞山房、半亩轩榭和塔影别苑皆为北方园林类型，在植物配置方面主要根据造园意境和相关历史文化，并结合所处区域的生态条件，选择适生性强、便于养护管理的乡土物种，与室内展园相比，室外展园的立地条件人工干预相对较少，主要因循现有地形、地貌等立地因子而形成。

通过进一步的比较分析得知，即使在同一类型（室内或室外）内部，不同展园园林景观植物所处的立地条件也有明显差异。就室内展园而言，虽同为室内展园类型，畅园和余荫山房位于室内一层，片石山房位于二层露天平台，由于所处环境迥异，必然导致其在光照、温度、湿度以及风速等因子方面产生差异，进而影响整个立地条件。而室外展园展示的染霞山房、半亩轩榭和塔影别苑三处园林，从地形地貌的角度分类，分属于山地园林、平地园林和水景园林，具体位置可见图 1。染霞山房位于鹰山东坡，展区内北、南和东向为坡地，西侧为缓坡，建园之前有部分区域为裸露地块，没有植被覆盖，其余地块的原有植被以松、元宝枫、柏以及黄栌等植物为主，分布不均，稀疏程度不一[4]。半亩轩榭北侧毗邻染霞山房，南侧与塔影别苑相连，西侧为鹰山东麓延伸地带，整个展区呈狭长的矩形，地势平缓，仅西侧边缘地带为缓坡，原有地块几乎无植被覆盖，仅有少量地被植物。塔影别苑以湖为中心，依湖而建，并与不远处鹰山上的永定塔相映成趣，水体占据了该展园面积的近 80%，势必对该处生态小气候有一定的影响，比如土壤水分、湿度、温度以及风力等因子，进而形成独特的立地条件。由此可知，由于室外展园所处具体环境的不同，立地因子（地形、地貌、风力、温湿度等）间的差异性以及不同因子组合的共同作用，形成了现有的不同立地条件。

图 1 中国园林博物馆室外展园布局

1.2.2 限制性因子突出，“城市困难立地”性质明显

构成立地条件的系列因子中，有一种或几种关键因子，能够对生物的生存和繁殖过程起到显著的限制作用，称其为限制性因子或主导因子。博物馆原址为建筑垃圾填埋场，原有土壤贫瘠，质地为黏质土且可利用形态的矿质元素（如氮、磷、钾等）和有机质含量低，不适合植物的生长，虽然在栽种植物前对栽种区进行了土壤换填，但有效土壤层较薄，下层原有土壤（以建筑垃圾为主，土壤未经熟化，植物根系不能利用其矿质元素）结构差，不利于新移栽植株根系的健康生长。此外，染霞山房展区所在的鹰山山坡，虽有植被覆盖，但表层有效熟化土壤仅达到 30~40cm 厚度，难以满足大规模的苗木移栽对养分的需求。由此可见，对于室外展园来说，土壤成为立地条件中最为突出的限制性因子。而对于室内展园（在二层露台的片石山房除外）而言，由于馆内部分区域的光照强度较低，仅有透过玻璃幕顶的散射光，不能有效满足大部分植物光合作用对光的需求，必要时需要进行人工补光，因此，光照成为立地条件中最为显著的限制性因子。

城市困难立地，是指在城市的区域环境之中，不能够满足地带性植被主要物种正常生长发育所需立地条件的空间的总称[5]。与一般的绿地相比，城市困难立地的绿化植物生长环境比较恶劣[6-7]。中国园林博物馆原址为垃圾填埋场，如何克服城市困难立地条件对园林绿化工作的不利影响，如何通过精细化管理保障园林植物健康生长，如何更合理地应对养护过程中的病虫害问题，值得高度关注和重视。

1.2.3 生态系统稳定性易受外界因素干扰

中国园林博物馆所处的立地条件不是十分优越，其生态系统还处在构建阶段，未达到生态平衡状态，稳定性较弱。此外，中国园林博物馆地处鹰山东麓，永定河西岸，毗邻北京鹰山森林公园和北京园博园，同属于永定河畔绿色生态发展带。但三者在规模、体量和生态类型等诸多方面均存在一定的差异性，与相对成熟的鹰山森林生态系统和体量巨大的园博园园林绿地生态系统相比，中国园林博物馆营造的立体复合人工园林景观生态系统不仅体量小，而且抗干扰能力较弱，在相互之间的物质传递、信息交流和人员往来过程中，可能会对中国园林博物馆产生一定影响。

2 中国园林博物馆园林植物病虫害发生特点

2.1 病虫害种类复杂多样，且呈局部点状发生态势

中国园林博物馆种植的植物品种繁多，涉及乔木（含落叶和常绿）、灌木、竹类、藤本、花卉、地被和水生植物等十大类共计200余种，在植物景观设计和配置方面也千差万别，既有乔木、灌木和地被相结合的复式立体种植，还有大面积的植物主题展示生态墙和营造园林意境的植物主题盆景小品等形式。多种多样的植物种类、丰富的生物量以及复杂的生态结构层次和立地条件，为有害生物的发生提供了丰富的食物来源、寄生对象和生态位空间。据统计，中国园林博物馆园林植物病虫害种类复杂多样，常见的虫害主要包括钻蛀性害虫（天牛、吉丁、木蠹蛾、小蠹和螟蛾等类群）、刺吸性害虫（蚜虫、蚧壳虫、粉虱、叶螨和蓟马等类群）、食叶性害虫（卷蛾、毒蛾、夜蛾、尺蠖、象甲和叶甲等类群）和地下害虫（蛴螬和金针虫等类群），常见的病害主要包括白粉病类、锈病类、疽病类、叶斑病类和线虫病类等侵染性病害以及黄化、花叶和小叶等非侵染性病害[8-11]。

值得注意的是，由于中国园林博物馆不同展园在立地条件、植物种类、植物配置和空间层次等方面存在着显著差异，综合以上诸因素而形成的局部生态类型也呈现出明显不同，尤其体现在系统的稳定性及抗逆性。虽然全馆园林景观植物病虫害种类复杂多样，但不同展园的病虫害发生情况因园而异，为害种类、发生时间及为害程度等方面有所差异，与通常情况下公园绿地和城市绿化景观单一、病虫害大面积扩散的爆发式的为害特点相比，中国园林博物馆呈现出明显的局部点状为害发生规律和态势。

2.2 非侵染性病害问题突出

受不利立地条件的影响，馆内部分园林植物生长势不旺盛，个别植株树势不佳，极易受到不良立地因子胁迫而出现生理性病害，即非侵染性病害，这是现阶段中国园林博物馆园林植物病虫害发生的一个显著特点，也是植物养护和病虫害防治工作亟须解决的难题。相比真菌、细菌、病毒和线虫等病原物引发植物产生一系列病理变化和病症的侵染性病害，非侵染性病害是由土壤、营养、温度、光照以及有毒有害物质等非生物因子引起的，当这些因子不适合甚至阻碍植物的正常生长发育时，导致植物出现小叶、花叶、黄化等生理性病害，并造成严重破坏甚至死亡。非侵染性病害无明显发病中心，不会引起植物间的互相传染，但此类病害的诊断和防治更加复杂和困难。

具体来说，非侵染性病害问题在室内展园表现得尤为突出，受光照限制因子的影响，室内部分植物接受的光照强度低、时间短且波长发生了变化，光合强度明显降低，不能正常供应生长发育所需要的营养物质，植物长势弱，具体表现为茎细、节长、脆弱（机械组织不发达）、叶片小而卷曲、根系发育不良，叶片发黄等症状。室外展园的部分植物受不良土壤质地和结构的影响，较难获取足够有效的养分和水分，表现出生长势不佳，抵抗力较弱，虫害和病害（包括侵染性和非侵染性）共同为害的状况。

2.3 易受外界因素影响，存在一定的外来入侵风险

中国园林博物馆与外界有频繁的植物及相关材料交流，存在着一定程度的有害生物（本土或外来入侵）随植物产品调运而传播扩散的可能，这种风险对中国园林博物馆园林植物及生态系统构成了一定的威胁。

首先，中国园林博物馆在园林新技术引进应用、珍稀苗木引种以及名贵树木移栽等方面已开展了深入合作。其次，中国园林博物馆园林植物的日常养护管理，展厅举办展览的应景点景植物搭配以及重大节日庆典的植物主题造景都会产生大规模频繁的园林植物及相关材料的调运。

3 防治策略分析

3.1 基于可持续发展的生态调控策略

随着经济社会的发展和生态环境保护意识的增

强，病虫害的防治策略也在不断发展创新，由原始防治、化学防治发展到有害生物综合治理（Integrated Pest Management，IPM）以及生态调控（Ecological Regulation and Management of Pest，ERMP）。生态调控是指根据生态学、经济学和自然控制理论的基本原理，在进行有害生物防控时，将寄主植物、有害生物、天敌和环境这几个要素作为一个整体来考虑，利用各个要素之间的互相作用和制约关系（如共生、竞争、寄生和捕食关系等），对生态系统内的食物链或食物网的结构和功能进行合理调节和控制，通过提升生态系统的自我调节能力和抵抗力，在尽可能减少化学农药使用的情况下，达到对有害生物的控制的目的，并实现生态系统可持续、健康、稳定地运行和发展[12]。

结合中国园林博物馆园林植物病虫害的发生特点，在实施生态调控策略时，要着眼于“植物 - 有害生物 - 天敌”的系统性、整体性进行规划和部署。需要重点考虑和解决以下几个方面的问题。

首先，对不同立地条件类型的展园开展植物多样性调查。植物（乔灌草等）及所组成的植物群落在整个生态系统中占据主导地位，为系统内的各种有害生物、天敌和其他类群的生物提供了食物资源和栖息空间。植物物种丰富度、多样性和均匀度指标水平以及群落空间结构特征在很大程度上决定了生态系统的生物多样性，尤其对昆虫种类多样性、种群结构和数量、种内和种间关系产生较大影响。一般来说，植物多样性高、配置合理的生态系统自我调节能力强，对病虫害具有较强的抵抗能力，很少发生爆发性的病虫害问题。

其次，要在不同展园开展重要虫害、病害和天敌的调查，搞清楚其种类、种群规模、发生规律等基础信息及相关生物生态学特性。

最后，综合分析和评估不同展园在植物多样性水平、植物群落健康度、生态系统稳定性、病虫害发生情况以及天敌资源等方面的特点和差异。以展园为单位，制订植物病虫害生态调控方案，在不影响造园主题和意境的前提下，通过丰富植物多样性、科学设置植物搭配和优化群落空间布局结构的方式，以提高生态系统自身对有害生物的调节控制能力为基本措施，根据重要虫害病害发生特点及天敌信息，配合应用生物防治、物理防治和人工机械防治等防治方法，在必要时可补充采用高效低毒的化学药剂进行精准防治。

3.2 基于立地条件的精细化养护策略

对园林植物进行科学合理的精细化养护管理是十分必要和重要的，能有效提高植物的成活率，优化植物的生长势并增强园林景观的观赏价值，特别在提高植物自身的抗逆性方面，精心养护下的植物一般具备较强的生长势，在一定程度上能够克服外界不良环境因子（包括不良气候条件等非生物因子和病、虫、杂草等生物因子）的侵扰和为害，因此，园林植物病虫害综合防治体系的建立一定要以精细化养护管理为基础和前提。

针对中国园林博物馆园林植物种类多、立地条件类型复杂多样以及限制因子明显的特点，在研究和制订植物精细化养护管理方案时，重点关注以下几个方面。首先，以各个展园（室内和室外）为基本单元，对海拔、土壤、坡度、光照、温度、湿度和生物等立地因子进行系统调查，并结合植物种类和配置信息，开展立地条件的科学分类、综合评价和差异化管理。其次，要特别注重室外展园的土壤精细化养护管理，土壤养护管理的水平直接决定了植物的生长能力和生长势。应根据不同类型植物对土壤养分含量、酸碱度、水分、温湿度和微生物环境等需求规律和特点，采取相应的土壤养护管理措施，如土壤的定期松土，以改善土壤结构和密度，提高土壤的透气性和保水保肥能力，为植物的生长创造更好的环境。利用土壤检测技术，在掌握土壤本底值水平和养分供给能力的基础上，根据植物的需肥特点，使用有针对性的配方肥。此外，对于土壤过于贫瘠的地块，可采用配生土技术，即通过原土、客土、土壤改良剂和微生物菌剂等进行科学配置，对土壤进行改良，同时也能很好地抑制土壤污染物和土传病原微生物从而达到控制土传病害的作用[7]。此外，对于室内展园部分植物因光照不足而出现的茎细、节长、脆弱（机械组织不发达）等生理性问题，需要结合植物的光照需求规律和特点，如喜阴性还是喜阳性、光照的强度、光照的时间以及波长等，制订科学合理的光照调控和管理方案。

3.3 不同阶段的动态管理策略

园林植物的病虫害防治是一项长期性、持久性和连续性工作，贯穿植物引进、种植及其养护的整个过程，需要遵循“预防为主，综合防治”的植保方针，及早发现，及时防治，将寄主植物可能受到来自有害生物的威胁和损失降到最低。

整个防治工作过程可大体分为三个重要阶段，第一阶段是植物及其产品引进阶段，应严格按照植物检疫的相关法律法规，加强对引进植物病虫害进行检查和处理，防止有害生物的传入和扩散。第二阶段是植物种植阶段，应按照“适地适树”的原则，尽量使用乡土物种，科学设置植物搭配和优化群落空间布局结构，提高生态系统自身对有害生物的调节控制能力。第三阶段是植物养护阶段，应做好有害生物的实时监测预警工作，避免出现病虫害暴发后再采取防治措施的被动局面。

参考文献

[1] 张宝鑫，李晓光，成仿云．园林植物在中国园林博物馆中的展示及应用 [J]. 中国园林，2019，35（01）：113-117.

[2] 阚跃，张宝鑫，李炜民，等．中国园林博物馆规划建设的实践与探索 [J]. 风景园林，2014（03）：58-61.

[3] 徐尧毅．立地条件在园林绿化设计中的作用及实现途径 [J]. 现代园艺，2015（20）：166-167.

[4] 邬洪涛，张宝鑫，李炜民，等．中国园林博物馆染霞山房展区营建研究 [J]. 风景园林，2014（03）：74-77.

[5] 高磊，李跃忠，王凤．城市困难立地条件下园林绿化植物病虫害的发生及其防控策略 [J]. 园林，2020（09）：2-7.

[6] 张浪．谈新时期城市困难立地绿化 [J]. 园林，2018（01）：2-7.

[7] 张浪，朱义，薛建辉，等．转型期园林绿化的城市困难立地类型划分研究 [J]. 现代城市研究，2017（09）：114-118.

[8] 高旌．城市园林植物病虫害的特点及生态控制策略 [J]. 农业与技术，2020，40（08）：137-138.

[9] 陈家银．浅谈城市园林植物病虫害现状及绿色防控措施 [J]. 农业与技术，2020，40（03）：135-136.

[10] 刘鑫海．浅析城市园林植物病虫害的发生特点及防治方法 [J]. 农业与技术，2019，39（02）：149-150.

[11] 吴雪芬，钱兰华，孙振军，等．苏州园林植物病虫害发生规律及防治措施探讨 [J]. 安徽农学通报（上半月刊），2011，17（15）：137-141，143.

[12] 车少臣，仇兰芬，王建红，等．植物多样性在园林病虫害生态控制中的作用 [J]. 林业科技，2008，33（06）：33-35.

作者简介

李大鹏 /1985 年生 / 男 / 河南洛阳人 / 博士 / 研究方向为园林植物养护、有害生物生态调控 / 中国园林博物馆北京筹备办公室（北京 100072）

从圆明园添建汇万总春之庙看清代皇家园林管理

The view of royal garden management in the Qing Dynasty based on the construction of Huiwanzongchun Temple in Yuanmingyuan

马 超 牛建忠

Ma Chao Niu Jianzhong

摘 要：清代皇家园林是中国园林发展史中重要研究部分，本文从添建汇万总春之庙入手研究清代皇家园林管理体系。以历史文献、样式雷图档、圆明园四十景图、御制诗文集等资料为基础，通过对圆明园内植物组织与管理进行梳理，探讨皇家园林管理的历史脉络，以期为现代园林管理提供参考依据。

关键词：汇万总春之庙；圆明园；园林管理

Abstract: Royal garden in the Qing Dynasty is an important part of the development history of Chinese gardens. This paper starts with studying the royal garden management system in the Qing Dynasty. Based on historical documents, Yangshi Lei archives, 40 scenes of the Yuanmingyuan, and the imperial collection of poems , the historical context of the royal garden management is explored by combing the organization and management of the Yuanmingyuan, in order to provide reference for modern garden management.

Key words: Huiwanzongchun Temple; Yuanmingyuan; garden management

圆明园作为清代园林集大成者，堪称当时世界的皇家园林典范。“二十四番风信咸宜，三百六十日花开竞放”，呈现的就是圆明园内四季不尽的繁花、翁郁葱笼的绿树。乾隆帝为保佑园中种类众多的奇花异草繁茂生长，特仿制西湖花神庙添建国家级花神祭祀的庙宇——汇万总春之庙。

1 添建汇万总春之庙的背景

1.1 添修花神庙的意义

《陶朱公书》载：“二月十二日为百花生日，无雨，百花熟。”古语云百花生日是良辰，在花卉被赋予了人性化的色彩后，中原文化中逐渐形成了花卉崇拜，并演化产生了花神信仰与民俗。在花朝节这天，人们除了要游玩赏花、晒中祈丰、制作花糕等习俗外，守土官于花朝日出郊劝农也是一项重要工作。《风土记》载：“仲春十五日为花朝节……此日帅守、县守，率僚佐出郊，召父老赐之酒食，劝以农桑，告谕勤劬，奉行虔恪。”大概是因为花朝节正好在春耕之前，为了一年的好收成、鼓励大家的劳动积极性，官吏们也纷纷在花朝节期间勘察民情。

出于对汉文化花神的崇拜，清代帝王也在各园林中修建大大小小的各种花神庙以保佑花木繁茂，目前除可以考证的颐和园花神庙、慈济寺花神庙外，在圆明园、承德避暑山庄内还分别修建了国家级进行花神祭祀的庙宇——汇万总春之庙。

1.2 仿制西湖花神庙

中国各地兴建有众多花神庙，最为著名的当属杭州西湖的花神庙。《南巡盛典》记载乾隆六次南巡，所下榻的杭州西湖行宫比邻花神庙，花神庙也是乾隆西湖必游之地。想是因为多次得到帝王的垂青，西湖花神庙于乾隆三十年（1765 年）四下江南时仿于杭州金沙港花神庙“摹影图形”（图 1）被带回京城，仿建于圆明园中，并赐名“汇万总春之庙”。虽为国家级花神祭祀庙宇，但受园内地域空间限制，格局与西湖花神庙相比过于简单。为了弥补圆明园汇万总春之庙之不足，乾隆帝后又在承德避暑山庄添修了一座规模更为宏伟的花神庙，同样赐名为“汇万总春之庙”。

1.3 汇万总春之庙建筑布局

汇万总春之庙始建于乾隆三十四年（1769 年），是一处寺庙型园林风景群，位于濂溪乐处景区南岸，南北长 100 米，东西宽 120 米，占地 1.2 万平方米，建筑面积 1850 平方米（图 2）。汇万总春之庙作为慎修思永景区添建的一组建筑群，共有花神庙正殿一座五间、配殿二座六间、山门五间、后楼三座九间、擎檐抱厦一间、转角房四间、游廊五座二十四间，以及修泊岸、码头，砌墙垣、台基，成做花树地景，殿内添安神牌。乾隆三十五年（1770 年）二月十二日花神庙开光献供。每月每日香烛供献，万寿圣节并花朝、年节安摆供献。嘉庆二十四年（1819 年）、道光四年（1824 年）二月十五日，皇帝、皇后至花神庙拈香。庙内曾经设有一座牡丹罩，应为培育花王牡丹专设的。英法联军焚毁圆明园时，因汇万总春之庙位置偏远并未被毁，之后毁于 1900 年八国联军侵华。

2 清代皇家园林管理机制

据乾隆三十四年（1769 年）的十二月二十四日《福隆安等奏销算慎修思永等处工程银两褶》载：“乾隆三十四年五月内，经奴才等估奏，遵旨慎修思永添建花神庙宇，并楼座、房间、游廊……。按例约需工料银三万六千八百四十一两七分五毫，内除选用本工旧料抵银五千二百五两九钱九分四厘，领用官办木植抵银二千五百十八里两七分五厘……委派郎中佛宁……喜顺监修……净销银二两八千六百五十五两二钱六分……。”这份奏折中详细明确记载了添建汇万总春之庙工程的负责人、监修人，工程设计方案、施工用料、添修后的效果，工程预算及竣工核销的情况。同时，从这份奏折中，还可以分析出圆明园内的管理机制。

2.1 圆明园管理机构

自雍正帝开始随着清帝住圆明园并“在园”听政的时间逐渐增多，许多国家大政多出于此，其重要的政治地位越发突出。自雍正元年（1723 年）圆明园开始设置管理事务大臣职位，通过雍正五年（1827 年）《允禄等传论奉宸苑等衙门著观保等补授圆明园总管等职务》奏

图 1 清代杭州西湖湖山春社景致（《南巡盛典》）

图 2 汇万总春之庙建筑布局

折："……我以禀和硕怡亲王，圆明园总管缺一名，副总管缺十名……"可以看出，当时圆明园部分职位情况。据统计，在圆明园鼎盛的乾隆年间管理事务大臣最多时有38人，前文中已提到《圆明园记》中注：乾隆三十四年（1769年）五月福康安奉旨在慎修思永添建花神庙宇。除福康安外，傅恒、隆福安、和珅等均在园中任职。圆明园总管事务大臣不仅由皇帝直接选拔，而且还受皇帝直接领导，负责掌管园内营建的一切事宜，其工作除传达皇帝圣旨外，还涵盖了审查样式房设计图稿、监督工程进展、核销供料等，其下还设有钦派承接大臣、监修大臣、堪估大臣、保护大臣，分别负责备料、施工、验收、运维管理等工作，而工程结束后核算钱粮的任务，则由总理工程处派专员协同管理工程大臣共同完成。

圆明园内除了设置行政管理职能的事务大臣和负责园林工程设计的样式房样子匠们外，还有专门负责养花和植物品种培育的官员。在北京大学图书馆藏乾隆十年（1745年）的《圆明园莳花碑》记文中可以看到当时负责管理御园养花工程的官员王进忠、陈九卿、胡国泰三人对待本职工作的诚恳态度："伏念天地间一草一木骨出神功，况于密逐宸居，邀天子之品题，供圣人之吟赏哉。爰列像以祀司花诸神，岁时祷赛，心戒必度，从此寒暑益适其宜，阴阳各遂其性。不必催花之鼓，护花之铃，而吐艳扬芬，四时不绝。于是以娱睿览，养天和，与物同春，后天不老，化工之锡福岂有量乎。若夫灌溉以时，培护维谨，此小臣之职，何敢贪天功以为己力也"。碑中记载御园中的花事盛衰全靠花神保佑，负责养花的官员对于花神丝毫不敢怠慢。同时，据《植物之旅：华夏帝苑与海西花草》一文记载乾隆年间神甫汤执中因进贡的"感应草"（含羞草）引得乾隆"相当惊叹，并朗声大笑"，故被任命为中国宫廷的植物学家，并获准出入圆明园。

2.2　圆明园经费来源

根据《圆明园》档案记载，圆明园设有自己的财政管理机构，即圆明园银库。资金收入除房租、地租、当铺利银和山海关、淮关等税收上缴的盈余银料作为当年固定收入外，一些官员的罚银和商人报效的银两也遵旨纳入圆明园银库。如乾隆朝的《内务府奏效档》记载，乾隆二十年（1755年）及二十二年（1757年）两淮盐商恭捐银二百万两中，即有五十五万两直接拨交圆明园银库。

2.3　严格的管理

经营皇家园林，惩戒是必不可少的管理手段。在清史档中多处记载了惩戒的案例，如乾隆四十三年（1778年）七月初十《总管内务府奏支荷香荷花稀少将该管馆员议处折》中写明圆明园池塘里的莲花非常稀疏，内务府认为负责此处的苑臣白白浪费国库白银，罚他们三个月至六个月的俸禄不等。乾隆五十二年（1787年），福长安和金筒因点亮灯墩的时间落后于预定程序，也遭到严厉惩戒。同年，圆明园农田里的麦子长势不好，内务府罚苑丞长福及其助手一年的俸禄，罚员外郎祥瑞半年俸禄。还有一些犯了宫规的太监也会被罚流放到园中比较荒凉的地方进行锄草、喂马等劳役。

3　圆明园植物种类、培育场所及培育技术

乾隆七年（1742年）七月，圆明园总管太监传旨"以后外边如有应收拾树木栽、补、刨、伐，俱著该员会同总管太监王进忠酌量刨伐、栽种"；另有乾隆十四年（1749年）二月圆明园总管太监将紫碧山房栽种果木树株样呈览，奉旨"将此项树株交三和酌量派园头办理，树株现今应栽种之时急速栽种，可将衣里气达内拣选好官一员，专管果木树株，带领园户壮丁以后培栽、换秧、浇灌、打掐、收拾为例"。通过现有的历史资料可见，总管内务府大臣三和、海望、和珅以及总管太监王进忠等均参与皇家园林及植物景观营建与管护的全过程。皇家园林各项工作在园中各级官员的管理中有序开展，确保了皇家园林植物景观繁茂不衰。

3.1　圆明园植物种类

圆明园中的植物是极为丰富多彩的，从现存的《圆明园内工则例》、御制诗文、圆明园四十景图等史料中可得到多方面的佐证。

雍正朝的满文档和造办处《各做伙计档》中记载了雍正曾亲自指示将暹罗送来的果木树和梁州恭进的牡丹都种植在圆明园内。雍正八年（1730年）由福建运来北京的番薯苗，也遵旨在圆明园内引种，这是北京地区引种番薯的最早一则记载。同时，一份可以确定追溯至乾隆末期或嘉庆初年的《树木花木价值则例》清单中记录了当年园中近80种植物的143种价格信息。清单里除了松、竹、槐、玉兰、山桃、文杏、海棠、枫树、牡丹、月季、菊花、兰花等百余种适合北方生长的花木外，还引种了江南的梅花与芭蕉，新疆的桑树，西洋的含羞草等20余种树木花卉。通过对史料的分析研究，可将圆明园植物按照常绿树、落叶乔木、花灌木、果树、水生植物、藤本植物、草本植物、温室植物以及农作物、蔬菜十大类进行梳理：

（1）常绿植物7种：马尾松、柏树、白皮松、刺松、罗汉松（盆栽）、紫杉、竹子；

（2）落叶乔木38种：杨树、青杨、垂柳、旱柳、柽柳、槐树、龙爪槐、楸树、紫荆、紫薇、黄檗、山桃、白碧桃、红碧桃、粉碧桃、鸳鸯桃、垂丝海棠、海棠、梅、白梅、红梅（盆）、玉兰、紫玉兰、香椿、臭椿、梧桐、银杏、

马英花、榆树、桂树、椴木、构树、皂角、山杏、丝棉木、枫树、文冠果、花椒；

（3）花灌木 22 种：紫丁香、白丁香、红丁香、榆叶梅、欧李、郁李、香荚蒾、月季、玫瑰、七姊妹、白玉棠、黄刺玫、棣棠花、珍珠花、贴梗海棠、锦带花、连翘、迎春、腊梅、木槿、牡丹、茶树；

（4）果树 17 种：李子、栗子、柿子、枣、软枣、核桃、苹果、沙果、杏树、山楂、桃树、锦堂梨（红梨、菠梨、香水梨）、红樱桃、白樱桃、桑树、石榴、榛；

（5）蔬菜 3 种：白菜、油菜、韭菜；

（6）水生植物 6 种：芦苇、睡莲、荷花、荇菜、浮萍、菱花；

（7）藤本植物 6 种：紫藤、忍冬、山葡萄、爬山虎、凌霄花、苟菊；

（8）草本植物 15 种：芍药、白芷、萱草、菊花、万寿菊、翠菊、凤仙花、鸡冠花、秋葵、雁来红、牵牛花、春兰（盆）、芭蕉、金莲花、含羞草；

（9）温室植物 5 种：水仙、佛手、南天竹、茉莉、芭蕉；

（10）农作物 4 种：小麦、稻米（京西御稻）、黍、粱。

3.2 圆明园中植物培育场所及技术

“花房”“熏花房”“暖花房”“花房洞”“花儿洞”是清代专供养花的场所。作为万园之园的圆明园宫殿众多，需要大量摆放盆花，装饰园景与宫内景象，故有“花儿洞”“熏花房”等十九铺，如圆明园“花儿洞”，养雀笼处的“熏花房”等，其中“恒春圃”花窖最为著名，乾隆皇帝曾多次吟诗赞它“温室暖且洁，花窖奚称数。四时皆有花，因号恒春圃……”。繁盛时期的圆明园引种了大江南北的各种树木花卉，许多来自江南园林中的花木因无法露地栽培，便种植于恒春圃中供帝后观赏。从御制诗“馥郁含韶律，飘姚散彩霞”“四时皆得趣，无日不看花”“四时具芳菲，一径殊窈窕”等处足以看出，花圃中的鲜花种类繁多，四季开个不停。

恒春圃所用的温室养花技术在唐代就已形成，即在密封的屋庑内通过昼夜燃火加温使花果蔬菜在隆冬时节正常生长。利用温室培植的花卉在古代被称作“唐花”或“堂花”。为了保证温室四季如春，自冬令起圆明园内各花房便开始领用炭火，“每铺每日用黑炭和煤熏养，并有暖花房火盆十二个，每年自十一月初一起至次年二月底，每个每日盛烧黑炭使用”。为了丰富多彩植物配置种类，园内除了建有“恒春圃”类型的温室外，还有露天的苗圃即学圃，内部培植苗木、果树、蔬菜等，学圃不单单是苗圃，更是帝王皇子们学习农作，视农观稼的好地方。

4 结语

清代皇家园林作为中国古典园林艺术的集大成者，其规模与造园艺术水平均已达鼎盛，代表了当时中国园林的至高成就。圆明园从雍正二年 (1724 年) 扩建，到咸丰十年 (1860 年) 被洗劫焚烧为止，前后经营了约一百五十年。由于胤禛、弘历等人积极吸收汉文化，其高水平的文化修养，不仅形成了一套帝王园林观点，同时对皇家苑囿的建设管理也起了积极的影响，现留存于世的样式雷图档、工程造法册、奏销档等史学资料，正是对这一套相互配合，相互制约的清代皇家园林管理制度的最好佐证。

参考文献

[1] 中国第一历史档案馆 . 清代档案文献圆明园 [M] 上海：上海古籍出版社，1991.

[2] 吴祥艳，宋顾薪，刘悦，等 . 圆明园植物景观复原图说 [M]. 上海：上海远东出版社，2014.

[3] 郭黛恒 . 深藏记忆遗产中的圆明园：样式雷图档 [M]. 上海：上海远东出版社，2016.

[4] 郭奥林 . 清代乾隆朝圆明园营建活动研究 [D]. 天津：天津大学，2017.

作者简介

马超 /1979 年生 / 女 / 北京人 / 馆员 / 研究生 / 研究方向文物保护与研究 / 中国园林博物馆北京筹备办公室藏品保管部（北京 100072）

牛建忠 /1963 年出生 / 男 / 内蒙古人 / 教授级高工 / 研究方向园林植物、园林藏品 / 中国园林博物馆北京筹备办公室（北京 100072）

图书在版编目（CIP）数据

中国园林博物馆学刊. 08 / 中国园林博物馆主编.
--北京 : 中国建材工业出版社, 2021.12
ISBN 978-7-5160-3378-4

Ⅰ.①中... Ⅱ.①中... Ⅲ.①园林艺术－博物馆事业
－中国－文集 Ⅳ.①TU986.1-53
中国版本图书馆CIP数据核字(2021)第242518号

中国园林博物馆学刊 08
Zhongguo Yuanlin Bowuguan Xuekan 08
中国园林博物馆 主编

出版发行：中国建材工业出版社
地　　址：北京市海淀区三里河路1号
邮　　编：100044
经　　销：全国各地新华书店
印　　刷：北京天恒嘉业印刷有限公司
开　　本：889mm×1194mm 1/16
印　　张：9.25
字　　数：300千字
版　　次：2021年12月第1版
印　　次：2021年12月第1次
定　　价：48.00元

本社网址：www.jccbs.com，微信公众号：zgjcgycbs